铜仁学院 2022 年度博士科研启动基金项目"生态文明视域下武陵民族地区传统生态知识活化利用研究"（项目编号：trxyDH2208）成果之一

生态文化视野下永顺油茶林复合系统研究

侯有德 ◎ 著

西南交通大学出版社
·成都·

内容提要

本书以我国首个木本类农业文化遗产项目"湖南永顺油茶林复合系统"为研究对象，通过对其"四位一体"的生态文化内涵进行系统阐释，厘清民族文化与特定物种的协同演化机理与动态适应过程，有助于深化生态民族学理论研究，也可以丰富我国西南地区木本类农业文化遗产的跨学科、多角度研究。

传统油茶林不种自生、仿生种植，可以与其他高大乔木、农作物同生共长，无须破坏森林植被，具有很高的生态价值。通过发掘我国南方低山丘陵地区油茶林传统生态知识，实现传统生态文化和现代科学技术有效对接，可以为生态文明建设和油茶产业高质量发展提供借鉴。

图书在版编目（CIP）数据

生态文化视野下永顺油茶林复合系统研究 / 侯有德
著. -- 成都：西南交通大学出版社，2024.4
ISBN 978-7-5643-9766-1

Ⅰ. ①生… Ⅱ. ①侯… Ⅲ. ①油茶 – 人工林 – 研究 – 永顺县 Ⅳ. ①S794.4

中国国家版本馆 CIP 数据核字（2024）第 058143 号

Shengtai Wenhua Shiyexia Yongshun Youchalin Fuhe Xitong Yanjiu
生态文化视野下永顺油茶林复合系统研究

侯有德 / 著　　　责任编辑 / 邵幸越
　　　　　　　　　封面设计 / 原谋书装

西南交通大学出版社出版发行
（四川省成都市金牛区二环路北一段 111 号西南交通大学创新大厦 21 楼　610031）
营销部电话：028-87600564　　028-87600533
网址：http://www.xnjdcbs.com
印刷：郫县犀浦印刷厂

成品尺寸　170 mm×230 mm
印张　17.75　　字数　328 千
版次　2024 年 4 月第 1 版　　印次　2024 年 4 月第 1 次

书号　ISBN 978-7-5643-9766-1
定价　88.00 元

图书如有印装质量问题　本社负责退换
版权所有　盗版必究　举报电话：028-87600562

前言 Preface

　　油茶主要生长在我国南方亚热带森林生态系统低山丘陵地带，系下沉小乔木或灌木。据地质考古学证实，茶类物种在我国已经有百万余年的历史。油茶是我国特有的木本油料作物，是世界四大木本油料作物之一。我国南方各民族在驯化利用油茶的历史进程中，逐渐形成了民族文化与特定物种协同演化的"文化生态共同体"，并在日常的生产生活实践中传承下来，至今保持着较强的生命力。

　　湖南永顺地区位于云贵高原向江汉平原过渡地带的武陵山区腹地，其森林生态系统以亚热带常绿阔叶林为主。该地山高坡陡，耕地少、林地多，不适合发展大规模的大田农业。该区域各民族先民通过不断试错求对，获得了一套传统生存智慧，建构起了一套以多业态复合经营为主要特征的生计方式，即林农复合经营。在这一生计方式中，经过文化与生境交互演化，逐渐形成了油茶林复合系统"四位一体"的生态文化。这一生态文化主要包括观念体系、认知体系、技术体系、制度体系等方面。具体而言，其观念体系主要包括天人合一、万物平等与和谐共生、物适其用的生态观；其认知体系主要涵盖生物物种认知、生态功能认知、人林共生认知；其技术体系主要包括不种自生与仿生定植的汰选技术、适度修剪与反复调控的管护技术、复合经营与以用定管的利用技术；其制度体系主要有家族村社共有的产权制度、封山与开禁、草标巡山、惩戒等油茶林管护制度。

　　2020年1月20日，"湖南永顺油茶林复合系统"以其鲜明的复合性、活态性、可持续性等特征被农业农村部评为第五批中国重要农业文化遗产项目。"湖南永顺油茶林复合系统"是我国首个立项保护木本油料作物农业文化遗产的项目，其获得立项保护意义重大。该项目从生态民族学角度跨学科研究我国农业文化遗产，实现了三个方面的突破：一是农业文化遗产本体论的突破，即从林农截然分离的单一大田农业向可持续发展的农林牧副渔复合一体的"大农业"

拓展；二是农业文化遗产价值论的突破，即如何正确对待我国历史上长期存在的、现阶段在不同地区和生态系统共时态呈现的，经过不断试错后积淀的不同于传统固定农耕的其他类型农业文化的生存智慧和核心价值；三是农业文化遗产研究方法论的突破，即如何通过排除优胜劣汰的经典进化论负面效应的干扰，生态民族学通过消化吸收生态学协同演化理论，利用现代科学技术原理，深度发掘不同于固定农耕的其他类型的农业文化遗产的科学性、合理性并实现其当代综合创新利用。

文献梳理分析和田野调查印证，永顺地区各民族文化与油茶林复合系统已经稳定延续数百年，早已形成了协同演化与动态适应关系，实现了自然资源可持续利用、生态安全得到充分保障。文化与特定物种建构的协同演化关系与自然状况下的生物物种间的协同进化关系存在实质性差异，集中表现为文化与特定物种的协同演化关系是人为地以多业态复合经营体系为纽带去实现的。在这一体系中，通过文化的主体能动性创造，集中表现为必须建构一整套严密的、节省劳力和资本的生态文化。这种生态文化虽然发源于古代社会，但同样适用于现在和未来。毕竟油茶林立地环境及其伴生动植物的生物属性是不会轻易改变的。

"湖南永顺油茶林复合系统"获得农业文化遗产立项保护，进而取得从生态民族学角度研究我国农业文化遗产的三个方面的突破，是一件利国利民的喜事，也引起了社会各界的广泛关注与学界的高度重视。就当前的学术研究而言，尚且存在一些不足：其一，对不同于固定农耕的其他类型的农业文化遗产的研究相对薄弱；其二，存在用固定农耕的思维方式来解读和利用历史上本该属于游耕文化的农业文化遗产的误区。有鉴于此，本书旨在利用当代科学技术原理和逻辑推理，对永顺油茶林复合系统的集观念、认知、技术和制度于一体的传统生态文化进行专题研究，以期揭示其科学性、合理性，挖掘其多重功能与综合创新利用的具体路径。

永顺油茶林复合系统"四位一体"的传统生态文化，是永顺地区各民族利用自然资源的传统生存智慧，是永顺地区各民族文化与特定物种兼容互惠、协同共生、协同演化而来的"文化生态共同体"，是民族文化适应武陵山区特定生态环境的结果。永顺油茶林复合系统作为中国重要农业文化遗产，不仅具有弥补自然资源结构缺环、有效防范生态环境风险、规避生态系统脆弱环节的生态价值，还有较大的历史文化与社会经济价值。该系统具有广阔的综合利用空间和发展前景：其一，在当今推进油茶产业高质量发展政策的引导下，该系统可以通过现代科学技术和工艺延长油茶作为经济林的生态产业链；其二，该系统可以激活多业态传统生计方式中的本土生态知识与生存智慧来助力生态文明建设。

"湖南永顺油茶林复合系统"被国家农业农村部纳入第五批中国重要农业文化遗产项目进行保护是一个积极信号，它标志着油茶林复合系统中文化与特定物种协同演化关系的价值得到了国家的认可和重视。在生态文明建设和油茶产业高质量发展如火如荼进行的今天，因地制宜发展油茶产业，充分利用现代科学技术激活永顺油茶林复合系统的生态文化，扬长避短，可将文化与油茶林复合系统协同演化的历史价值、文化价值、生态价值、社会价值、经济价值等充分发挥出来，实现利国利民的目标。当然永顺地区各民族文化与油茶这一特定物种的协同演化关系仅仅是一个活态案例而已，类似的"文化生态共同体"不仅存在于永顺地区各民族之中，还存在于全国各民族之中。若以此案例为出发点，举一反三，那么相关产业的高质量发展和全国范围内的生态文明建设也就有了更多可以借鉴和参考的范例，其推广价值不言而喻。

作　者

2023 年 9 月

目录 Contents

绪　论 001

第一章　油茶驯化利用概况与田野点介绍 037
　　第一节　油茶驯化利用的历史与现状 037
　　第二节　永顺地区田野点概况 064
　　第三节　湖南永顺油茶林复合系统 077

第二章　永顺油茶林复合系统的观念体系 084
　　第一节　天人合一的生态观 084
　　第二节　万物平等、和谐共生的生态观 091
　　第三节　合理利用、适度消费的生态观 094

第三章　永顺油茶林复合系统的认知体系 101
　　第一节　永顺油茶林复合系统的生物物种认知 101
　　第二节　永顺油茶林复合系统的生态功能认知 111
　　第三节　永顺油茶林复合系统的林人共生认知 118

第四章　永顺油茶林复合系统的技术体系 123
　　第一节　不种自生与仿生定植的汰选技术 123
　　第二节　适度修剪与反复调控的管护技术 129
　　第三节　复合经营与以用定管的利用技术 140

第五章　永顺油茶林复合系统的制度体系 156
　　第一节　油茶林权属制度 156
　　第二节　油茶林管护制度 160

结束语 178

附　录	182
附录一：田野调查访谈记录选要	182
附录二：油茶产业发展指南	201
附录三：湘西自治州人民政府办公室关于进一步加快油茶产业发展的意见	210
附录四：湘西土家族苗族自治州油茶产业合作社一览表	218
附录五：湖南永顺油茶林复合系统动植物多样性名录	234
参考文献	262
后　记	271

表 目 录

表 1.1 清代民国湖南方志中关于茶油记载的择要汇总表 039

表 1.2 湖南各地植物油榨制用具、方法比较一览表 042

表 1.3 全国油茶主产区分布范围统计表 045

表 1.4 我国 2009 年与 2019 年油茶产业发展统计情况对比表 046

表 1.5 湖南省各县茶树栽培面积及茶籽产量表 049

表 1.6 1950 年—1988 年湘西土家族苗族自治州茶油产量表 054

表 1.7 湘西土家族苗族自治州油茶产业发展现状一览表 055

表 1.8 保靖县 2020 年油茶新造林第三方验收面积一览表 078

表 5.1 永顺地区禁偷桐茶碑文情况统计表 173

图 目 录

图 1.1 农业文化遗产牌匾 064

图 1.2 长光村现存的 600 年树龄古油茶树 068

图 1.3 长光村现存的成片古油茶林 068

图 1.4 长光村使用的传统木榨榨油坊 069

图 1.5 油坊开榨时当地乡民男挑女背油茶籽前往榨油坊 069

图 1.6 大雨冲刷后的油茶林套种西瓜场面 070

图 1.7 首八峒村新造油茶林对面的八部大王庙遗址 070

图 1.8 首八峒村油茶林套种的大豆等作物和在油茶林旁放养黄牛的乡民 071

图 1.9 阿菩山古油茶林保护地图 072

图 1.10 古丈县坪坝镇阿菩山首届油茶文化节现场 073

图 1.11 杨庭硕先生 2020 年 11 月 22 日指导调查阿菩山传说上千年树龄的油茶植株修剪技术 073

图 1.12 阿菩山 400 年树龄的油茶植株 074

图 1.13 阿菩山老油茶林中饲养的土鸡 074

图 1.14 阿菩山古油茶林基地复建的传统木榨榨油坊 075

图 1.15 中国光大集团定点扶贫和济南高新区东西部协作援建的厂房 075

图 1.16 阿菩山油茶基地厂房内景 076

图 3.1 永顺县杉树王 107

图 4.1 阿菩山油茶林不种自生的油茶幼苗植株 124

图 4.2 杨庭硕先生指导调查阿菩山古油茶林立地环境 125

图 4.3 阿蓬山传说中的千年油茶树 131

图 4.4 永顺县 600 年树龄油茶植株修剪失当处与恢复处 132

图 4.5 油茶籽质量优劣排列 144

图 4.6 油茶籽晾晒 145

图 4.7 已经装袋收存的油茶籽 146

图 4.8 正在烘烤的油茶籽 147

图 4.9 经过两天烘烤后的油茶籽 148

图 4.10 将烘烤好的油茶籽倒入石碾槽内 148

图 4.11 利用畜力拉动石碾将油茶籽碾压成茶籽粉 149

图 4.12 已经碾压好的油茶籽粉 149

图 4.13 在木甑上蒸煮的茶籽粉 150

图 4.14 将茶粉倒入铺放有稻草的铁箍内并用脚踩实做油茶饼 151

图 4.15 茶饼上木榨，将木契装入木榨槽的另一端并整理好油茶饼 ... 152

图 4.16 四人合力冲锤撞机长木契开榨，约 2~3 分钟开始出油 153

图 5.1 永顺县现存的清道光二年所立的蓄禁碑 169

绪　论

　　油茶是主要生长在我国南方亚热带森林生态系统低山丘陵地带的下沉小乔木或灌木。据地质考古学证实，茶类物种在我国已经有百万余年的历史。油茶是我国特有的木本油料作物，是世界四大木本油料作物之一。我国南方各民族驯化利用油茶的历史悠久。在长期生产生活实践中，他们逐渐形成了一套成熟的集观念、认知、技术和制度于一体的传统生态文化体系，并在日常的生产生活中活态传承下来。2020年1月，"湖南永顺油茶林复合系统"以其鲜明的复合性、活态性、可持续性等特征被国家农业农村部认定为第五批中国重要农业文化遗产项目，成为我国首个立项保护木本油料作物农业文化遗产的项目。

　　从历史上看，永顺地区油茶产业曾经繁荣发展。清代方志载"茶油，永顺县多"。民国中国实业志（湖南）统计数据记载，民国二十二年（1933）前后永顺县油茶林面积为湖南省之最（30万亩①），油茶籽常年产量保持4.5万吨（90万担，每担=100斤②）。从"十四五"规划和更长时间来看，国家、湖南省、湘西土家族苗族自治州相继出台了油茶产业高质量发展的规划，提出了年产值"万""千""百"的目标，即全国油茶产业年产值万亿元、湖南省油茶产业年产值千亿元、湘西土家族苗族自治州油茶产业年产值百亿元的产业产值发展目标。本书以我国首个木本油料作物农业文化遗产项目"湖南永顺油茶林复合系统"为研究对象，深入发掘永顺地区民族文化与油茶林协同演化的生态文化及其多重价值，以期为传承保护与活化利用油茶林传统生态文化，实现油茶产业高质量发展提供借鉴，有一定的理论价值与现实意义。

---

① 1亩≈666.67平方米。
② 1斤=0.5千克。

一、选题说明

（一）研究背景

1. 时代背景

2009年11月4日经国务院批准，国家发改委、财政部、国家林业局印发了首个针对单一物种产业发展的《全国油茶产业发展规划（2009—2020年）》。①规划明确指出：我国油茶主要分布在长江流域及其以南的14个省（区、市），其中江西、湖南、广西三省（区）占到全国总面积的76.2%。规划提出，到2020年，全国茶油产量将达到250多万吨。按销售价格每吨4万元计算，年产值达1 000亿元；再加上副产品，种植油茶年总产值可超过1 120亿元。

2014年12月26日国务院出台了《关于加快木本油料产业发展的意见》(国办发〔2014〕68号）文件。②意见指出，木本油料产业是我国的传统产业，也是提供健康优质食用植物油的重要来源。近年来，我国食用植物油消费量持续增长，需求缺口不断扩大，对外依存度明显上升，食用植物油安全问题日益突出。

2020年10月21日，国家林业和草原局办公室发布《油茶、仁用杏、榛子产业发展指南的通知》，为高质量发展油茶等木本作物产业提供技术指南。③ 2020年全国油茶产业发展现场会宣布：全国油茶种植面积达6 800万亩，高产油茶林1 400万亩，茶油产量62.7万吨，油茶产业总产值达1 160亿元，已经很好地实现上述国家油茶产业发展规划（2009—2020年）的年产值目标。该会议提出，到2025年，我国油茶种植面积将达到9 000万亩以上，茶油产量达到200万吨。④中国林业产业联合会油茶分会也提出建议并指出："培育万亿元油茶产业，关键在于构建油茶生态产业链。"⑤也有全国人大代表提出："认真总

---

① 《关于印发全国油茶产业发展规划（2009—2020年）的通知》，https://www.ndrc.gov.cn/xxgk/zcfb/ghwb/200911/t20091105_962103.html，引用日期：2020年9月15日。

② 《国务院办公厅关于加快木本油料产业发展的意见》，http://www.gov.cn/zhengce/content/2015-01/13/content_9386.htm，引用日期：2020年9月15日。

③ 《国家林业和草原局办公室关于发布油茶、仁用杏、榛子产业发展指南的通知》（油茶产业发展指南见附录二），http://www.gov.cn/zhengce/zhengceku/2020-10/21/content_5552926.htm，引用日期：2020年12月20日。

④ 《全国油茶产业发展现场会在河南光山召开》，http://www.forestry.gov.cn/main/28/20201117/100600173789418.html，引用日期：2020年12月20日。

⑤ 《中国油茶，从千亿级向万亿级迈进》，https://www.sohu.com/a/318537827_676036，引用日期：2020年9月15日。

结《全国油茶产业发展规划（2009—2020年）》成果，客观分析油茶产业发展十年来所取得的成效经验及实际困难问题。启动《全国油茶产业高质量发展规划（2021—2035年）》编制并加快实施。规划明确了近期（2021—2025年）定量目标和中期（2026—2035年）定性目标。将要素（资金、土地）保障、良种补贴、油料收贮纳入规划重点内容，大力推进油茶特色小镇、油茶康养基地、油茶观光生态主题公园等油茶文化产业发展。"①

综合分析上述规划、意见、通知等国家级规范性文件和行业协会、人大代表的意见建议等油茶产业发展情况可以得到如下几个方面的信息：其一，国家高度重视油茶等木本油料传统产业的复兴与发展，并针对油茶产业发展首次从国家层面出台长达12年的规划；其二，国家大力发展木本油料产业有供需两方面的原因，从供给侧来说，木本油是我国传统产业和高质量食用油的主要来源，从需求侧来说，我国食用油消费量激增和对外依存度高，事关国家粮油安全问题；其三，虽然首个国家级油茶产业发展目标如期实现，但是存在高产油茶林面积少（占比仅20.59%）、茶油平均单产量低（平均亩产茶油仅9.22千克）、综合经营效益有待提高（平均亩产收益仅1 705.88元）等问题；其四，国家有关部委已经从政策、技术等规范层面继续引导、支持油茶产业更好发展；其五，在总结油茶产业发展经验基础上，培育我国油茶产业年产值万亿元目标和制定该产业高质量发展中长期规划的呼声越来越高；其六，从延长油茶生态产业链的投入要素、多元经营方式、油茶生态文化发展等方面提出切实可行的措施。

为进一步推动湖南油茶产业发展和落实国务院和相关中央部委文件要求，湖南省人民政府2008年出台了《关于加快油茶产业发展的意见》（湘政发〔2008〕22号），湖南省人民政府办公厅2015年印发了《关于进一步推动油茶产业发展的意见》（湘政办发〔2015〕14号）等文件支持油茶产业发展。②有学者从国家政策支持、湖南省油茶栽培规模、栽培品种潜力、产品开发前景、市场需求、技术能力等方面综合分析了湖南打造千亿元油茶产业的可能性；全面解析了当前湖南油茶产业发展存在品种良莠不齐、老残油茶林面积大、栽培管理技术应用不到位、茶油及副产物深度利用不够、地方茶油品牌缺乏、财政

---

① 袁昌选：《聚焦油茶产业发展，保障国家食用油料安全》，https://baijiahao.baidu.com/s?id=1667809612521333970&wfr=spider&for=pc，引用日期：2020年12月20日。
② 《湖南省人民政府关于加快油茶产业发展的意见》，http://www.mofcom.gov.cn/article/b/g/200812/20081205958235.shtml，引用日期：2020年9月15日。《湖南省人民政府办公厅关于进一步推动油茶产业发展的意见》，http://www.hunan.gov.cn/szf/hnzb/2015/2016nd5q_99203/szfbgtwj_99208/201503/t20150325_4701196.html，引用日期：2020年9月15日。

支持力度不够、产业发展模式创新不到位、产业发展环境有待改善等问题；系统提出了切实制定湖南千亿元产业发展目标和政策措施、全面优化品种、规范油茶优质丰产栽培技术、全面实施油茶低产林改造、充分发挥深加工产品的增值效益、提升机械作业水平、着力打造湖南油茶产品、创新产业发展模式、加大培养人才力度等加快实施转型升级、规划打造湖南千亿元油茶产业的综合措施。①该研究成果也被中共湖南省委、湖南省人民政府2019年一号文件采纳。一号文件第十八条明确提出着力打造油茶等十大千亿元特色优势产业②，其可行性也得到了政府决策部门的高度重视和行业发展部门的积极响应。同时出台了相关产业发展规划："（湖南）省林业局组织编制的《湖南省油茶产业发展规划（2018—2025年）》明确提出，用3~5年时间，实现千亿级产业目标。"③

湖南省主动对接国家大力发展油茶产业发展规划等政策文件，结合实际、高位推动，创造了油茶产业产值、面积、技术等多方面走在全国前列的优异成绩。从上述一号文件等省级规范性资料和林业专家的意见可以看出：一是中共湖南省委、省人民政府高度重视油茶等优势特色产业，并明确了年产值千亿元的目标；二是已经制定省级层面的产业发展规划；三是积极吸收采纳行业专家的意见建议。上述政策文件也有美中不足之处，那就是缺乏从省级层面创新利用首个木本类农业文化遗产有力促进油茶产业发展的新思路、新举措。

湘西土家族苗族自治州也结合本地实际落实上述产业政策和文件要求，出台了《关于进一步加快油茶产业发展的意见》（州政办发〔2020〕33号）。该意见提出了进一步加快发展油茶支柱产业，到"十四五"末，全州优质高产油茶面积稳定在150万亩以上，油茶年综合产值达到100亿元以上。该文件表明湘西土家族苗族自治州政府高度重视发展油茶传统产业。但从该产业发展现状来看，湘西土家族苗族自治州油茶产业复兴同时面临着一些困难与挑战。其一，就油茶林面积而言，在"十四五"期间需要新造油茶林26万亩，平均每年需要新造油茶林5.2万亩；其二，现有油茶产业综合产值10亿多元，离100亿元的产值目标相差太远（近90亿元）；其三，在产业经营方式等方面未提及首个油茶林复合系统农业文化遗产的活化利用。

---

① 谭晓风、管天球、袁军：《升级打造湖南千亿元油茶产业调查研究》，《经济林研究》2018年第3期。
② 中共湖南省委、湖南省人民政府：《关于落实农业农村优先发展要求做好"三农"工作的意见》，http://m.people.cn/n4/2019/0327/c1469-12502351.html，引用日期：2020年9月15日。
③ 刘宁：《湖南油茶且歌且行，千亿产业促民增收》，《中国林业产业》2019年第3期。

综合上述油茶产业发展的时代背景，不难发现，我国中央人民政府和各级地方人民政府高度重视油茶产业发展，国家相关部委、湖南省、湘西土家族苗族自治州提出了油茶产业高质量发展的年产值"万""千""百"目标，即全国油茶产业年产值上万亿元、湖南省油茶产业年产值上千亿元、湘西州油茶产业年产值上百亿元的产业发展目标。就湘西州的年产值目标而言，平均每亩油茶林的综合年产值要达到 6 667 元。这一目标能否实现、如何实现，如何激活首个油茶林农业文化遗产并融入油茶产业发展，实现农业文化遗产保护与利用双赢的目标，将是一个需要严肃对待、认真研究、细化落实的现实问题。

2. 理论背景

我国是一个传统农业大国，有着悠久的农耕历史文化，拥有璀璨的农耕文明和十分丰富的农业文化遗产。对此，学界早有关注。然而，开展对农业文化遗产的研究、保护和传承、利用工作却是 21 世纪以来的事情。"2002 年 8 月，联合国粮农组织（FAO）、联合开发计划署（UNDP）、全球环境基金（GEF）和联合国教科文组织（UNESCO）、国际文化遗产保护与修复研究中心（ICCROM）、国际自然保护联盟（ICUN）、联合国大学（UNU）等 10 多个国际组织或机构以及一些地方政府，启动了'全球重要农业文化遗产（Globally Important Agricultural Heritage Systems，GIAHS）'保护和适应性管理项目工作。"[①]我国积极响应，自 2012 年开展"中国重要农业文化遗产"（China Nationally Important Agricultural Heritage Systems，China-NIAHS）的挖掘、保护、传承和利用工作，截至 2021 年 9 月，我国已经发掘立项保护六批次共计 138 项中国重要农业文化遗产和 15 项全球重要农业文化遗产。我国二十年来农业文化遗产发掘保护工作成就喜人，但就我国特有的世界四大木本油料作物油茶而言，形势不容乐观，西方的橄榄油已经有两项全球重要农业文化遗产，分别是"西班牙古橄榄树农业系统"和"意大利翁布里亚橄榄树系统"。"湖南永顺油茶林复合系统"现在还不是全球重要农业文化遗产预备名录，说明我国油茶林农业文化遗产发掘保护潜力大、研究工作任务重。从生态文化视角加强"湖南永顺油茶林复合系统"的跨学科、多角度理论研究，可以为该农业生产系统申报全球重要农业文化遗产项目做准备。

我国重要农业文化遗产是指"人类与其所处环境长期协同发展中，创造并传承至今的独特的农业生产系统，这些系统具有丰富的农业生物多样性、传统知识与技术体系和独特的生态与文化景观等，对我国农业文化传承、农业可持

---

① 李明、王思明：《农业文化遗产学》，南京：南京大学出版社，2015 年版，第 42 页。

续发展和农业功能拓展具有重要的科学价值和实践意义"①。无论是全球重要农业文化遗产,还是我国重要农业文化遗产,两者都具有复合性、活态性、动态性、适应性、战略性、多功能性、可持续性等特征,全球重要农业文化遗产和中国重要农业文化遗产都强调文化与所处特定生态环境中的物种及其相对稳定的生态系统的协同演化已经达到高度稳定、可持续状态。从生态民族学角度来看,实际上所有重要农业文化遗产都是特定民族文化与物种及其相对稳定的生态系统协同演化的产物,有着高度成熟的传统物种知识、技术体系、制度保障和精神力量支撑,并且在特定时空场域内已经规模化、产业化。

2020年1月20日,"湖南永顺油茶林复合系统"以其鲜明的活态性、复合性、可持续性等特征被评为第五批中国重要农业文化遗产,成为当年国家农业农村部公布的27个关于农业系统的项目之一。②该遗产也是我国首个立项保护木本油料作物农业文化遗产的项目。截至2020年9月,已产生62个全球重要农业文化遗产(Globally Important Agricultural Heritage Systems,GIAHS)项目和118项中国重要农业文化遗产项目。其中,全球性的林农复合类农业文化遗产只有5项,中国林农复合类农业文化遗产仅4项,分别占同级别农业文化遗产项目数的8.06%和3.39%。③

显而易见,林农复合类农业文化遗产在全球重要农业文化遗产和中国重要农业文化遗产中所占的比例都相对较低,而林业复合系统类农业义化遗产类的占比则更低。就国际与国内的横向比较而言,林农复合类农业文化遗产在中国重要农业文化遗产名录中所占比例更低。从生态民族学角度,引入运用协同演化理论对该复合系统的认知体系、技术体系、制度保障和观念体系进行科学阐释,可以为今后从跨学科、多角度发掘保护和创新利用农业文化遗产提供借鉴。

3. 历史背景

油茶是我国特有的世界四大木本油料树种之一,是自古野生于我国南方低山丘陵地区的乡土树种。据考古资料证明:"贵州晴隆茶籽化石的发现,直接用'物证'证明了早在一百多万年前,黔西南就已经出现了野生茶树,同时也为茶源自中国一说增添了更加有力的证据。"④值得注意的是,在我国浩瀚的历史

---

① 李明、王思明:《农业文化遗产学》,南京:南京大学出版社,2015年版,第44页。
② 《农业农村部关于公布第五批中国重要农业文化遗产名单的通知》,http://www.moa.gov.cn/xw/zxfb/202001/t20200120_6336323.htm,引用日期:2020年9月15日。
③ 联合国粮食及农业组织:《全球重要农业文化遗产地》,http://www.fao.org/giahs/giahsaroundtheworld/designated-sites/en/,引用日期:2020年9月15日。
④ 肖坤冰:《贵州古茶树的生态环境及价值》,《当代贵州》2019年第27期。

文献中，油茶的异名较多，主要有"南中茶子""南山茶""梣""楂""油茶树""茶油树""茶子树""茶梨树""茶树""山茶""茶""槮"等称谓。①

我国驯化种植与综合利用油茶的历史悠久。油茶是我国南方低山丘陵地区的主要木本油料作物，油茶种植与生产盛极一时。一些书籍依据清张宗法《三农记》引证《山海经》中"员木，南方油食也"之语，将此处的"员木"认定为油茶，以此指出我国已有2 300多年的油茶栽培历史。②有学者对这一说法提出了质疑。他们从农书的记载、油茶开始课税的时间以及垦荒农具的发展3个方面综合考量，指出：确切有记载的油茶栽培历史为上千年。③我国具有一定栽培面积和栽培历史的油茶品种主要有：普通油茶、小果油茶、越南油茶、攸县油茶等。其中，普通油茶是分布最广、栽培历史最长的油茶物种，广泛分布于我国长江流域及其以南各省、自治区和直辖市，栽培面积和总产油量均居我国木本油料作物之首。④用油茶籽压榨而成的茶油具有极高的营养价值。历史上，茶油享有较高的美誉，永顺地区等地的茶油一度成为贡品。

永顺地区油茶资源丰富，在油茶培植与生产方面具有悠久的历史。清同治《永顺府志》载："茶油，永顺县多，保（靖）龙（山）桑（植）三县间有之。"⑤此文献说明永、保、龙、桑等湘西地区盛产茶油，其中永顺县所产最多。民国《永顺县志》载："茶油，宜寒露节后捡子（茶籽）榨油，其价昂贵。商贾趋之，民赖其利。"⑥清光绪《古丈坪厅志》载："桐油树，茶油树，古丈坪出产之，大宗也，茶树不择土，桐树不宜黄土，所结之子，不多，且不能久与孳长。二树，古民喜种，往往获利，惟有虫穿根食，叶枯槁，今尚未得杀虫之法。桐油树三株，三月开花，九月收子（籽），每株可得钱三百文零，茶油树二株，四月开花，九月收子（籽），每株可出油三斤，斤价一百三十文。凡桐油，茶油，每篓抽钱四十文。"⑦此文献也说明与永顺县相邻的古丈县乡民喜欢种植油茶、油桐，因盛产，油茶一度成为大宗商品，单株油茶的产量也颇高，茶油交易获利高，课税也高，但易遭一些病虫害且未找到有效的防治病虫害之法。可见，永顺地区在油茶的培植管护和生产加工等方面具有深厚的历史基础。

---

① 叶静渊：《我国油茶史迹初探》，《农业考古》1993年第1期。
② 姚小华等：《油茶资源与科学利用研究》，北京：科学出版社，2012年版，第3页。
③ 杨抑：《中国油茶起源初探》，《中国农史》1992年第3期。
④ 国家林业局国有林场和林木种苗工作总站：《中国油茶品种志》，北京：中国林业出版社，2016年版，第3页。
⑤ （清）张天如纂修、魏式曾增修：《永顺府志》卷十，清同治十二年刻本。
⑥ （民国）胡履新修、鲁隆盎纂：《永顺县志》卷十一，民国十九年铅印本。
⑦ （清）董鸿勋纂修：《古丈坪厅志》卷三，清光绪三十三年铅印本。

4. 现实背景

"民以食为天""早晨起来七件事，柴米油盐酱醋茶"等俗语告诉我们食物对人类生存发展的重要性。食用油是人体脂肪营养物质的主要来源，学术界一般认为食用油经历了从驯化利用动物油到植物油（有草本植物油和木本植物油之分）的发展历程。①据海关统计，2020 年我国进口各类油料合计为 10 614.1 万吨，较 2019 年的 9 330.8 万吨增加了 1 283.3 万吨，增长 13.8%。2020 年，我国进口各类食用植物油合计为 1 167.7 万吨，较 2019 年的 1 152.7 万吨增加 15 万吨，增长 1.3%。②近年来，我国食用油自给率始终低于 40%，对外依存度过高，国家食用油安全问题形势严峻，耕地红线的制约与木本油料的独特优势，使发展木本油料成为提高我国食用油自给率的最优方案。③油茶籽油是我国特有的一种高级食用油，享有"油中珍品"的美称。它富含单不饱和脂肪酸，其脂肪酸组成与橄榄油相似，有"东方橄榄油"之称。油茶籽油中含有橄榄油所没有的生理活性物质，能预防各种心脑血管疾病，老年人可因食用油茶籽油而得益，所以油茶籽油被称为"长寿油"。④从保障我国粮油安全、提高食用油自给率和满足人民食用高质量木本食用油等角度来看，我国大力发展油茶等木本油料产业显得尤为迫切。

永顺地区在油茶培植与生产方面除了深厚的历史基础，还具有现实优势。近年来，在永顺县委县政府的引导下，永顺地区油茶种植专业合作社、各族乡民积极响应国家大力发展油茶产业的号召，充分挖掘油茶林复合系统的生态文化资源，利用县域内 25 万多亩古油茶林、近 20 万亩的新造油茶林，结合现代科学技术大力发展油茶产业，将油茶产业作为精准帮扶和乡村振兴的当家产业来扶持及发展。

综合上述油茶产业发展的时代背景、永顺地区油茶驯化利用的深厚历史底蕴和获批我国重要农业文化遗产进行保护与利用的良好契机，笔者选取"生态文化视野下永顺油茶林复合系统研究"为题，以我国重要农业文化遗产项目"湖南永顺油茶林复合系统"为研究个案，深入发掘关于油茶林复合系统的"文化生态共同体"，系统阐释蕴含其中的认知体系、技术体系、制度保障和精神观念，以期推进油茶产业高质量发展，进而为巩固永顺地区脱贫攻坚成果、实现乡村全面振兴贡献力量。

---

① 何东平等：《中国制油史》，北京：中国轻工业出版社，2015 年版，第 3-4 页。
② 王瑞元：《2020 年我国粮油产销情况》，《中国油脂》2021 年第 8 期。
③ 严茂林、张洋、吴成亮：《我国木本油料发展现状分析与供需问题的研究》，《中国油脂》2021 年第 4 期。
④ 柏云爱等：《油茶籽油与橄榄油营养价值的比较》，《中国油脂》2008 年第 3 期。

（二）提出问题与研究意义

1. 提出问题

本书拟解决的关键问题有：作为我国首个木本油料农业文化遗产项目，永顺油茶林复合系统的生态文化内涵何在？该人工油茶林复合系统的文化生态成因为何？各文化事项与生态环境的内在关联如何？人工油茶林如何在当今生态文明建设和油茶产业高质量发展的新形势下发挥其应有价值和功能？这些都是从生态民族学角度，消化、吸收、借鉴生物学协同演化方法研究和创新利用木本类农业文化遗产亟须解决的问题。

2. 研究意义

（1）理论价值。

本书以我国首个木本类农业文化遗产项目"湖南永顺油茶林复合系统"为研究对象，通过对其生态文化内涵展开深入发掘和研究，系统阐释其"四位一体"的文化内核。该生态文化是永顺地区民族文化与人工油茶林兼容互惠、协同共生、耦合演化的结果，厘清此类文化与特定物种的协同演化机理，有助于深化生态民族学理论研究，也可以丰富木本类农业文化遗产的跨学科、多角度研究。

（2）现实意义。

茶油是营养价值十分丰富的高档食用油。油茶产业前景广阔，其发展事关我国粮油安全、南方山区生态屏障建设和生计选择。油茶主要生长在我国南方低山丘陵带常绿阔叶林生态系统之中。油茶不种自生、仿生种植，可以与其他高大乔木、农作物同生共长，无须破坏森林植被，具有很高的生态价值。发掘我国南方低山丘陵地区油茶林传统生态知识和生存智慧，实现传统生态文化和现代科学技术有效对接，可以为生态文明建设和油茶产业高质量发展提供直接的借鉴意义。

二、研究动态

（一）关于物的民族学研究

民族学以文化为研究对象，关于"物"的文化研究随着民族学发展起来。[①] 鉴于民族学和人类学对"文化之物"的研究内容、方法、路径等大同小异，因

[①] 赵泽琳：《民族学视野下"物"的文化研究》，《民族艺林》2015年第1期。

此,本书"物的民族学研究"等同于"物的人类学研究"。2021年5月22日,笔者分别以"物的民族学研究"和"物的人类学研究"为主题在中国知网检索,搜到相关期刊和学位论文408篇,涉及哲学、社会学、民族学、人类学、马克思主义等20余个学科专业。其中从民族学、人类学学科研究"物"的文章有59篇,研究内容主要集中在3个方面:一是民族学、人类学以物为研究对象的意义;二是物的文化意义;三是物的交换。

1. 民族学、人类学以物为研究对象的意义

在人类学研究领域,"物"一直是传统话题。"物"曾被作为标识,作为分类原则,作为交换的礼物等。对物的观察和研究一直是民族志的重要内容。人类学家通过物的存在和演变确认文明的进化,通过对文物的分类、展示与分析衍生出博物馆专业性知识谱系和人类学应用性分支学科。①

程永杰指出,对物的观察与研究一直是人类学的重点。人类学通过分析物来讨论人们的行为方式、宗教信仰、社会组织结构等。全球化时代的到来使人类学面临着更大的困境与挑战,而对物的研究在某种程度上可以作为人类学理解全球化的一种方式。②马佳在全面、系统梳理民族学、人类学对物质文化研究成果的基础上,指出:中国人类学物的研究从民物收集整理开始,到当前以物的社会生命史研究为主流,大致经历了4个阶段。每个阶段的研究内容、目的与理论方法亦有相应特点及变化。③有研究者通过对物质文化交流和交换现象的分析,揭示了区域社会体系的复杂关联性以及物的流动背后蕴含的社会结构、文化观念和实践意义,进而指出:物的历史人类学研究是当前人们探究西南社会历史文化变迁,考察不同区域、族群交互性和流动性的一个重要的切入点。

2. 物的文化意义

靳志华论述到,人与物的关系立于两者相互指认与指称的认识基点上。在具体的文化认知和价值观的塑造下,物作为一种社会生物存在于不同的文化体系之中,成为一个文化之物,一个饱含并充盈着特定精神情感的生命体。通过物,人类共同体以及共同体之间的社会关系得到具体彰显。一个意义丰富的物,因特定的社会情境和目的性而具有多重面向,使用及形态的差异使物承载着更

---

① 彭兆荣:《物的民族志述评》,《世界民族》2010年第1期。
② 程永杰:《物的研究:人类学理解全球化的一种路径》,《天府新论》2020年第5期。
③ 马佳:《人类学理论视域中的物质文化研究》,《广西民族研究》2013年第4期;《中国人类学的物研究:历史、现状与思考》,《原生态民族文化学刊》2019年第6期。

多的文化信息，展现出一定的社会文化关联。只有通过对物进行共时和历时维度的考察，才能尽可能地理解一个物所展现的全部意义以及与人、社会结构之间的密切关系。靳志华通过对贵州省台江县施洞镇的田野调查，以白银在施洞苗族的社会性应用，以当地苗族女性佩戴的银饰为突破口，呈现了白银在特定群体中的多维度文化表达，阐释了银饰与人的关联性，既包括银饰对人的区隔与社会划分，表现在对个体、群体以及与民族符号等关系的描述上，同时也包括因为银饰的社会性应用，所衍生出来的话语体系的建立。①

马祯以物的研究观念为线索，梳理在人类学不同阶段中，物从不具有意义，到作为理解人及其社会文化的媒介，再到物成为意义本身而上升为哲学反思的过程，以期厘清人类学物的研究的理论脉络。②

吴兴帜认为，物作为人类学的研究对象，始于社会达尔文主义把物作为社会发展阶段的标识来分析社会演进的阶序。此后，不同学派出于论证、分析的需要，各自阐释了物及物背后的社会关系与文化隐喻。第一，从物与社会演进与象征符号的角度，对人类学关于物的研究谱系进行了梳理，论述人类学在以"物"为研究对象时的方法论与认识论。第二，指出西方人类学关于"物的民族志"研究，基于"物"的"客体""主—客体"和"主客一体化"的认知，经历了从物的意义去关注人的存在和社会秩序构建到物作为自我的延伸，书写物的生命史和文化传记的发展历程。第三，指出在我国传统文化中，物是"物即事、物即礼、物即人"的"物、事、礼、人"的综合体，但我国对物与物质文化的研究仍局限在西方关于物的研究框架之下，颇为"水土不服"，因而呼吁从中国传统文化关于"物"的认知出发，以傣族织锦手工艺品为分析对象，探寻"物的民族志"研究本土化视角。③

彭兆荣指出，人类与食物的关系不仅是生存关系，也表现出建立在其上的文化体系的互动关系。不同的文化体系对食物有着不同价值观。石器时代人类与食物的关系在今天值得我们反思，有些地方甚至值得借鉴。不同的文化体系

---

① 靳志华：《人类学视野下物的文化意义表达》，《西南边疆民族研究》2014年第1期；靳志华：《黔东南施洞苗族生活中白银的社会性应用与文化表达》，昆明：云南大学博士学位论文，2015年6月。
② 马祯：《人类学中"物"的观念变迁》，《贵州大学学报》（社会科学版）2015年第5期。
③ 吴兴帜：《"物的民族志"本土化书写：以傣族织锦手工艺品为》，《云南师范大学学报》（哲学社会科学版）2017年第6期；吴兴帜：《物质文化的社会生命史与文化传记研究》，《青海民族研究》2011年第1期；吴兴帜：《"物"的人类学研究》，《青海民族研究》2010年第2期。

在食物体系中创立了不同的分类制度,许多食物的文化隐喻通过仪式进行特殊的表达。人类生存与食物生态构成一种共生现象,需要格外养护。①人类学历来把对物的研究视为最重要的领域,并形成了民族志对物的研究范式。无论民族志对物的叙事是文字的,还是展示在博物馆里实物的,实际上都是经由民族志撰写者的限定、分解、提炼甚至席取而成的。所以,物的民族志不独是物的一种客观性呈现,也是人类学知识谱系的历史性陈诉。②

3. 物的交换

人类学对社会的研究首先关注特定事物在社会中的产生、演变和交换的关系以及所形成的社会原则,通过社会中物的交流和交换现象分析社会的外在功能和内部结构,以达到对社会的整体性理解。对人类学学科中关于物的交换的系统研究,说明了在人类学民族志的研究中,物的交换研究的重要性和不可替代性。③

朱健刚、羑晓曼通过对河北冀南乡村的田野调查和分析,发现物物交换经济是在农民缺少货币资源的情况下对市场经济的适应,同时也是农民在市场经济中处于弱势地位的表现。只要农民的弱势地位没有改变,那么物物交换就有其存在的必要性。同时,现代企业利用物物交换开发农村市场的事实也说明物物交换并非是与市场经济背道而驰的,而可以成为当代市场经济的一部分。④

(二) 关于协同演化的研究

协同演化又称"协同进化""共同演化""共同进化",即"一个物种的性状作为对另一物种性状的反应而进化,而后一物种的这一性状本身又作为前一物种性状的反应而进化,这种方式的进化称为协同进化(coevolution)"⑤。协同演化理论用以指代物种间的协同适应、互惠共生、制衡共存关系。⑥1964 年,Ehrlich 和 Raven 根据对粉蝶与其寄主十字花科植物关系的研究首次在生态

---

① 彭兆荣:《吃与不吃:食物体系与文化体系》,《民俗研究》2010 年第 2 期。
② 彭兆荣:《遗事物语:民族志对物的研究范式》,《厦门大学学报》(哲学社会科学版) 2009 年第 2 期。
③ 彭兆荣、吴兴帜:《民族志表述中物的交换》,《中南民族大学学报》(人文社会科学版) 2009 年第 1 期。
④ 朱健刚、羑晓曼:《冀南乡村的物物交换——地方经济的人类学研究》,《中国农业大学学报》(社会科学版) 2009 年第 2 期。
⑤ 骆世明:《普通生态学》,北京:中国农业出版社,2005 年版,第 80 页。
⑥ 耿中耀:《主粮政策调整与环境变迁研究:以中国南方桄榔类物种盛衰为例》,《中国农业大学学报》(社会科学版) 2019 年第 2 期。

学之中提出协同进化理论。1976年，Jermy提出了顺序进化理论。两大理论极大地推动了对昆虫与植物关系的研究。目前，生态学界对协同进化和竞争进化的使用范围和优缺点已经达成共识。一般认为，在生态系统初创或重建过程中，竞争进化有利于物种的形成和发展，而在生态系稳态延续情况下，协同演化比竞争进化更有利于维护生态系统的稳定性和生物多样性。

随后生态学界对协同进化理论进行了全面、系统的阐释与研究。有学者指出，在昆虫对寄主植物的选择中，植物对昆虫的影响较昆虫对植物的影响更为重要，称作顺序进化是适宜的，昆虫为被子植物传授花粉形成互惠共生，其中的进化关系应称为协同进化。在继承协同进化、顺序进化等理论精髓的基础上，根据当今三营养级相互作用领域的研究新进展，提出一个新的假说，即多营养级协同进化假说。该假说了肯定植物次生物质在植物防御和昆虫识别寄主植物上的重要作用，同时把其他营养级并列放入交互作用的系统，特别强调第三营养级在昆虫与植物关系演化过程中的参与和寄主转移与昆虫食性专化和广化的联系。①

有学者进一步指出，竞争和协同作用是普遍存在于生物个体或种群之间的两种行为。大量实验和研究表明，竞争主导的生物进化是存在的，在一定范围和水平上竞争的结果有利于植物形态、生理适应特征及生活适应策略的进化。协同能够使生物以最小的代价或成本实现自身在自然界的存在与繁殖；基于生态系统的稳定性和生物多样性的角度考虑，与竞争相辅相成、在一定条件下可以相互转化的协同作用更有利于生态系各组分之间能量转化效率的提高，有利于加强系统自身的自组织能力，有利于维持生态系统的有序性和多样性。因此，协同作用的结果应该更有利于生物进化，而且比竞争更普遍、更有意义。②徐桂荣等认为，生物协同进化过程有协同适应进化、协同创新进化、保守和退化等方面。生物在进化中既有相互竞争和制约，又有互利和相互维系的协同关系。而且协同进化是生物界发展的"主导"，协同进化是普遍性的原理，优胜劣汰是局部性原理。③徐桂荣还认为，早期人类创新进化主要体现在：直立行走解放了手；人工生火、用火是主动取得能源和主动使用能源的开始；熟食取得

---

① 钦俊德、王琛柱：《论昆虫与植物的相互作用和进化的关系》，《昆虫学报》2001年第3期；王琛柱、钦俊德：《昆虫与植物的协同进化：寄主植物—铃夜蛾—寄生蜂相互作用》，《昆虫知识》2007年第3期。
② 王德利、高莹：《竞争进化与协同进化》，《生态学杂志》2005年第10期。
③ 徐桂荣等：《生物与环境的协同进化》，武汉：中国地质大学大学出版社，2005年版。

充分的营养，使脑功能完善；抽象思维的发展是物质的演绎，同时又回过头来改造物质，这是其他动物做不到的，是人类区别于其他动物的根本；主动取得能源，主动生产食物，这种劳动是其他动物不可能做到的。①

查尔斯·J. 拉姆斯登和爱德华·奥斯本·威尔逊从生物社会学角度建构了"基因—文化协同进化"的理论体系，认为文化在生物学指令的作用下形成并发展，而生物学特征同时被回应文化进化的基因进化所改变。②佘正荣先生认为："生态发展是优化人和自然相互作用的最佳方式，是争取人和生物圈持久生存、协同进化的根本前提。"③迈克尔·波伦从人类文化与植物的"协同演化""互为主客体"和互惠关系角度出发，选取水果植物苹果、花卉植物郁金香、药用植物大麻、主粮植物马铃薯4种颇为普遍的植物为研究对象，描述了这些植物的社会文化史和这些植物演化而唤醒和得到满足的 4 种人类欲望的自然史。④

本书尝试从生态民族学角度消化吸收生态学协同演化理论，用来揭示稳定生态系统中人与自然、文化与生态环境、文化与特定物种的兼容互惠、协同共生、交错进化关系，其进化机制是文化与特定物种相向而行、互为目标的耦合演化过程，其特点是人与特定物种构成生命共同体，两者互为进化主体、互为进化对象，达成了互利共生的耦合演化关系。而文化与生态环境交互演化，最终形成"文化生态共同体"。从特定文化群体生计的维度出发，文化与自然生态协同演化是对特定环境下物种的驯化与利用，促使特定物种朝着人类生命延续的方向演化，满足特定地区人类生命延续的需要。人类文化在高效利用与精心维护所驯化生物物种的进程中，也会引发相关人类社会的演进。⑤可见，文化与自然的协同演化呈现双向性与复杂性。⑥

（三）关于农业文化遗产的研究

"全球重要农业文化遗产"概念一经提出，就引起了国内外学者的广泛关

---

① 徐桂荣：《早期人类创新进化中的几个关键节点》，《自然》2017 年第 5 期。
② （加拿大）查尔斯·J. 拉姆斯登、（美）爱德华·O. 威尔逊著，刘利译：《基因、心灵与文化：协同进化的过程》，上海：上海科技教育出版社，2016 年版。
③ 佘正荣：《生态发展：争取人和生物圈的协同进化》，《哲学研究》1993 年第 6 期。
④ （美）迈克尔·波伦著，王毅译：《植物的欲望：植物眼中的世界》，上海：上海人民出版社，2003 年版。
⑤ 杨庭硕：《植物与文化：人类历史的又一种解读》，《吉首大学学报》（社会科学版）2012 年第 1 期。
⑥ 侯深：《文化与自然协同演化的复杂历史》，《光明日报》2020 年 3 月 16 日第 14 版。

注。到目前为止，学者们对农业文化遗产的研究主要集中在对农业文化遗产的概念、农业文化遗产的价值、农业文化遗产的保护与开发、农业文化遗产评估、农业文化遗产与生物多样性的关联性等方面。

1. 农业文化遗产的概念

学术界对农业文化遗产的研究始于对概念的界定。国外学者将农业文化遗产定义为包括"农场、牛奶场、农业博物馆、葡萄园、捕鱼、采矿、采石、水库等农事活动"在内的"历史悠久、结构复杂的传统农业景观和农业耕作方式"[①]。2002年联合国粮农组织启动"全球重要农业文化遗产（Globally Important Agricultural Systems）"项目，将全球重要农业文化遗产定义为"农村与其所处环境长期协同进化和动态适应下所形成的独特的土地利用系统和农业景观。这种系统与景观具有丰富的生物多样性，而且可以满足当地社会经济与文化发展的需要，有利于促进区域可持续发展"[②]。国外学者在基本认同这一定义的基础上开展对农业文化遗产概念和内涵的深入挖掘和保护利用工作，并从生态学、社会学、人类学等视野进行科学研究。

国内对农业文化遗产概念的争议聚焦于其对这一名称的英文翻译以及内涵的界定。20世纪50年代，开启了"整理祖国农业遗产"或"农学遗产"的工作，开始对古代农史资料进行搜集整理。闵庆文最早将"Globally Important Agricultural Heritage Systems"翻译为"全球重要农业文化遗产"，与原文直译有所差异，引起了学界对这一概念的不同解读。

闵庆文（2006）以联合国粮农组织的定义为参照，指出全球重要农业文化遗产"在概念上等同于世界文化遗产"，进而指出，相比普通农业遗产，农业文化遗产更关注生态环境、生物多样性，并肯定了农业文化遗产对地区生态、经济、文化等发展的积极影响。韩燕平、刘建平（2007）强调了农业文化遗产的文化属性，进而指出，与农业文明、农业文化相关的纪念性创作物、建筑群、遗址、非物质文化遗产都是农业文化遗产。[③]熊礼明等（2011）认为农业文化遗产概念有广义和狭义之分，广义上指农业遗产，狭义上指农业文化遗产系统。[④]

---

① 刘建红：《中国重要农业文化遗产的保护利用研究》，南京：南京师范大学硕士学位论文，2017年。
② 李明、王思明：《农业文化遗产学》，南京：南京大学出版社，2015年版，第48页。
③ 韩燕平、刘建平：《关于农业遗产几个密切相关概念的辨析：兼论农业遗产的概念》，《古今农业》2007年第3期。
④ 熊礼明、李映辉：《农业文化遗产概念探讨：与闵庆文等学者的商榷》，《长江大学学报》2011年第4期。

如此一来，农业文化遗产概念的内涵与外延得到扩展。王思明（2019）将"完整的农业文化遗产"界定为"包括农民、土地、技术、政策与制度及生态环境的'五位一体'的复合系统"，并将它分为"有形物质遗产""无形非物质遗产""农业物质与非物质遗产相互融合的形态"3类，使农业文化遗产的概念进一步细化。①此外，有学者提出农业文化遗产概念的范围可以更广，可将传统的农业文化知识包括进来。

2. 农业文化遗产的价值

国外学者主要从生态、经济、文化3个方面对农业文化遗产的价值进行了探讨。Csaba Centeri & Hans Renes 等在《对欧洲农业文化遗产树林草地复合系统的研究》一文中强调，树林草地复合系统是一种重要的农业文化遗产，它的可持续利用在维护生物多样性、保持水土等方面发挥着重要功能。② Salvatore Pasta, Rosario Di Lorenzo 的《兰佩杜萨岛的农业文化遗产（意大利南部佩拉杰群岛）在品种培育和野生动植物保护中的关键作用》通过对兰佩杜萨岛（西西里岛海峡）农业生产活动的考察，得出了"本土农业体系在生物多样性维护中扮演着重要的角色"的论断。③

日本学者就重要农业文化遗产在保障食品安全方面的价值展开了探讨。Kim Sei-Cheon 的《重要农业文化遗产森林资源系统的区域性研究》通过对日本重要农业文化遗产森林农业系统的考察，指出：高效利用传统农业技术可以推动食品安全体系的建立，促进本土景观的保护和生物多样性的维护。④ Shuichiro Kajima 等的《日本米酒和茶：全球重要农业文化遗产的产品认证》通过对日本全球重要农业文化遗产米酒和茶叶产品认证的考察，指出：作为白山市的地理标志，日本白山米酒被作为一种本土产品的促销工具，具有很高的市场价值，同时又反过来推动了该项重要农业文化遗产的创新利用。⑤ Kazem

---

① 王思明：《农业文化遗产概念的演变及其学科体系的构建》，《中国农史》2019年第6期。
② Csaba Centeri, Hans Renes, etc. Wooded Grasslands as Part of the European Agricultural Heritage, Biocultural Diversity in Europe, 2016（5）：75-103.
③ SalvatorePasta, Rosario Di Lorenzo.The agricultural heritage of Lampedusa（Pelagie Archipelago, South Italy）and its key role for cultivar and wildlife conservation, Italian Journal of Agronomy, 2017（6）：17.
④ Kim, Sei-Cheon. A Case Study on the Registered Agricultural Heritage of the Forest Resources as Related to Local Area, The Journal of Korean Institute of Forest Recreation, 2014（1）：57-69.
⑤ Shuichiro Kajima, Yushi Tanaka, Yuta Uchiyama.Japanese sake and tea as place-based products: a comparison of regional certifications of globally important agricultural heritage systems, geopark, biosphere reserves, and geographical indication at product level certification, Journal of Ethnic Foods, 2017（2）:80-87.

Vafadari 的《重要农业文化遗产旅游前景探析：以日本大分市国东半岛为例》探讨了以全球重要农业文化遗产为切入点推动日本国东半岛振兴的价值，文中指出：适当开发乡村旅游资源具有较大碳汇价值，推广传统农耕技术有助于推进社会的可持续发展。[①] Kaoru Ichikawa 等在《日本里山景观：工业文明重要农业文化遗产的展望》中强调了"挖掘农业文化遗产相关技术体系和文化价值，必将推动人类的福祉"的观点。[②]

此外，Park，Jong-Jun，Kim 等在《重要农业文化遗产对传统农业发展与乡村资源保护的应用和展望》中指出：加强对重要农业文化遗产的评估与管理有助于绿色食品的认证和提高其盈利。[③] P. Koohafkan & J. Furtado 在《全球重要农业文化遗产传统稻鱼复合系统研究》中提出了加强对全球重要农业文化遗产的创新利用以确保人类食品与生计安全的观点。[④] Barrena J 等的《生态文化服务评估：以智利南部奇洛埃岛农业文化遗产为例》以智利南部奇洛埃岛重要农业文化遗产为考察对象，通过对其生态文化的考察，指出：打造重要农业文化遗产地理商标，有助于提高重要农业文化遗产内生动力，推动可持续发展。[⑤]

综观上述研究成果，可以发现：农业文化遗产具有维护生物多样性、保持水土等生态价值，有作为地理标志、开发旅游的经济价值，有保障食品与生计安全、助力乡村振兴的社会价值。

作为一种新的世界遗产类型，农业文化遗产具有突出的价值（闵庆文，2006）。国内学者则更加侧重于对农业文化遗产综合价值的研究。农业文化遗产的保护，不仅为现代高效生态农业的发展保留了杰出的农业景观，维持了可恢复的生态系统，传承了高价值的传统知识和文化活动，同时也保存了具有全球重要意义的农业生物多样性，为现代高效生态农业的多功能发展提供了物质基

[①] Kaoru Ichikawa, Gregory G.Toth. The Satoyama Landscape of Japan The Future of an Indigenous Agricultural System in an Industrialized Society, Agroforestry-The Future of Global Land Use, 2012（9）: 341-359.

[②] Sreeja, KG;Madhusoodhanan, CG;Eldho, TI.Climate and landuse change impacts on sub-sea level rice farming in a tropical deltaic wetland, Proceedings of the 36th Iahr World Congress: Deltas of the Future and What Happens Upstream, 2015: 6488-6495.

[③] Park, Jong-Jun, Kim, Sang-Bum, Lee, Eung-Cheol.Adoption and Future Tasks of Nationally Important Agricultural Heritage System for Agricultural and Rural Resources Conservation, Journal of Korean Society of Rural Planning, 2013（4）:161-175.

[④] P.Koohafkan, J.Furtado.Traditional rice-fish systems as Globally Important Ingenious Agricultural Heritage Systems, International Rice Commission newsletter, 2004（53）: 66-73.

[⑤] Kazem Vafadari. Exploring Tourism Potential of Agricultural Heritage Systems A Case Study of the Kunisaki Peninsula, Oita Prefecture, Japan. Issues in Social Science, 2013（1）:33.

础和技术支撑（李文华，2012）。①农业文化遗产地多具有生态环境脆弱、民族文化丰富、经济发展落后等特点，因此其农业同时肩负着生产、生态、文化等功能（何露等，2010）。②农业文化遗产不仅具有历史价值、当代价值，还具有"将来时"价值，即在未来特定时段内农业文化遗产的功能和价值也能得到发挥、体现（李明、王思明，2015）。

3. 农业文化遗产的保护、利用研究

国内外对农业文化遗产保护与利用的研究聚焦于以下两个问题。

其一，保护和利用农业文化遗产应该在什么理论指导下进行？需要遵循什么原则和注意哪些问题？对于这些问题，不同学者给予了不同回答。

Hisako Nomura 认为生态补偿在重要农业文化遗产的可持续保护和利用中发挥着重要作用（Hisako Nomura，2012）。③闵庆文认为，在农业文化遗产研究与保护实践中应当进一步丰富研究内容，重视典型传统生态农业模式的机理性、定量化研究。从多学科与跨学科的角度研究农业文化遗产，加快开展农业文化遗产的普查与价值挖掘工作，重视农业文化遗产的创新发展及可持续利用，重视农业生物多样性与农业文化多样性两个方面的保护。在做好"两个保护"的前提下，促进地区的发展和农民生活水平的提高，并为现代农业发展提供支持。避免"原汁原味"的"冷冻式"保护和"大拆大建"的"破坏性"开发两种错误倾向。逐步建立农业文化遗产保护的多方参与机制，包括政府的主导作用、社区的积极参与、科技的有力支撑、企业的有效介入、媒体的跟踪宣传。使农业文化遗产地成为开展科学研究的平台，展示传统农业文明的窗口，"生态文化型"农产品的生产基地，农业文化旅游的目的地。④

李文华院士认为，当前对农业的多种生态服务功能没有给予充分的重视，缺乏市场化引导、规模化经营、专业化生产和品牌化推广等。面对着新时期社会经济发展的特点与资源环境瓶颈，中国生态农业需要在产业循环、多功能化、

---

① 李文华等：《农业文化遗产保护：生态农业发展的新契机》，《中国生态农业学报》2012年第6期。

② 何露等：《农业多功能性多维评价模型及其引用研究：以浙江省青田县为例》，《资源科学》2010年第6期。

③ Gustavo Becerra-Jurado, Rory Harrington, Mary Kelly-Quinn. A review of the potential of surface flow constructed wetlands to enhance macro invertebrate diversity in agricultural landscapes with particular reference to Integrated Constructed Wetlands（ICWs），Hydrobiologia, 2012（2）:121-130.

④ 闵庆文等：《中国农业文化遗产研究与保护实践的主要进展》，《资源科学》2011年第6期。

高品质、产业化以及融合传统知识精华与现代科学技术、实现农村可持续发展等方面多做努力。李文华院士进一步提出，农业文化遗产在促进农业多种功能、促进传统知识与现代技术的融合、促进农村可持续发展等方面发挥着重要作用。并认为应该从科学研究和管理实践两个角度对我国农业文化遗产进行保护与创新性发展。①

苑利从我国农业历史经验的角度，提出农业文化遗产保护工作的重点：一是对传统农业耕作技术与经验实施有效保护；二是对传统农业生产工具实施全面保护；三是对传统农业生产制度实施有效保护；四是对传统农耕信仰、民间文学艺术等非物质文化遗产实施综合保护；五是对当地特有农作物品种实施有效保护。他强调农业文化遗产保护工作中需要注意的几个问题：一是对传统农业文化遗产要抱有一种更加宽容的态度，必须将"俗信"与"迷信"严格区分开来，只要利大于弊，我们都应予以保护；二是在农业文化遗产保护过程中秉持大农业文化遗产概念更利于农业文化遗产的保护和弘扬；三是打破陈旧观念，彻底澄清传统文化落后观，在现代化问题重重的今天，强调天人合一，永续利用的传统农耕技术，仍然是我们学习的楷模；四是在创立地域文化品牌时，找出该地域的灵魂——地域标志性文化是非常重要的；五是加强对农业文化遗产的活态保护。②

李明与王思明认为，保护农业文化遗产不仅仅是保护农业文化传统的需要，是保护农业生物多样性、文化多样性的需要，是确保农业乃至整个社会可持续发展的需要，更是保护未来人类生存和发展的一种机会……农业文化遗产保护是一种战略行为，需要从战略的高度来加以认识，并从保护体制创新与保护方法创新两方面着手。③

其二，保护和利用农业文化遗产的具体路径有哪些？我们可以从哪些方面入手？针对这些问题，学者们见仁见智。

可以从利用新技术，运用新媒体方面着手。要全面掌握农业文化遗产资源空间分布规律，必须大力发展地理信息系统，以此作为定量化和可视化的分析方法（韩宗伟，2017）。④农业文化遗产在保护和传承过程中需要突出媒体的作

---

① 李文华等：《中国生态农业的发展与展望》，《资源科学》2010 年第 6 期；李文华：《农业文化遗产的保护与发展》，《农业环境科学学报》2015 年第 1 期。
② 苑利：《农业文化遗产保护与我们所需注意的几个问题》，《农业考古》2006 年第 6 期。
③ 李明、王思明：《农业文化遗产：保护什么与怎样保护》，《中国农史》2012 年第 2 期。
④ 韩宗伟：《中国农业文化遗产的空间分布特征及影响因素分析》，《中国农业资源与区划》2017 年第 2 期。

用，结合媒体推广途径、宣传方法和传播前景，探究满足时代发展需要的媒体传播模式，这是文化遗产领域的新趋势，符合农业遗产学未来发展需要，具备社会实践价值（韩凝玉，2016）。①保护农业文化遗产需要多方参与（闵庆文、孙业红，2006；MIN et al.，2016）。目前，受到广泛认可的参与机制是以"五位一体"（政府推动、科技驱动、企业带动、社区主动和社会联动）为主要内容的参与机制。其中，政府占据主导地位，制定各项政策措施，协调关系；社区中的农民是农业生产的主体，是农业文化遗产保护的直接参与者（耿艳辉等，2008；闵庆文等，2016）。诸如：在广西龙胜龙脊梯田农业系统的保护利用中，政府、企业、村民共同参与了梯田的多功能开发，并在企业与村民、村民与村民的利益分配上达成了一致（ZHANG et al.2019a）；在日本佐渡岛稻田—朱鹮共生系统的保护过程中，形成了政府生态补贴、农户稻米认证和"认养"、企业与社区参与、科研机构提供科技支撑的多方参与机制，是多方参与农业文化遗产保护的成功案例（张灿强等，2015）。作为农业文化遗产保护的直接参与者，农户是不容小觑的角色。然而，当前存在农户参与农业文化遗产保护的积极性不高、参与度低的问题。究其原因，农民对农业文化遗产了解甚少，缺乏保护意识（韩凝玉等，2020）。诸如，在我国被列入 GIAHS 保护试点的农业文化遗产中，农户对它们的认识很不足（闵庆文等，2012）；日本静冈传统茶—草复合系统的保护进程因遗产地农民不了解传统耕作方法和 GIAHS 的品牌价值而受阻（Inagaki and Kusumoto，2019）。因此，农业文化遗产的保护应关注社区居民的感知与利益诉求，并通过建立科学、合理的社区参与机制来协调农业文化遗产保护与经济社会发展的关系（崔峰等，2013）②，更应该提高农户对其价值的认知（何思源等，2019）。

旅游开发是对农业文化遗产进行动态保护的最有效途径之一。农业文化遗产地具有聚落属性、社会属性、经济属性、文化属性和生态属性，决定了其具有很高的旅游价值和广阔的开发前景。因此，要重视农业文化遗产旅游开发前、开发中和开发后的全方位规划保护中需要注意的问题（闵庆文等，2007）③，也可以从遗产地区域文化与社会经济发展的关系入手发展农业文化旅游进而实

---

① 韩凝玉、张哲、王思明：《农业文化遗产传播的媒体应用模式探析》，《中国农史》2016 年第 3 期。
② 崔峰等：《农业文化遗产保护与区域经济社会发展关系研究：以江苏兴化垛田为例》，《中国人口资源与环境》2013 年第 12 期。
③ 闵庆文：《全球重要农业文化遗产的旅游资源特征与开发》，《经济地理》2007 年第 5 期。

现遗产的开发与保护。①值得注意的是，农业文化遗产旅游属于一种遗产旅游，从本质上区别于乡村旅游、农业旅游等旅游形式。作为一种旅游资源，农业文化遗产具有特色明显、分布范围广、脆弱性和敏感性高、可参与性强和复合性强的特征，这些特征是农业文化遗产目的地旅游资源开发和管理需要考虑的重要因素（孙业红，2010）。②

4. 农业文化遗产与生物多样性的关联性

农业文化遗产与生物多样性的关联性也是学者们密切关注的一个问题。Nahuelhual L，Carmona A. 等的《评估非物质文化服务功能的方法论：以智利南方地区重要农业文化遗产为例》通过对智利南部地区重要农业文化遗产的研究，从方法论上弥补了对农业文化遗产与生物多样性的研究。③B. Seungseok 的《论韩国农渔重要农业文化遗产的保护和管理》明确指出：在加强对重要农业文化遗产的保护与利用成为韩国政府主要目标的背景下，加强生物多样性的维护兼具促进农渔业发展和保护重要农业文化遗产、自然生态环境的作用。④综观上述研究成果，学者们主要强调了一个观点：人类社会的健康发展与生态安全的维护离不开生物多样性。吴合显在全面梳理国外有关重要农业文化遗产见解的研究情况之后，立足于中国国情和"三农"问题，呼吁重新界定"重要农业文化遗产"的申报范围、申报条件和所有权，呼吁"重新评价传统农业实践和知识、文化景观、食品和生计安全以及生物多样性等重要农业文化遗产的系统要素"。⑤

通过上述农业文化遗产研究动态的梳理，笔者认为应该进一步加强我国木本类农业文化遗产的申报保护，将已经立项保护的中国重要农业文化遗产"湖南永顺油茶林复合系统"尽早纳入全球重要农业文化遗产预备名录，进而申报全球重要农业文化遗产。为实现上述目标，可以从 3 个方面努力：其一，遗产地申报单位进一步加强对古油茶林生态文化的保护与利用；其二，遗产地乡民

---

① 孙业红等：《农业文化遗产资源开发与区域社会经济关系研究：以浙江青田"稻鱼共生"全球重要农业文化遗产为例》，《资源科学》2006 年第 4 期。

② 孙业红等：《农业文化遗产资源的旅游特征研究》，《旅游学刊》2010 年第 10 期。

③ Nahuelhual, L; Carmona, A; Laterra, P; Barrena, J.Aguayo, M. A mapping approach to assess intangible cultural ecosystem services: The case of agriculture heritage in Southern Chile, Ecological Indicators, 2014（40）:90-101.

④ B Seungseok. Conservation and Management of Agricultural and Fishery Heritage System in South Korea, Journal of Resources & Ecology, 2014（4）:335-340.

⑤ 吴合显：《借鉴与启示：国外重要农业文化遗产研究再认识》，《原生态民族文化学刊》2020 年第 4 期。

应该进一步提升文化自觉，积极主动投入相关的保护利用行动中来；其三，遗产地申报主体单位加强与相关科研机构、高等学校的合作，深入系统开展油茶林生态文化的专题研究。

（四）关于生态文化研究

"生态文化"是环境资源与科学、文化学、民族学等20多个学科长期关注的研究主题。从生态民族学角度来看，"生态文化"或"文化生态学"一词，是美国民族学家斯图尔德首次提出的学术概念（Julian Haynes Steward，1955）。斯图尔德认为："所有的人都要吃东西，这是一项生物的事实而非文化的事实；可以用生物与化学过程加以解释。不同的人群吃什么与如何吃则是一项文化事实，只可借文化史与环境因素加以解释。"[①]斯图尔德的学术理论也被称为"多线进化论"，该理论尝试超越"普遍进化论"的含混普同性和"单线进化论"被质疑的独断主张。该理论认为，世界上不同地区的技术和社会进化的多种多样的发展轨迹在本质上被生态环境限制。在此基础上，国内外学者建构了民族学分支学科——文化生态学，其后定名为生态人类学（生态民族学）、环境人类学等。

斯图尔德在《文化变迁理论》一书中认为文化生态学作为研究生产活动领域的有效方法包括3个基本步骤：第一步分析生产技术与环境之间的相互关系。两者之间的关系如何由文化而定，并认为简单的文化比复杂的文化更直接受到环境的制约。第二步分析一项特殊技术开发特定地区所涉及的行为模式。有些生计方式对社会生活有较为严格的限制，有些则允许有较大的变化空间，有些则在两者之间保留较大的张力。不同群体使用技术的复杂性和是否合作不仅取决于文化的因素，也受到环境中植物和动物生物属性的影响。特定群体采取什么样的开发利用模式不仅受到相关食货生产习俗的制约，还会受到载运货物流动方式，即交通方式的影响。第三步要分析清楚开发环境所需要的行为模式在何种程度上影响文化的其他方面，强调这个步骤需要具备真正的全局观。[②]在该书中，斯图尔德提出了这样的理论：狩猎—采集者不仅通过技术，而且通过

[①] （美）史徒华（Julian H. Steward）著、张恭启译：《文化变迁的理论》，台湾台北：吴氏基金会新桥名著文库，1984年版，第10页。

[②] （美）史徒华（Julian H. Steward）著、张恭启译：《文化变迁的理论》，台湾台北：吴氏基金会新桥名著文库，1984年版，第49-51页；（美）朱利安·斯图尔德（Julian Haynes Steward）著，谭卫华、罗康隆、杨庭硕校译：《文化变迁论》，贵阳：贵州人民出版社，2013年版，第29-31页。

季节性迁移、地域安排和使群体结构适应于自身的目的,来发展富有特点和最大好处的利用资源途径。①

崔明昆将民族文化与生态环境之间的相互关系为研究对象的学科称为民族生态学。他认为,随着工业文明对生态环境的破坏,人们希望从传统知识中寻找生存智慧来进行生态建设,而在众多学科中,对传统知识的研究是民族生态学所擅长的,并进一步认为,传统知识的研究就起步于人类学界。崔教授还提出了将传统知识看成一个由认知体系—利用体系—信仰体系构成的复合体系,这可以成为民族生态学的研究框架。②

王玉德和张全明等认为,生态文化学是从文化学角度研究生态的学科,跟斯图尔德的文化生态学侧重点有所不同,文化生态学是研究文化的生态背景和文化多样性的学科,强调文化的条件,其任务在于把握文化生存与文化环境的联系。虽然两者都研究生态和文化的关系,但生态文化学不仅注意生态对文化的作用,而且特别重视文化对生态的反作用。③

严奇岩认为,生态文化作为一个民族对生活于其中的自然环境的适应体系,属于地方性知识,因而对区域生态文化的研究依赖于民间文献。他运用生态文化学的相关理论,以清水江流域的200通林业碑刻为研究对象,论述了该流域生态文化与300年林业经济可持续发展的耦合演化关系。④

刘荣坤通过田野调查和文献分析,指出:"民族生态文化是在人与自然和谐共生的历史实践中积淀过滤而成的。技术是与自然环境相适应的资源利用方式,是保护生态环境的物象过程和实践。观念是对生态环境的认知及持守的态度,是保护生态环境的内源机制。制度既是生态意识的集中体现,又是保护生态环境的显性机制,具有内源性和强制性的双重效果,内源性主要来自各民族的信仰禁忌及口头文化传统,因此有着强烈的认同感和内驱力。"⑤

曾少聪、罗意对生态人类学70年发展历程进行了全面梳理和系统阐述,指

---

① (英)阿兰·巴纳德(Alan Barnard)著、王建民等译:《人类学历史与理论》,北京:华夏出版社,2006年版,第43页。
② 崔明昆:《民族生态学理论方法与个案研究》,北京:知识产权出版社,2014年版,第104-105页。
③ 王玉德、张全明等:《中华五千年生态文化》(上册),武汉:华中师范大学出版社,1999年版,第5页。
④ 严奇岩:《清水江流域林业碑刻的生态文化》,北京:科学出版社,2020年版,第11-14页。
⑤ 刘荣坤:《澜沧江流域彝族传统生态文化研究》,北京:中国社会科学出版社,2021年版,第16-17页。

出:"中国生态人类学经历了 4 个发展阶段。第一个阶段是 20 世纪 50 年代,始于民族识别与少数民族社会历史调查,以经济文化类型理论的完善及应用为标志;第二个阶段是 20 世纪 80—90 年代,生态人类学研究致力于对地方群体文化与环境的关系及其在现代化进程中的变迁进行解释,研究比较集中于西南地区与西北地区,形成了'适应模式'与'发展的代价'为中心的理论倾向。第三个阶段是 21 世纪前十年,生态人类学家聚焦生态环境变迁引发的自然与社会后果,强调发掘、保护和转化利用本土生态知识的重要性,湘黔桂地区和东北大小兴安岭地区生态人类学研究蓬勃发展。第四个阶段是最近 10 年,生态人类学家的研究视野扩展到了灾害、生物多样性、地方社会脆弱性和生态文明建设等议题上,研究地域扩展到了东南沿海、内陆江河流域和中原传统农耕地区。中国生态人类发展的动力来自扎根本土田野经验的学术自觉、对研究对象及其所处时代社会情境变化的精准把握,以及与西方生态人类学理论对话的深入。进入生态文明建设新时代,应挖掘中国传统文化中的生态文明理念,坚持本土田野经验的传统,加强理论自觉,建构与生态文明建设相匹配的生态人类学新理论体系。"①

杜靖也对生态人类学 70 年研究理路进行了反思,指出:"中国生态人类学主要实践为 3 个层面,即追求理论的生态人类学、追求应用的生态人类学和作为文化批评工具的生态人类学。第一种是在特定生态环境中寻找社会运转的机制和文化模式;第二种关心生态环境的污染、破坏与平衡问题;第三种则把学术研究理解为一种文化反思的手段,努力与进化论、民族意识和现代化叙事模式保持对话。中国生态人类学的基础理论研究非常薄弱,在理论上基本依附西方。大部分生态人类学研究只关注中国的边界地区和少数民族,而对于东部地区、中心地区的生态问题关注不足。由于缺乏深度的理论探索,大部分应用研究的思路和招数千人一面。中国生态人类学从文化多样性和地方知识观出发寻求解决生态困扰的方案,彰显了其学科优势,但手段单一,从而落入了用地方知识观拯救一切的思维窠臼中。新时期中国生态人类学所获结论基本是一个时代的理论范式关照的结果,明显带有普遍化的、模式化的思维特征。中国生态人类学要想有进一步的发展,要做到从应用手段和文化批评工具到认识论工具的提升,在研究视野上要具有更久远的历史感和实践感。"②

---

① 曾少聪、罗意:《中国生态人类学的发展与反思》,《中央民族大学学报》(哲学社会科学版)2021 年第 1 期。
② 杜靖:《中国生态人类学 70 年研究理路与反思》,《湖北民族大学学报》(哲学社会科学版)2019 年第 6 期。

罗康隆等认为文化生态作为生态人类学研究的核心概念，经历了"生态文化共同体""生态文化耦合体""民族生境" 等变化。认为系统论述"民族生境"的生态人类学价值，有助于生态人类学回到民族学本体的轨道上来，也有助于建构中国特色生态人类学学科体系、学术体系、话语体系和积极开展国际学术对话。①

近年来学界关于武陵山区生态文化方面的研究，主要分为新时代民族地区生态文明建设、文化与生态环境关系、武陵山区多业态生计方式与传统生态文化创新利用3个部分。

1. 新时代民族地区生态文明建设研究

党的十八大以来，习近平总书记立足于人类文明与生态兴衰的内在关系和中华文明永续发展的价值追求，明确提出人与自然是生命共同体，绿水青山就是金山银山，保护生态环境就是保护生产力、改善生态环境就是发展生产力，良好的生态环境是最普惠的民生福祉，生态兴则文明兴、生态衰则文明衰，推进生态治理体系与治理能力现代化等论断，创造性地发展了马克思主义生态观中的生态本体论、生态价值论、生态生产力论、生态民生论、生态历史论、生态文化论、生态治理论等。这些新论断涵盖了从本体认识到价值引领、从本质把握到方法指南的多方面、全过程，对新时代生态文明建设具有重要的世界观与方法论意义。

学界以习近平生态文明思想为指导，对民族地区的生态文明建设展开研究，主要聚焦6个方面：其一，民族地区生态屏障与生态安全建设（罗康隆，2010；吴合显，2016；舒心心、李文庆，2019）；其二，少数民族环境理念、习惯与态度、伦理观念、信仰习俗、风险意识、传统生态文化在生态文明建设中的价值、功能与保护利用（杨庭硕，2011；柏贵喜，2013；代启福、张燕，2014；罗康隆，2016）；其三，特定自然生态系统生态文明建设中文化与自然的耦合机制（辛总秀，2019）；其四，民族地区的生态文明战略、建设路径与可持续发展（郭正礼，2013；王海飞，2014）；其五，生态文明评价体系、制度体系、生物多样性的立法保护、生态补偿、公众参与、政府助力（张云雁，2013；刘晓莉、刘晶，2015）；其六，武陵山区生态文明建设路径（何伟军，2019）。

---

① 罗康隆、何治民：《论"民族生境"的生态人类学价值论》，《民族研究》2021年第2期。

2. 文化与生态环境的关系及武陵山区多业态生计方式研究

生态民族学长期关注文化与生态环境的关系这一议题。国外学者主要观点：其一，提出了"东亚照叶树林文化观"，认为照叶树林文化是日本水田稻作文化的先行文化（中尾佐助，1966）；其二，对刀耕火种生计方式进行了全面系统的阐述（佐佐木高明，1998、2017）。国内学者主要观点：其一，经济文化类型说（林耀华，1991）；其二，生态危机本质上是文化危机，民族传统生态文化有利于保护生态环境和可持续发展（宋蜀华，1996；祁庆富，1999；廖国强，2001；余谋昌，2003；杨庭硕，2003；郭家骥，2003；何星亮，2004；尹绍亭，2006；卢风，2008；阿拉坦宝力格，2011；切排，2014；何俊，2018；祁进玉，2020）；其三，传统社会中文化与自然融于一体的生存性智慧和美德对于理解文化多样性与反思"发展"的启迪与价值（范可，2018、2020）。武陵山区多业态生计方式是文化与自然不断调试、动态适应、协同演化过程中逐渐形成的一系列传统生态文化，引起了学界关注，主要体现在两个方面：一是要重新审视多业态产业的生态价值，认为其是摆脱生态危机、重塑人地关系和谐的可行方式（罗康隆、吴合显，2016）。二是多业态生计方式既是该区域各民族的共同生产生活方式，也是不同民族文化适应相似自然生态背景的结果，其中国家政权、市场变动、社会环境等因素也影响各民族的文化适应（孙秋，2018）。

3. 传统生态文化创新利用研究

国外学界对传统生态文化创新利用主要研究成果：其一，生态建设实践要结合运用和充分发挥传统生态文化与现代科学知识各自的长处（Fikret Berkes，1989）；其二，从社会正义角度分析传统农业文化利用生态资源方式在日益变化的环境中可以提供的替代选择（Flora，2014）；其三，加强对传统生态知识产权保护（Charles，2000）。国内学者对传统生态文化在生态文明建设中的重要性和有效性已达成共识。主要观点：一是传统生态文化是适应区域生态环境和社会文化特征的产物，在生态文明建设中可创新利用，实现传统向现代的转换和发展，并使之与现代科技协调并用，实现我国民族地区可持续发展（麻国庆，2001；袁国友，2001；崔明昆，2002；杨庭硕，2004；何丕坤、何俊，2004；罗康隆，2010；付广华，2012；郭家骥、李永祥，2013；田松，2016；王志芳、沈楠，2018；吴合显，2020）；二是构建传统生态文化或知识的民族生态学分析框架（成功、张家楠、薛达元，2014）；三是对武陵山区土家族传统生态文化或知识传承与利用进行系统研究（柏贵喜，2015；姜爱，2017）。

（五）关于油茶林复合系统研究

1. 关于油茶的研究

通过对有关文献和截至2021年5月20日在中国知网上搜到的篇名为"油茶"的12 721篇论文的全面梳理，可以发现，林业、农业经济、森林培育、食品科学等学科关于油茶的研究成果主要包括3个方面：一是对油茶的特性及其营养价值、种质资源与科学利用的研究；二是对油茶加工利用与油茶产业发展的研究；三是对人工油茶林生物多样性及其碳贮量、油茶林农间作的研究。

（1）对油茶的生物特性及其营养价值、种质资源与科学利用的研究。

植物保护、园艺、生物学等学科专业的学者对油茶生物特性及其营养价值进行了全面研究。他们通过对茶油的理化特性、脂肪酸组成等特性的分析，得出结论：油茶籽所榨茶油含有多种功能性成分，长期食用，具有明显的预防心血管硬化、降血压、降血脂、防癌抗癌等功效。同时茶油中含有多种功能性成分，在高级食用油、化妆品、医药、化工等行业具有广阔的市场前景。①

有学者从油茶形态特征遗传变异、染色体核型分析、优良品种鉴定、遗传多样性分析等方面综述了油茶种质资源研究现状，并对油茶种质资源评价研究前景进行了展望。②姚小华等从油茶遗传变异、杂交育种、良种鉴别、田间管理和茶油贮藏加工等方面对油茶进行了全面系统研究，指出油茶全身是宝，具有很高的综合利用价值。③部分研究者对我国油茶的发展历史及主要用途、山茶属植物的分布及其特征、油茶良种选育、油茶良种性状调查描述规范和全国油茶产地省（区、市）主要良种资源展开了全面研究。④部分学者对发展油茶的意义、油茶物种及其品种资源、普通油茶的生物特性和生态习性、油茶良种选育、油茶苗木的繁育、油茶栽培技术、油茶园的经营管理、油茶病虫害的防

---

① 邓小莲等：《保健茶油的研制及其调节血脂的作用》，《中国油脂》2002年第5期；吴雪辉等：《茶油的保健功能作用及开发前景》，《食品科技》2005年第8期；马力等：《茶油的功能特性分析》，《中国农学通报》2009年第8期；马力：《茶油与橄榄油营养价值的比较》，《粮食与食品工业》2007年第6期；谭传波等：《鲜榨山茶油与特级初榨橄榄油营养价值的比较》，《中国油脂》2019年第1期；廖书娟等：《茶油脂肪酸组成及其营养保健功能》，《粮食与油脂》2005年第6期；杜立春：《茶籽粕的清洁纯化与多酚化合物的结构修饰》，上海：复旦大学博士学位论文，2009年10月；孙佩光等：《广宁红花油茶种质特性与变异研究》，《经济林研究》2012年第4期。

② 孙佩光等：《油茶种质资源评价研究进展》，《林业科技开发》2002年第3期。

③ 姚小华等：《油茶资源与科学利用研究》，北京：科学出版社，2016年版（自序）。

④ 国家林业局国有林场和林木种苗工作站：《中国油茶品种志》，北京：中国林业出版社，2016年版。

治、油茶果实的收摘、榨油和利用等做了较为全面的研究。①

（2）对油茶加工利用与油茶产业发展的研究。

油茶产业因其显著的经济价值和社会效益，引起了学者们的广泛关注。学者们分别从农业、林业等学科对特定区域内油茶产业的发展情况进行了研究。研究指出，应该从品种改良、技术改进、资金投入、质量标准等方面加快油茶产业高质量发展，加速从千亿级产业迈向万亿级产业。②

此外，部分学者从宏观层面对我国油茶产业的发展情况进行了梳理，并就现阶段存在的问题提出了对策。

王瑞、陈永忠从生产、消费、进口等方面介绍了我国食用油产业发展现状，从政策、企业、科技角度概述了我国油茶产业发展的现状与趋势，深入剖析了油茶产业发展中存在的问题，提出了持续选育和应用高产新品种、建立工厂化繁育技术体系、推进机械化进程、建立健全标准化技术体系、建立信息交流和社会服务支撑平台等提升油茶产业的思路。③

杨曾辉、杨文英指出：油茶是我国传统的木本食用油产业，当前发展过程

---

① 李振纪：《油茶》，北京：中国林业出版社，1981年版。
② 戴柯炜：《福建省油茶产业化发展研究——尤溪县油茶产业化实践剖析》，福州：福建农林大学硕士学位论文，2009年10月；张恒等：《赣南油茶产业发展的瓶颈与对策》，《贵州农业科学》2016年第9期；邵瑞：《广西油茶产业发展效益分析及模式选择》，北京：北京林业大学硕士学位论文，2011年5月；李洪：《衡东县油茶产业发展研究》，长沙：中国林业科技大学硕士学位论文，2016年5月；陈加：《衡南县油茶科技推广现状、问题及对策研究》，长沙：湖南农业大学硕士学位论文，2016年6月；杨小胡等：《湖南省油茶产业发展存在的问题与对策》，《湖南林业科技》2015年第1期；艾旭：《湖南省油茶产业发展中存在的问题与对策研究——以邵阳县为例》，长沙：湖南农业大学硕士学位论文，2015年12月；周琳：《湖南省油茶产业化发展策略研究》，长沙：湖南农业大学硕士学位论文，2012年12月；阎慧：《江西绿色生态油茶产业发展对策研究》，南昌：江西农业大学硕士学位论文，2016年5月；谢云军：《湖南省耒阳市油茶特色产业发展对策研究》，长沙：中国林业科技大学硕士学位论文，2015年11月；徐端：《临澧县油茶产业发展研究》，长沙：湖南农业大学硕士学位论文，2015年12月；丁明杰：《龙川县油茶产业发展问题研究》，广州：仲恺农业工程学院硕士学位论文，2017年11月；程树平：《闽东油茶产业发展对策研究》，福州：福建农林大学硕士学位论文，2010年10月；龙莉：《永顺县油茶产业的发展研究》，长沙：中国林业科技大学硕士学位论文，2015年11月；鲁明新：《当代武陵山区油茶产业衰落的社会成因探析》，吉首：吉首大学硕士学位论文，2018年6月；李辉：《永州市油茶产业化发展现状与对策研究》，长沙：湖南农业大学硕士学位论文，2016年6月；王金凤等：《我国油茶产业发展现状与对策建议》，《世界林业研究》2020年第6期。
③ 王瑞、陈永忠：《我国油茶产业的发展现状及提升思路》，《林业科技开发》2015年第4期。

中面临诸多困境,主要表现为:油茶生产的劳动力紧缺;油茶生产分散,品牌少;油茶产业性质不明,缺乏政策优惠;油茶生产区的生态环境恶化等。因此,要推动我国油茶业的发展,要积极实施林业补贴,引导油茶业发展;注重科技改进,提升油茶品质;生态化发展油茶产业。①

刘跃进概述了油茶资源、生产、贸易和加工业的现状,综合分析了油茶的综合价值和发展前景。针对当前油茶产业中存在的产量低、经营方式落后、产品系列欠缺、没有特色品牌等现实问题,阐述了油茶优良新品种的增产潜力。提出了通过推广油茶优良新品种,实现油茶生产良种化,从整体上提高油茶产量水平,增强油茶综合利用效率,培植油茶龙头企业等措施,从根本上来促进油茶产业发展。②

上述研究成果为本研究提供了理论和方法上的指导。其中,龙莉、鲁明新、李志萌等人的论文对本研究具有直接的借鉴意义。

龙莉对永顺县油茶产业发展的SWOT分析指出:该县具有自然条件、林地资源、科技、劳动力方面的优势;存在粗放经营、加工利用滞后、资金投入不足、土地集约难度大、树龄老化、品种退化、油茶资源和面积持续减少的劣势;同时,面临着政府导向、茶油需求和综合效益良好等方面的机遇;受到国内其他油茶主产省的冲击、认识不足、政府投入不足、成本提高、小农意识和市场推广难度大等因素的威胁。③

鲁明新在其硕士学位论文中指出,武陵山区素有"油茶之乡"之美誉,油茶产业曾是当地重要经济支柱,历史上长期处于兴盛状态。20世纪80年代实行"家庭联产承包责任制"导致油茶林长期管理权碎片化,违背了发展油茶产业封闭管理、连片经营、长周期投入、综合利用等属性,诱发了武陵山区油茶产业的逐渐衰落。总结吸取历史经验教训,发掘并激活相关本土知识和技术技能,将是复兴武陵山区油茶产业的必由之路。④

李志萌等基于乡村振兴战略背景,在分析当前我国油茶产业发展态势及现存问题的基础上,对我国油茶产业的经济、社会和生态效益进行分析,提出油

---

① 杨曾辉、杨文英:《我国油茶产业发展面临的问题及对策》,《作物研究》2011年第2期。
② 刘跃进等:《我国油茶产业发展现状与对策》,《林业科技开发》2007年第4期。
③ 龙莉:《永顺县油茶产业的发展研究》,长沙:中国林业科技大学硕士学位论文,2015年11月。
④ 鲁明新:《当代武陵山区油茶产业衰落的社会成因探析》,吉首:吉首大学硕士学位论文,2018年6月。

茶产业的振兴发展对策：一要实施油茶一二三产业融合发展，做大做强油茶产业链；二要有效整合财政金融资金支持；三要强化科技支撑，建设国家级油茶技术集成平台；四要做好油茶文化的研究、挖掘、打造与宣传；五要加大油茶地理标志保护与设定法定油茶产区试点。①

（3）对人工油茶林生物多样性及其碳贮量、林农间作的研究。

夏莹莹认为："如何提高油茶人工林的生物多样性和林地生产力，使油茶林兼顾经济效益和生态效益最大化是油茶产业发展过程中的重要问题之一。"②通过抽样调查研究揭示人工油茶林植物多样性区域变化规律和油茶林的地理环境、不同经营方式对植物多样性、生物量及其分配格局的影响。③刘君昂对油茶林健康经营的诸多关键技术进行了科学研究，认为不同抚育措施对油茶林土壤微生物和肥料有不同影响。④何振对油茶林的土壤跳虫和土壤罐诱节肢动物多样性特征进行了研究，研究表明：油茶成林地比幼林地土壤动物的多样性指数高，多样化的地被物有利于提高土壤动物的多样性，垦复和施肥等人为干扰显著地降低了土壤跳虫的多样性，却有利于增加罐诱土壤动物的多样性，水源对林地跳虫和罐诱动物的多样性提高有显著促进作用。⑤

覃伟对油茶与香樟临时混交造林模式效益进行了评估。通过对比分析存活率、生长速率、经济效益和生态效益，提出了大力推广油茶和香樟的混交技术，推广油茶香樟混交比例为2:1的造林模式。⑥文亚雄通过对林农间作油茶林土壤微生物多样性研究，指出：林农间作是一种生态种植方式，是林农业发展的一种趋势。合理的林农间作不仅可以促进植物生长，改善土壤品质，还能提高土地利用率，增加农民收入。间作对油茶林土壤细菌种群多样性的影响有积极

---

① 李志萌等：《乡村振兴战略背景下我国油茶产业发展研究》，《农林经济管理学报》2017年第6期。
② 夏莹莹：《广西油茶人工林植物多样性及其碳贮量研究》，哈尔滨：东北林业大学博士学位论文，2020年6月。
③ 夏莹莹等：《广西油茶人工林林下植物多样性区域变化规律》，《生态学报》2020年第10期；《不同经营措施对油茶林下植物多样性影响研究》，《植物研究》2017年第6期；《不同经营措施对油茶人工林生物量及其分配格局的影响》，《西北林学院学报》2019年第6期。
④ 刘君昂：《油茶林健康经营关键技术研究》，长沙：中国林业科技大学博士学位论文，2010年5月。
⑤ 何振：《南方不同森林类型土壤节肢动物多样性研究》，北京：中国林业科学研究院博士学位论文，2018年6月。
⑥ 覃伟：《油茶与香樟临时混交造林模式效益评价》，长沙：中国林业科技大学硕士学位论文，2016年5月。

作用，间作花生与间作大豆对油茶主要虫害控制效果显著。①彭姣等通过样本调查研究指出：油茶次生林林下植被物种多样性丰富，有较多经济物种。建议在油茶人工林栽植过程中，维护油茶林林下物种多样性，兼顾复合生态经营，以获取次生林最大的经济价值。②此外，林建忠就特地区域油茶林和其他森林生态系统的碳贮量和分布特征展开研究。③

综观上述文献发现，对油茶的自然属性、多重用途、驯化栽培历史、综合利用技术等方面的研究较为全面、系统、深入。也有学者从油茶文化角度论述了油茶之品格、茶油故事、茶油生活、油茶生态、油茶产业等内容。④但从生态民族学角度对油茶的研究还有待进一步深化。

2. 关于林农复合系统的研究

林农复合系统又称农林复合系统，即"农林复合经营（agroforestry），又称混农林业，是世界各地农业实践中一种传统的土地利用方式，它是指在一个土地利用单元中，人为地把木本植物与农作物以及畜禽养殖多种成分结合起来的土地利用系统"⑤。

我国历史上有着丰富的复合经营的实践案例，对当今形势下正确处理人地关系有着借鉴意义。我国的复合经营方式引起了国外学者的注意和高度评价："在套种和复种结合的农业种植体系中，东方农民轮作或连作将引发一系列物理、有机化学和生物学的有利结果。"⑥农林复合经营之所以能够获得如此高的评价，主要是因为这种中国历史上的小农生产经营方式具有不计劳力成本、合理、精准、高效的特点，在可持续地利用土地和不同生物的生长时间、创造环境友好、资源节约的生产、生态空间方面具有一定的优势。

到目前为止，生态民族学关于林农复合系统的研究成果相对较少。农业基础科学、林业、园艺、自然地理科学和测绘学、生态学、草学等自然科学的研

---

① 文亚雄：《林农间作油茶林土壤微生物多样性研究》，长沙：中国林业科技大学硕士学位论文，2015年5月。
② 彭姣等：《常德油茶次生林林下植被物种多样性调查》，《中南林业科技大学学报》2016年第12期。
③ 林建忠：《毛竹与油茶人工林生态系统碳贮量及其分配特征》，《亚热带农业研究》2014年第3期。
④ 陈永忠：《天赐之华：一部茶油文化的本土传奇》，广州：世界图书出版公司，2014年版。
⑤ 李文华、赖世登：《中国农林复合经营》，北京：科学出版社，1994年版，第1页。
⑥ （美）富兰克林·H.金著，程存旺、石嫣译：《四千年农夫：中国、朝鲜和日本的永续农业》，北京：东方出版社，2016年版，第230页。

究成果相对较多，主要表现在"农林复合系统"为主题的相关文献中。截至2021年5月20日，中国知网共有3 850余篇主题为"农林复合系统"的中英文文献，其中博士学位论文38篇、硕士学位论文113篇、期刊论文3 648篇。

上述文献以自然科学类偏多，人文社科类偏少。研究成果主要集中在以下两方面：一是关于特定区域物种间农林复合经营的生态及其效益研究；二是对农林复合经营模式的研究。此外，部分学者从生态民族学角度对林农复合经营系统展开了初步研究。

（1）关于特定区域物种间农林复合经营的生理生态及其效益研究。

云雷通过对晋西黄土区果农间作系统种间关系的研究指出：农林复合系统内部存在着一定程度的种间竞争，对农林复合系统种间关系的研究有助于更深层次地理解生态系统结构和功能的稳定性，探索合理和高效的资源利用方式，为经营种间关系协调的高产、高效和稳定的农林复合系统提供理论依据。①还有学人对特定区域农林复合生态系统土壤水分运动变化规律展开了研究。②有学人通过对特定物种化感作用的研究，提出农林复合经营是治理黄土高原的一项主要措施和解决这种恶性循环的有效途径之一。③

彭晓邦等针对渭北黄土区生态环境脆弱、经济落后以及农林复合系统持续性、多样性、高效性和稳定性的特点，以渭北黄土区具有代表性的核桃、李子与玉米、大豆、绿豆和辣椒复合系统为研究对象，对不同复合模式中林下作物的生态特性、生物学性状和生产力进行观测，分析了不同农林复合系统对光能分布、农作物生长、生产的影响，为合理设计、管理、调控该地区果农复合模式和进一步探索农林复合系统的增产机制提供了理论依据。④庞有祝通过实验方法对特定地区农林复合系统地下互作机理进行研究，指出生物埂和植物篱是

---

① 云雷：《晋西黄土区果农间作系统种间关系研究》，北京：北京林业大学博士学位论文，2011年6月。

② 朱首军：《渭北旱塬农林复合系统水量平衡要素变化规律的试验研究》，杨凌：西北农林科技大学博士学位论文，2001年12月；朱首军等：《农林复合生态系统土壤水分空间变异性和时间稳定性研究》，《水土保持研究》2000年第1期；张劲松：《农林复合系统水分运移模型与水分生态特征的研究——以太行山低山丘陵区苹果—小麦复合系统为例》，北京：中国农业大学博士学位论文，2001年5月；张劲松等：《农林复合系统水分生态特征的模拟研究》，《生态学报》2004年第6期。

③ 李茜：《渭北黄土区农林复合系统核桃化感作用研究》，杨凌：西北农林科技大学博士学位论文，2011年4月；崔翠：《渭北黄土区农林复合系统核桃根际土壤及根系分泌物化感作用研究》，杨凌：西北农林科技大学博士学位论文，2012年3月。

④ 彭晓邦：《渭北黄土区农林复合系统生理生态特性及生产力研究》，杨凌：西北农林科技大学博士学位论文，2009年4月。

我国黄土坡面主要的农林复合形式。①赵英认为农林复合系统水、肥、光交互作用因其组分类型与时空配置而异，需从生态、经济、社会效益方面对复合模式加以优化。②刘兴宇进一步指出，种间相互作用在很大程度上决定了农林复合系统的生产力和可持续性，理解种间相互作用是经营和管理农林复合系统的关键。③

陈长青指出，红壤区有着丰富的生物资源和气候资源。但长期以来，受对农业生态系统单一经营、乱砍滥伐、不合理垦荒、盲目采矿采石以及人口生育失控等不利因素的影响，加之严重的季节性干旱这一苛刻的气候条件以及山丘生态系统固有的脆弱性，导致生态环境退化日益严重，生态资源日益减少，人地矛盾日益突出。因而合理开发利用红壤区各种资源，直接关系到红壤区农业能否可持续发展。农林复合系统能较好解决农、林、牧、渔业单一产业效益低下和市场适应性差等方面的问题，并具有较好的生态效益，是一种具有推广价值的生态经济系统。④

（2）对农林复合经营模式的研究。

滕维超通过实证研究，指出在需要兼顾土壤肥力效益的立地上，适宜推广油茶—大豆间作模式。在以经济利益为主要目标的立地上，适宜推广油茶—红薯间作模式。同时针对油茶—红薯间作模式水分、养分、光效应较低的实际情况，适当对油茶冗余的枝叶进行修剪，并相应追肥灌溉，可以提高产量，促进复合经营模式可持续发展。⑤王华通过采用实验比较研究对湿地稻—鸭复合生态系统的甲烷排放、土壤理化性状、水稻的养分含量及整个系统的生态经济效益进行观测，旨在为全面评价稻—鸭复合生态系统的功能提供科学依据，同时为协调粮食生产和保护环境之间的矛盾，寻求理想的稻田甲烷减排措施和农业可持续发展道路奠定理论基础。⑥孙刚等指出，水田复合种养既具有显著的经济效益，又具有突出的环境效益和社会效益，复合种养符合我国国情，将会越

---

① 庞有祝：《黄土高原农林复合系统地下互作机理及管理》，北京：北京林业大学博士学位论文，2006年6月。
② 赵英等：《农林复合系统中物种间水肥光竞争机理分析与评价》，《生态学报》2006年第6期。
③ 刘兴宇等：《农林复合系统种间关系研究进展》，《生态学杂志》2007年第9期。
④ 陈长青：《红壤区农林复合系统分析与评价》，南京：南京农业大学博士学位论文，2005年12月。
⑤ 滕维超：《油茶—农作物间作系统生理生态及经济效益评价》，南京：南京林业大学博士学位论文，2013年7月。
⑥ 王华：《稻—鸭生态种养减排甲烷和改善稻田环境的功能研究》，长沙：湖南农业大学硕士学位论文，2002年6月。

来越受到重视。①

史锋厚、朱灿灿等学人指出，复合种养经营是发展现代高效农业的一种重要模式。他们选取"映霜红"桃+鹊山鸡复合种养模式为研究对象，认为该复合种养模式可降低投入成本，长短结合，总体收益高，可实现生态互补，达到果品与禽蛋产品高产、绿色、环保、高效的目标。②

卞莹莹认为，荒漠草原区位于我国北部生态屏障的最前沿，担负着极为重要的生态服务功能；承担一部分贫困人口的生计。该区农业生态经济发展长期处于旱、薄、粗、单、低、穷的恶性循环之中。最直接的表现是荒漠化和自然灾害严重，草地牧草产量低，草畜矛盾突出，这不仅限制了当地畜牧业发展，同时也加剧了区域贫困和生态恶化。在该区域如果不能建立特色支柱产业使经济可持续发展，仅靠少量的粮食和经济补偿并不能从根本上解决农民的脱贫致富问题，毁林毁草开荒耕翻种植还会反复。为了使农业资源的开发利用达到最佳运行状态，应促进研究区生态系统中各子系统之间的耦合生产，形成复合经营系统内物质的多级循环和能量的扩大流动，增强各子系统之间的时序性、空间格局和生态过程。③

（3）生态民族学关于林农复合经营的研究。

田红在对特定区域与民族的生计方式研究时对"复合种养生计"进行了界定，指出：所谓"复合种养生计"，是指该生计没有明确界定农、林、牧、狩猎、采集的界限。大到整个民族，具体落实到每个家族，甚至每个家庭，其生计方式都表现为农、林、牧、狩猎、采集的有机整合，甚至产品也是农、林、牧、狩猎、采集复合经营的产物。④罗康智通过对相关文献梳理分析和实地调查印证，指出传统的复合种养农耕模式的特点在于，尽可能不动土或者较少动土去实施农耕、畜牧、林业、狩猎采集多层次复合经营，既不会扰动原有的生态结构与景观，同时又不会影响经营的成效。⑤

---

① 孙刚：《复合种养水田生态系统的综合效益》，《农业与技术》2006年第5期。
② 史锋厚、朱灿灿等：《"映霜红"桃与鹊山鸡复合种养经营模式》，《北方园艺》2017年第18期。
③ 卞莹莹：《荒漠草原区农林牧复合系统结构与模式优化研究》，银川：宁夏大学博士学位论文，2015年3月。
④ 田红：《喀斯特石漠化灾变救治的文化思路探析：以苗族复合种养生计对环境的适应为例》，《中央民族大学学报》（哲学社会科学版）2009年第6期。
⑤ 罗康智：《复合种养模式对石漠化灾变区生态恢复的启迪：以贵州省麻山地区为例》，《贵州社会科学》2017年第6期。

（六）研究述评

综观而言，以上 5 个方面的研究成果为本课题深入开展提供了扎实的研究基础和可资借鉴的研究思路、分析方法。但其不足之处亦显而易见：其一，缺乏对油茶这一特定"文化之物"驯化利用历史概况与发展现状的历时性梳理和共时态分析；其二，缺乏从生态文化视角对人工油茶林精神观念体系、认知体系、技术体系与制度体系的系统梳理和深入探索；其三，尚未从生态文化视角开展对我国首个木本油料作物农业文化遗产"湖南永顺油茶林复合系统"的专题研究。

以上 3 个方面的不足，正是本书尝试分析论述的内容。我们认为，生态文化是指特定民族在其文化的规约下对所处的自然与生态环境进行有目的的认知利用、加工改造的文化事项，该文化事项经过长期试错求对、互动磨合，已经形成互惠共生、协同演化的"文化生态共同体"。永顺地区是云贵高原东缘向江汉平原过渡地带的湘鄂渝黔四省（市）交界的多民族聚居区。永顺油茶林农复合系统的生态文化是该地区特殊生态环境孕育的特殊文化。它已与生计方式达成了协同演化与动态适应关系，所以，它不仅与传统生计方式相适应，而且与现有的生产生活方式相契合。在促进人与自然和谐共生，推进生态文明建设的新时代，将绿水青山转化为金山银山，就要重新认识传统生态文化融入当今生态文明建设的耦合机理与技术路径及其对民族地区生态建设创新利用之可能。

三、研究方法与内容

（一）研究方法

本书以习近平新时代中国特色社会主义思想为指导，坚持辩证唯物主义和历史唯物主义，在研究过程中，综合运用人类学、民族学、历史学的方法，尤其注重文献分析与田野调查方法有机结合、多学科交叉与民族学研究为主、理论研究与现实应用相结合、个体思考和集体讨论相结合的研究方法。具体方法主要为文献分析法和田野调查法。

1. 文献分析法

通过图书馆、中国知网及历史文献数据库检索相关历史文献、民族志、实业志、林业志、民间史料、专著、论文，系统梳理物的民族学（人类学）研究、协同演化、农业文化遗产、生态文化、油茶林复合系统等方面的研究成果，尽可能全面掌握我国南方山区，尤其是武陵山区油茶和油茶产业发展的状况，形成对我国南方，重点是永顺地区油茶驯化利用历史与现状的整体性认识。在文献分析中，尤其注重应用文化整体观，对《农政全书》《植物名实图考续编》、金石铭文、地方志、林业志中等文献中记载的零散、碎片化的有关"油茶（茶油）"生物属性、文化事项等信息进行重点解读和分析论证。

2. 田野调查法

到武陵山区各县（市）区，尤其是到湘西州永顺县及其相邻的古丈县、保靖县进行田野调查，深入访谈古法榨油技艺非遗传承人、油茶林复合种养专业合作社负责人和成员、油茶林种植户、林业管理部门负责人、油茶林业技术人员等，力求呈现湖南永顺、古丈、保靖等地油茶林复合系统的全貌。在具体田野调查中，从"大农业"视角出发，运用权重分析法来探讨油茶林复合系统的多功能价值。

（二）研究内容

本书除绪论和结束语外，共分为五章。

第一章：厘清我国油茶驯化利用概况和介绍田野点基本情况。其一，从历时性和共时态两个维度梳理我国油茶驯化利用历史和油茶产业发展现状；其二，厘清永顺地区油茶产业发展的历史与现状；其三，对永顺地区田野点的自然地理、历史人文等情况进行介绍；其四，对永顺油茶林复合系统的结构要素和运行机制进行剖析。

第二章：解读永顺油茶林复合系统的观念体系。剖析永顺地区各民族乡民在油茶林复合系统的生产实践中所呈现出来的生态伦理观念。具体包括：天人合一的生态观、万物平等与和谐共生的生态观、物适其用的生态观。

第三章：梳理永顺油茶林复合系统的认知体系。对油茶林及其伴生物种的认知是利用油茶林复合系统的前提和基础。本章着重介绍油茶林复合系统的生物物种认知、生态功能认知、人林共生认知等方面的内容。

第四章：论述永顺油茶林复合系统的技术体系。着重揭示油茶林复合系统不种自生与仿生定植的汰选技术、适度修剪与反复调控的管护技术、复合经营与以用定管的利用技术。

第五章：剖析永顺油茶林复合系统的制度体系。一方面，梳理油茶林权属制度；另一方面，介绍油茶林复合系统的管护制度。

第一章 PART ONE

油茶驯化利用概况与田野点介绍

我国驯化利用油茶的历史悠久。到目前为止，有文献可追溯的时间已经上千年。明代农书、明清方志等文献对油茶栽培利用已有全面、系统总结。清代民国的方志、实业志、林业志等文献资料也证实了永顺地区油茶林栽种面积、油茶籽常年总产量、每亩油茶林单产效益的发展盛况。通过文献梳理和田野调查发现，中华人民共和国成立后，我国大力发展油茶等木本油料作物，历经波折，至2009年，在首个木本油料作物的国家级规划这一重大利好政策的支持下，在技术、资金大量投入的强力推动下，我国油茶产业取得了较好发展，永顺地区的油茶产业也得到了较快恢复和较好发展。永顺地区处于我国东部低山丘陵常绿阔叶林向西部高山高原暗针叶林转变的过渡地带，属中亚热带山地季风湿润气候，土壤中夹杂少量砾石，透气性与湿润性强，生长着丰富多样的植物、动物物种资源，其立地环境、气候等自然地理因素适合油茶林生长。该地区也是湘鄂渝黔四省（市）交界的多民族聚居区，其生态文化是该地区各民族文化应对生态环境、利用生态资源，并与生计方式达成协同演化关系的传统生存智慧，至今仍影响着该区域各民族的生产生活方式。

第一节 油茶驯化利用的历史与现状

油茶是我国南方特有和主要的经济林木，与油棕、油橄榄和椰子油并称为世界四大木本食用油料树种。我国在油茶的驯化种植与综合利用方面具有悠久的历史。

一、油茶驯化利用的历史

有学者根据我国明代的农书《种树书》《农政全书》中关于油茶种植与茶油

加工、利用情况的记载指出，取油茶果榨油起源于元代后期，人工育苗栽培油茶始于明代后期。①明代徐光启的《农政全书》较为全面、系统、准确地总结了古人对油茶的种植和综合利用情况，原文如下。

> 楂木生闽广江右山谷间，橡栗之属也。其树易成，材亦坚韧。若修治令劲挺者，中为杠。实如橡斗，斗无刺为异耳。斗中函子，或一或二或三四，甚似栗而壳甚薄。壳中仁皮色如榅，瓤肉亦如栗，味甚苦，而多膏油。江右闽广人，多用此油。燃灯甚明，胜于诸油，亦可食。楂在南中，为利甚广，乃字书既无此字，而偏方杂记，亦未之见。或直书为茶，尤非也。独《本草》有楮子，云："小于橡子，味苦涩；皮树如栗。"或者楂楮声近，土俗音讹耶？其不言子可为油，或昔人未食其利，如乌臼女贞之类耶？不敢附会，姑志之以俟再考。种楂法：秋间收子时，简取大者，掘地作一小窖，勿令及泉，用沙土和子置窖中。至次年春分取出畦种，秋分后分栽。三年结实。作油法：每岁于寒露前三日，收取楂子，则多油，迟则油干。收子宜晾之高处，令透风，楼上尤佳。过半月则罅发，取去斗。欲急开，则摊晒一两日，尽开矣。开后取子晒极干，入确硙中碾细，蒸熟榨油如常法。楂油能疗一切疮疥，涂数次即愈。其性寒，能退湿热。用造印色，生者亦不沁。或云，以泽首，尤胜诸膏油，不染衣，不腻发。其查可爨。用法：每饼作四破，先于冷灶中罨架起，不用干柴发火。发火后用饼屑渐次撒入，则起焰。烧熟者可以宿火，胜用碳墼。②

通过上述关于油茶驯化与利用情况的记载，不难发现如下文化事项：

其一，油茶名称问题。在《农政全书》中将油茶树称呼为"楂木"，归为现代植物学意义上的壳斗科植物，将油茶籽归为坚果类。

其二，油茶树的主要地理分布范围。该文献记载油茶主要分布在福建、广西、广东、江西、湖南、湖北、安徽、贵州、云南、四川等省的山地丘陵地区，即文中所提及的"江右闽广""南中"地区。

其三，对油茶植株生物属性等情况的描述。油茶植株立地环境主要为"山谷间"，油茶树材质坚硬，在种子的保存与培育、幼苗的移栽时间、果实的采摘时间及晾晒要求、压榨时间与方法等方面都颇为讲究。

---

① 杨抑：《中国油茶起源初探》，《中国农史》1992 年第 3 期。
② 朱维铮、李天纲：《徐光启全集》（第七卷），上海：上海古籍出版社，2010 年版，第 829 页。

第一章 油茶驯化利用概况与田野点介绍

其四，对茶油的多功能用途总结。茶油具有食用、商品交换、治疗疮疥、制作化妆品等方面的用途，集食用、药用、美妆、经济等多种价值于一体，具有很大的综合利用的空间。

其五，徐光启提出了有待进一步考证的问题。经查证，《说文解字》和其他文献没有关于"楂"的记载，但本草有关于"楮子"的记载，都生产如栗的坚果，但没有提及楮子能榨油的情况，因两字读音相同或方言发音讹误等，故存疑。文中所言的《本草》很可能为《唐本草》，又名《新修本草》，笔者经查阅当今保存的《新修本草》"木部上品卷第十二"有"楮实"记载，无"楮子"的相关记载。①

实际上，从现代植物分类学角度看，文中提及的"（山）楂木""楮树"，抑或是《新修本草》记载的"楮树"都不是山茶科山茶属的油茶树，他们分别是属于蔷薇科植物的山楂木、壳斗科植物的"苦楮树"和桑科植物的"构树"。上述事实说明了我国古今植物实名异同的复杂性，也提示要弄清我国古今植物实名有待多方面考证和具体分析。

上述农书的记载在明清以降的许多地方志的记载中都能得到印证。笔者在爱如生数据库中以"茶油"为检索字词进行检索，找到784条记录。其中关于湖南的油茶的记录就有169条，共计2万余字，对油茶的称谓、植物形态、生物属性、地理分布、采摘与加工方式以及茶油的综合利用、贸易与课税情况进行了详细记载。现择其要者汇总，如表1.1所示。

表1.1 清代民国湖南方志中关于茶油记载的择要汇总表

序号	地区	原文	基本内容	出处
1	耒阳	"槚，《说文》楸也，《左传》树吾墓槚，一作檟叶，类茶，而厚硬，树丛生不大，柯干坚，致烧炭，耐久，子榨油，曰茶油。"	油茶的称谓	（清）于学琴修，宋世煦纂：《耒阳县志》卷七之五，清光绪十一年刊本
2	武冈	"楂油，一作茶油。"	油茶的称谓	（清）黄维瓒修，邓绎纂：《武冈州志》卷二十二，清同治十二年刻本
3	辰州	"油茶，高丈许，叶稍粗，余类汁茶。十二月开白花，结实可榨油，名茶油。"	油茶的植物形态和生物属性	（清）席绍葆修，谢鸣谦纂：《辰州府志》物产考下第十六，清乾隆三十年刻本

① （唐）苏敬等撰、尚志钧：《新修本草》（辑复本第二版），合肥：安徽科学技术出版社，2004年版，第182-183页。

续表

序号	地区	原文	基本内容	出处
4	保靖	"茶苞生茶油树上,附叶旁缀。茶子居左,苞则居右。皮间青红,茹白浮如绵,中空,食之淡无味。又一种曰茶子树,高丈许,滇茶,十二月开白花,旁苗茶苞,结实可榨油,名茶油。"	油茶的植物形态和生物属性	(清)林继钦修,袁祖绶纂:《保靖县志》卷三,清同治十年刻本
5	辰溪	"油茶树,实如鸡卵。初生,皮青,熟则皮裂,而白中空,无核,味甘可啖。油茶,树类山茶。九、十月开花,年周摘。实大如鸡卵,有红、白二种,山人取以榨油,名茶油。"	油茶的植物形态和生物属性	(清)徐会云修,刘家传纂:《辰溪县志》卷三十七,清道光元年刻本
6	龙山	"油茶,高丈许,叶稍粗,全类滇茶。十二月开白花,结实可榨油,名茶油。"	油茶的植物形态和生物属性	(清)缴继祖修,洪际清纂:《龙山县志》卷九,清嘉庆二十三年刻本
7	永州	"油茶树花开初冬,雪白娟好,微有香气。茶子树连山亘野,弥望如荠树,高八九尺,状如山茶花,白蕊中。"	油茶的植物形态和生物属性	(清)隆庆修,宗绩辰纂:《永州府志》卷七上,清道光八年刊本
8	长沙	"山茶,叶似洋茶,白花单瓣,结子笮(榨)油,曰茶油,可食。"	油茶的植物形态和生物属性	(清)赵文在原本,陈光诏续修:《长沙县志》风土,清嘉庆十五年刊二十二年增补本
9	石门	"茶油,叶如茗,而较厚实,似牛乳,九月采折,曝子,打油。甚佳。"	油茶的植物形态和生物属性	(清)林葆元修,申正扬纂:《石门县志》卷四,清同治七年刊本
10	永州	"茶油多出永州,桐油多出辰州。"	永州盛产茶油	(清)陈宏谋修,欧阳正焕纂:《湖南通志》卷五十,清乾隆二十二年刻本

续表

序号	地区	原文	基本内容	出处
11	道州	"州中茶油、桐油最多。西南一带茶子树连山弥亘,远望如荠。霜降后子熟,各家男妇往摘。多者数十百石不等,贫家子女群拾其遗,谓之捞山子,亦有得数石者。其壳可以燃火,为三冬御寒之用。"	道州盛产油茶;有捞山子的习俗	(清)张元惠修,黄如谷纂:《道州志》卷十,清嘉庆二十五年刻本
12	汝城	"茶油,曰特货,一部由本县之集龙、热水出口,运往塘江、赣州、南安。茶油所产较昔日变化尤甚,供不应求,每年县内所需,多由鄜县、郴县、永兴、资□每虚□入。茶油山税:一十三元,一十三元,一十三元。"	汝城(今郴州汝城县)茶油贸易繁盛,缴税额颇高	(民国)陈必闻修,范大淮纂:《汝城县志》卷十八,民国二十一年刻本
13	永绥	"桐油,岁出万余挑,数百万余斤,不等,现在,价每斤百零开,恳种者甚多。茶,子榨油,岁出数十余万斤,合桐茶油,岁共出,二三十余万斤,现价百八十文,岁收经费二三千串文,试种益多。茶油每日所销八九石。"	永绥厅(今湘西花垣县)盛产油茶,产量高,获利大	(清)黄鸿勋纂修:《永绥厅志》卷十五,清宣统元年铅印本
14	溆浦	"统溪市,县治,南四十里,龙潭河左岸,有市杨集期,旧历每月四、九食用物咸具,而以茶油、材木为多,且价廉,赴集者约千余人。"	溆浦茶油贸易繁盛	(民国)吴剑佩修,舒立淇纂:《溆浦县志》卷二,民国十年活字本

通过《农政全书》等农书、地方志的记载,再结合当前学术界的研究成果,可以基本推测:到目前为止,有文献记载的油茶的驯化历史已经上千年;油茶在我国中部地区、西南地区、东南地区的低山丘陵峡谷地带广泛种植。

油茶的加工和利用方法也是古人生产生活智慧的结晶。民国时期,湖南省对境内包括茶油在内的植物油的榨取方法及用具进行了全面统计,基本情况如

表1.2所示。

表 1.2 湖南各地植物油榨制用具、方法比较一览表①

县区	脱壳 用具	脱壳 方法	烘籽 用具	烘籽 方法	磨粉 用具	磨粉 方法	蒸粉 用具	蒸粉 方法	踩饼 用具	踩饼 方法	榨油 用具	榨油 方法
城武新区	木杵及筛	以脚或杵捣碎筛过	砖灶有单灶双灶之分	烘	水碾旱碾	水力及人力蓄力	有甑蒸、锅蒸两种蒸灶	甑蒸者先布置粉，锅蒸者先敷布置粉	篾圈及铁圈	以稻草置圈内，以粉倾入，踏实，取圈成饼	撞榨有由中加尖，及一端加尖	榨两次，第一次油较佳，但仍和入
泸乾凤永区	铁钩	脱籽	砖灶	烘	磨机及水磨机	牛力及水力	铁锅置竹制或铁制之罩	置粉灶上加盖蒸熟	铁圈	同上	木榨	榨两次，仍和入
醴陵	树条或连枷	碎壳	砖灶	烘间有极少用炒	碾盘	水力亦有用人力或牛力者	砖灶及铁锅蒸桶	置粉桶内蒸之	铁环	同上		榨三次，仍和入
宁乡		晒裂		晒	卡研子	二人推动	土灶	甑蒸	铁圈木桶	同上	木榨	以四人合抬，仅榨一次
芷麻新黔区	铁钩	脱籽	土灶	烘	水磨及旱磨	水力及人力	土蒸灶	以粉过筛分粗细甑蒸	铁圈	同上	油榨木	利用榨尖之旁压力用人力打，榨两次，多数和入

① 邱人镐、周维梁、曾仲刚：《湖南省银行经济丛书：湖南之桐茶油》，湖南银行出版社，1943年版（中华民国三十二年五月初版，1-1500册），第29-31页。

续表

县区	脱壳		烘籽		磨粉		蒸粉		踩饼		榨油	
	用具	方法	用具	方法	用具	方法	用具	方法	用具	方法	用具	方法
会同		全用人力脱壳	播置烘灶	烘	石研	人力	以木材与青砖制成旧式蒸灶	以甑蒸粉	铁圈	同上	油榨木	利用榨尖之旁压力用人力打,榨两次,多数和入
沅陵	筛	以筛去捣碎之壳	地窖有大地小窖之分	烘	石槽石磙	水力及牛力	锅灶以木桶或木盆	置桶盆或于锅内倾粉蒸之	铁圈粉斗草衣	同上	撞压榨	以三人撞,榨两次,仍和入
茶攸安桂区	竹条	碎壳	土坑	烘	水碾及石碾	水碾以一发动轮及四碾轮。石碾为平轮,以牛力转运	土灶埋大锅	甑蒸	铁圈加一无底木桶	同上	响榨	以三人合撞,榨两次,油仍和入
龙保永区	小刀	挖壳	有土烘篾与烘灶两种	烘晒炒	旱碾水碾	牛力及水力	烘灶有一怗蒸灶及一榨灶之分	甑蒸筛用或不用	铁圈	同上	棚榨雷公榨重榨	棚榨两次,雷公榨仅一次

续表

县区	脱壳		烘籽		磨粉		蒸粉		踩饼		榨油	
	用具	方法	用具	方法	用具	方法	用具	方法	用具	方法	用具	方法
慈利	研	碎壳	炒锅	炒	碾子用盘研子	牛力及四人以绳拽走	土灶上置铁锅	甑置蒸粉敷布之铁隔上	铁圈	同上	响榨及压榨	响榨用撞,压榨用压,撞榨为佳,均榨六次

综观上表可知,油茶加工成茶油需要经过脱壳、烘籽、磨粉、蒸料、踩饼、榨油等程序,每一个环节的用具和具体的操作方法也颇为讲究。

二、油茶产业发展的现状

中华人民共和国成立后,我国充分利用山林资源因地制宜发展木本食用油料作物。油茶产业大致经历了起步、恢复和平稳发展3个阶段。20世纪50年代是起步阶段,全国油茶产量从1952年的5万吨增长到1956年的8万吨。20世纪60—70年代是恢复阶段,油茶产量在"六五"期间达到11万吨。20世纪80—90年代是平稳发展阶段,全国油茶林面积达到6 000万亩,油茶年产量稳定在13万吨以上。①据有关数据统计:"1980年,全国油茶林面积为5 500万亩,占我国木本食用油料面积的80%以上;全国茶油产量在1.5亿公斤左右,1981年达到1.64亿公斤……油茶林面积在10万亩以上的现有153个。湖南省现有油茶林面积2 000多万亩,年产茶油0.6亿公斤;全省有70%左右的人食用茶油。"②以上油茶产业栽培面积、地理分布范围、产量、产值等也可以在当今的有关统计数据中得到印证。全国油茶主产区分布范围如表1.3所示。

---

① 《关于印发全国油茶产业发展规划(2009—2020年)的通知》,https://www.ndrc.gov.cn/xxgk/zcfb/ghwb/200911/t20091105_962103.html,引用日期:2020年9月15日。

② 庄瑞林主编:《中国油茶》,北京:中国林业出版社,1988年版,第1页。

表 1.3 全国油茶主产区分布范围统计表[①]

序号	单位	油茶分布县					所辖县（市、区）总数
			小于 1 万亩县级数	1~5 万亩县级数	5~10 万亩县级数	大于 10 万亩县级数	
1	湖南	121	35	19	18	49	122
2	江西	100	18	30	7	45	100
3	广西	61	22	11	10	18	109
4	浙江	63	42	10	5	6	90
5	福建	63	15	15	30	3	85
6	广东	18	4	6	4	4	122
7	湖北	46	22	13	8	3	101
8	贵州	12	1	4	2	5	88
9	安徽	35	18	7	5	5	105
10	云南	47	31	12	3	1	129
11	重庆	15	4	6	3	2	40
12	河南	5	1	2	1	1	158
13	四川	43	40	3	0	0	181
14	陕西	13	8	4	1	0	107
	总计	642	261	142	97	142	1 537

（资料来源：智研数据中心整理。）

[①]《2015—2022 年中国茶油市场供需形势及未来投资评估报告》，http://www.chyxx.com/industry/201509/343020.html，引用日期：2020 年 7 月 15 日。

我国 2009 年与 2019 年油茶产业发展统计情况对比如表 1.4 所示。

表 1.4 我国 2009 年与 2019 年油茶产业发展统计情况对比表①

序号	地区	年末实有油茶林面积/万亩		油茶籽产量/吨		茶油产量/吨		油茶产业产值/万元	
	时间	2009 年	2019 年	2009 年	2019 年	2009 年	2019 年	2009 年	2019 年
1	全国	4 531.20	6 493.05	1 065 400	2 679 270	262 500	553 755	1 111 800	11 574 696
2	湖南	1 778.00	2 178.78	400 000	1 100 375	100 000	263 007	500 000	4 719 124
3	江西	1 120.00	1 341.15	160 000	421 686	40 000	105 411	128 600	3 139 265
4	广西	552.40	767.00	140 000	265 059	35 000	33 405	155 700	820 636
5	浙江	239.80	235.00	42 400	74 022	10 600	13 535	61 000	367 215
6	福建	196.00	250.76	62 700	130 330	15 700	17 855	84 500	401 098
7	广东	150.00	271.50	30 000	161 528	6 000	33 428	10 000	303 341
8	湖北	145.40	430.00	59 800	209 419	15 000	38 822	22 400	976 257
9	贵州	102.80	257.49	14 000	70 750	4 000	8 776	27 200	184 961
10	安徽	85.00	220.54	140 000	94 096	32 000	20 447	96 000	369 597
11	云南	52.60	268.88	2 600	25 193	700	4 523	10 900	58 884
12	重庆	48.00	85.12	1 300	12 929	300	1 918	900	41 637
13	河南	24.00	83.19	9 800	54 822	2 500	3 714	12 300	85 182
14	四川	20.30	54.94	2 400	19 792	600	3 771	2 300	46 466
15	陕西	16.90	40.39	400	17 202	100	4 421	—	13 595
16	海南	—	7.81	—	21 906	—	722	—	47 430

① 我国 2019 油茶产业统计数据国家林业和草原局编：《中国林业和草原统计年鉴》（2019），北京：中国林业出版社，2020 年版，第 38-40 页。

续表

序号	地区	年末实有油茶林面积/万亩		油茶籽产量/吨		茶油产量/吨		油茶产业产值/万元	
	时间	2009年	2019年	2009年	2019年	2009年	2019年	2009年	2019年
17	江苏	—	0.05	—	152	—	—	—	—
18	西藏	—	0.45	—	9	—	—	—	8

备注：此表格由侯有德对《全国油茶产业发展规划》（2009—2020）和中国林业和草原统计年鉴（2019）的数据进行综合分析后绘制。因中国林业和草原统计年鉴（2019）中年末实有油茶林面积统计单位为公顷，为方便比较，统一换算为亩，即1公顷=15亩。

通过全面梳理、综合分析上述统计数据发现：一是在国家首个油茶产业发展规划实施推动后，油茶产业的面积、产量、产值得到较快增长；二是分布范围有所扩大；三是截至2019年湖南、江西、广西三省区在油茶林面积、茶油产量、茶油产值3个方面依然存在明显优势，占比分别达到66.02%、72.56%、74.98%，其中湖南省是唯一油茶林面积突破2 000万亩，油茶籽年产量突破100万吨，茶油产量突破20万吨的省级行政单位。上述油茶产业迅速发展的原因如下。

其一，国家政策、技术等强力推动和大力支持。特别是首个油茶产业国家级规划和习近平总书记"精准扶贫"政策推行后，我国南方贫困山区将发展油茶产业作为主要的扶贫产业之一，油茶产业迅速发展。2018年7月至2019年1月笔者在湖北来凤、贵州碧江区等地开展贫困县退出第三方评估时就发现上述情况，在湖南湘西州永顺县、保靖县等地田野调查中发现，上述两个县在脱贫过程中，仅油茶产业投入资金就分别有近3亿元、8千多万元。

其二，市场需求持续增长，茶油消费量持续增长。笔者在田野调查中发现，一些油茶合作社在2012年前销售茶油的范围非常有限、销售量也就每年几千克、价格也在15元每千克或以下，现在通过电商平台可以销售到北京、上海等大中城市，每年销售量可以达到4万~5万千克，价格也涨到30元至40元每千克。

其三，笔者在田野调查中发现，有一批有想法、务实肯干的年轻人返乡创业或者改行投入油茶产业中来。这些年轻人懂得对接国家产业政策，擅长与市场主体、政府主管部门、消费者、本地村民打交道,他们或成立公司,或成立合作社,流转林地,采取"公司+基地+农户"等经营模式推广发展油茶产业,这些年轻人也是乡村油茶等产业振兴的带头人。

三、永顺地区油茶产业概况

武陵山永顺地区油茶种植历史悠久。在古代至民国时期及20世纪80年代以前,油茶产业是这一地区家庭与政府经济来源的重要支柱产业。20世纪90年代至今,受多方面因素的影响,油茶产业面临着现代化转型发展。

(一)永顺地区油茶产业发展情况

1. 中华人民共和国成立之前,永顺地区油茶产业的发展情况

永顺地区适宜油茶种植,盛产茶油。永顺地区油茶产业历史悠久,在中华人民共和国成立之前,在湖南省乃至全国都有一定的影响力。

清同治《永顺府志》卷十《物产续篇》载:"油茶,永顺县多,保(靖)、龙(山)、桑(植)三县间有之。"[①]清光绪《古丈坪厅志》卷十一《物产》载:"桐油树、茶油树,古丈坪出产之大宗也。"[②]民国《永顺县志》卷三十二《艺文一》载:"其土产稻谷甚少,间种杂粮,树木以桐茶为大宗,油利所出岁近十万。"[③]由此可见,清晚期,永顺县、保靖县、龙山县、桑植县都曾大面积种植油茶树,油茶产业盛极一时,获利颇丰。

民国时期,永顺地区的油茶产业盛况依旧。民国二十四年(1935年)七月《中国实业志》(湖南省)载:"湖南七十五县中,有茶子(籽)出产者凡三十三县,茶树栽培面积,共计1 023 925亩,其中以永顺县最多,计300 000亩。汉寿次之,计90 000亩,芷江又次之,计83 700亩,永兴72 816亩,道县70 000亩,靖县会同各计50 000亩,全省常年产量,共计2 204 260担,平均每亩计产2.15担。(民国)二十二年产量共计2 165 632担(实为2 182 532担),平均每亩计产2.12担,常年产量以永顺为最多,计900 000担,其余在十万担以上者,依次为道县280 000担,靖县125 000担,会同100 000担。(民国)二十二年产量大致相差不远。除永顺、靖县、会同一仍其旧外,汉寿由90 000担增

[①] (清)张天如纂修,魏式曾增修:《永顺府志》,清同治十二年刻本。
[②] (清)董鸿勋纂修:《古丈坪厅志》,清光绪三十三年铅印本。
[③] (民国)胡履新修,鲁隆盎纂:《永顺县志》,民国十九年铅印本。

至 180 000 担，道县由 280 000 担减至 210 000 担。"①该实业志还列出"（茶籽常年产量和民国二十三年茶籽产量）湖南省各县茶树栽培面积及油茶产量表"，如表 1.5 所示。

表 1.5 湖南省各县茶树栽培面积及茶籽产量表

县名	茶树栽培面积/亩	茶籽常年产量/担	茶籽（民国）二十三年产量/担	县名	茶树栽培面积/亩	茶籽常年产量/担	茶籽（民国）二十三年产量/担
浏阳	2 000	1 300	1 000	醴陵	10 560	21 120	25 344
湘乡	30 000	13 500	15 000	攸县	30 000	75 000	60 000
安化	4 500	4 500	4 500	新宁	100	90	100
汉寿	90 000	90 000	180 000	慈利	3 500	4 550	4 200
大庸	8 000	24 000	24 000	耒阳	40 000	80 000	64 000
常宁	7 273	22 255	14 401	安仁	10 000	10 000	10 000
鄑县	30 632	36 758	32 380	道县	70 000	280 000	210 000
新田	3 100	7 440	7 440	郴县	19 000	34 200	34 200
宜章	34 000	51 000	37 400	永兴	72 816	87 379	87 379
资兴	13 000	15 600	15 600	汝城	200	400	400
桂阳	40 000	92 000	92 000	临武	1 644	3 288	3 288
蓝山	3 000	6 000	2 000	泸溪	3 000	3 000	3 000
辰溪	2 800	8 400	6 000	芷江	83 700	83 700	83 700
靖县	50 000	125 000	125 000	会同	50 000	100 000	100 000
通道	200	1 400	1 400	永顺	300 000	900 000	900 000
古丈	7 900	17 380	15 800	乾城	1 000	3 000	3 000
永绥	2 000	2 000	20 000				
合计	1 023 925	2 204 260	2 182 532				

（表中数据源于《中国实业志（湖南）》第四编农林畜牧第十二章茶子，注：1 担=100 斤）

---

① （民国）实业部国际贸易局编：《中国实业志》（湖南省），民国二十四年（1935）版，第 592-594 页。

综观上述统计资料，可以发现，在湖南省茶籽出产者三十三县中，永顺县的油茶林面积最大，有30万亩；产油茶籽总量最多，达90万担，即9 000万斤（4.5万吨）；每亩油茶林单产油茶籽数量最多，即平均每亩产3担（150千克）油茶籽；永顺县油茶树栽培面积、茶籽总产量、平均每亩茶籽常年单产量、民国二十三年单产量所占全省比例，分别为29.30%、40.83%、139.53%和141.51%。足见民国时期永顺县油茶产业发展的盛况。

除了油茶林的种植与管理、茶油的生产与加工，茶油的商品贸易情况也是油茶产业发展的一个重要方面。永顺地区盛产油茶，而营养价值高的茶油又十分受民众喜爱，故茶油贸易颇为兴盛。永顺地区茶油贸易颇为发达，尤以永顺县、古丈县为盛。

清同治《永顺府志》卷十《风俗》载："城乡市铺贸易往来，河道险隘，贩运艰难，其货有由常德、辰州来者，有由津市永定来者，必土人担负数十百里外，至本地出产如：桐油、茶油、五倍子、药材等类，或装出境，或装客来，市招收均视时，为低昂莫之或欺。"①根据民国十九年（1930年）编撰的《永顺县志》卷十一《食货志·物产》中的记载，永顺境内盛产的山货有棉花、麻、茶、茶油、桐油、菜油、羊皮、蜜蜂等。民国《永顺县志》卷二《地理二》载："光绪十一年乙酉山茶刺毛，色微黑，食叶殆尽，闻声则昂头，旋因雷震不见，是年油价贵。"②民国《永顺县志》卷十一《食货一》载："茶油，宜寒露节后捡子榨油，其价昂贵。商贾趋之，民赖其利。"③

综观上述方志内容，不难发现：其一，晚清民国时期永顺县茶油贸易发达，形成了专门的货物流通和交易的场所和水运、陆运通道；其二，茶油贸易"商贾趋之，民赖其利"，是地方经济的重要组成部分。

古丈县也是永顺地区油茶产业的重镇。历史上，古丈县的茶油贸易发达，一度是县里的支柱产业。对此，我们可以从方志史籍中寻找蛛丝马迹。

清光绪《古丈坪厅志》卷三"古丈坪种植园记"载："厅地山多田少，百谷之外藉资桐茶，岁得之利除食用外尚余数万金，民间少可支持。"④清光绪《古丈坪厅志》卷十一"树木志"载："古丈坪厅树木之利不自今日始，今日乃求其扩充之利耳。桐茶油之利，利之最广者，其他则蜡树，其次则桑茶。"⑤清

---

① （清）张天如纂修，魏式曾增修：《永顺府志》，清同治十二年刻本。
② （民国）胡履新修，鲁隆盎纂：《永顺县志》，民国十九年铅印本。
③ （民国）胡履新修，鲁隆盎纂：《永顺县志》，民国十九年铅印本。
④ （清）董鸿勋纂修：《古丈坪厅志》，清光绪三十三年铅印本。
⑤ （清）董鸿勋纂修：《古丈坪厅志》，清光绪三十三年铅印本。

光绪《古丈坪厅志》卷十二"林业志"载："桐茶之利，古民享之已久。百年之农，民不致以水田谷少致闲者，赖有此耳。"①清光绪《古丈坪厅志》卷十一"油商"载："治城字号，以油为大宗，囤卖囤买。罗依溪市较全境为繁盛者亦以油业所聚耳。……油分桐茶计三种，岁出入数万金，占丈坪商业之十八矣。"②

综上可知：第一，桐油、茶油产业获利颇丰，是古丈县境内仅次于"百谷"的重要作物，是经济效益最高的林木种类；第二，油业收益占县域商业总收入的18%，足见油茶贸易在整个县域经济中占据举足轻重的地位；第三，油茶产业事关古丈县的民生大计，生产茶油所得收益在很大程度上弥补了农业生产的不足，在保障农民生活、维护社会稳定方面发挥着重要作用。

油茶产业带来的经济效益十分可观。古丈县的茶油贸易一度成为地方税务收入的重要来源。清光绪《古丈坪厅志》卷十《古丈坪厅税契》载：

> 光绪二十九年六月初八，开办抽收学堂经费捐。先是，厅中奉交设学，开一高等官小学堂。经管成立之费出于写捐，其常年经费无出，绅商杜生龙等禀请：赐仿照凤凰乾州两厅抽收油盐碱捐。亚毛厘堂铭新掳树转禀：既得请乃委押办理，凡桐油茶油每项钱四十文，赚水一桶，抽钱八十文，牛一只捐钱一百文，大猪四十文，小猪二十文，煎每包一百文。桐茶油皆厅之所产，碱水桐灰之所自出川监，则来自四川过永顺之王村。而入厅境，经罗依溪，岁食约四百包，永顺先以办学，已兼抽古之所食于王村。至是始与争数往返而始得者，于则仿照凤凰乾州而立者桐茶处监，在各场集查收复与壮，龙鼻嘴、坪坝、河蓬即谕委各该汛千把外额抽收节，于原票案掳绅商杜生龙、许扬辉联名禀请：按照乾凤厅办法，茶桐油碱抽捐在罗依溪设局，各榨房抽收再按乾案抽……③

清光绪二十九年（1903年），古丈坪厅仿照凤凰厅、乾州厅抽收油盐碱捐。其中，从桐油、茶油收益中每项抽取四十文，即为油捐。古丈坪厅境内设有桐油监和茶油监。茶桐油碱捐在罗依溪设局抽取，各榨房所应缴纳之捐按乾州厅的惯例抽取。

油盐税是清政府财政税收的重要来源之一。与盐税在全国范围内抽取不同，

---

① （清）董鸿勋纂修：《古丈坪厅志》，清光绪三十三年铅印本。
② （清）董鸿勋纂修：《古丈坪厅志》，清光绪三十三年铅印本。
③ （清）董鸿勋纂修：《古丈坪厅志》，清光绪三十三年铅印本。

油税主要集中在几个产油区收取，以桐油、茶油的生产、交易税为主。究其原因：其一，桐茶油贸易，尤其是桐油贸易一度繁盛，是清代国家税收的重要来源；其二，桐茶油主产区主要在我国南方低山丘陵地区，桐茶油交易主要局限在中国南方，在以动物油脂或者草本油脂为基本食用油的北方并不盛行。

清代已经形成了一套完备的抽收桐茶油税的方法，并在全国各府县得到推广。在《清续文献通考》卷四十二《征榷十四》中有关于在桶底贴印花以抽取桐茶油税的记载。原文如下：

> 应仿镇江抽收桐油捐，按桶黏贴印花，若茶已成箱，报由总商向局请发印花，贴本号茶箱。抵沪，对验印花捐照，是否相符。设有冒名，一望便知，立予惩治，未始非补救之一得也。①

由此可见，清代抽收桐茶油税的制度已经相当成熟。在防止偷税、漏税方面积累了独特的经验。

古丈县位于武陵山区腹地，清晚期当地政府抽收油茶生产税与商业税来兴办学校，可见油茶税是地方经济的重要来源之一。这也从侧面反映了油茶产业当时是古丈县的支柱产业。更为重要的是，古丈县抽收油茶税办学校是仿照凤凰厅、乾州厅、永顺县而设立的制度。这说明凤凰厅、乾州厅、永顺县三地在此之前早已实施此项制度，强力佐证了油茶产业在这些地区繁荣情况。

2. 1940—1988 年油茶产业发展情况

1940 年湘西州境内产茶油 1 790 吨，占全省茶油总产量 32 460 吨的 5.5%。1949 年产茶油 1 340 吨。1952 年湘西土家族苗族自治州成立之后，着手修垦荒废油茶林。1952 年，永顺县龙家寨乡农民杨任其有 13 亩茶林，每年为茶林锄草培兜，年收茶果 80 担，榨油 240 公斤，亩产 18 公斤有余。②1955 年，据州林业部门调查，垦复的熟茶山与荒芜茶山在油茶产量方面存在巨大差距，相差高达 10 倍；然而，全州有三分之二的茶林荒芜。因此，自治州委和人委要求各县两年内将 50 万亩老荒茶山全部垦复，并予以政策支持。第一，政府发放贷款 38 万元（无息贷款 18 万元）。第二，对油茶产区社队实行"增产不增税""多

---

① （清）刘锦藻撰：《清续文献通考》（一），杭州：浙江古籍出版社，1988 年影印版，第 479 页。

② 湘西土家族苗族自治州地方志编撰委员会：《湘西土家族苗族自治州丛书：林业志》，长沙：湖南出版社，1994 年版，第 80 页。

产多吃，少产少吃"的政策。第三，提高油价，每五十公斤茶油由 1954 年的 38.1 元提高到 1956 年的 47.9 元。第四，林业部聘请三十名桐茶垦复辅导员，到重点乡进行技术指导。第五，推进三包（包工、包产、包成本）、一定（三年或五年）、一奖（超产奖励）的经营管理制度，在部分重点产区推行粮油挂钩，即多卖油多销粮的政策，以调动社员经营积极性。在这些政策的鼓励下，1956—1960 年，全州垦复油茶林 125 万亩，年平 25 万亩，年均产茶油 2 575 吨。①

20 世纪 60 年代初，全国实行粮食自给，油茶集中产区以往通过卖油买粮来实现粮食供给的模式被打破。同时，在茶油统购时又采取"多产多购，先购后留"的方针，出现"购过头油"的现象，严重挫伤了农民的生产积极性。1960 年，全州只产油茶 1 000 吨。此后，人民公社体制得到调整，油茶林被划归生产队所有，实行"增产不增购，多产多留"的政策，发放垦复补助粮和油茶奖售粮。1962 年湖南省拨原粮 5 万公斤，支援永顺县垦复老荒茶林 2 万亩。以永顺县麻岔公社为例，该社于 1962 年冬至 1963 年春先后两次组织两千多劳力垦复 1.9 万亩荒茶林，得到 36 477 公斤补助粮。1963—1977 年，省、州两级共拨原粮 350 余万公斤，用于补助集中产区垦复荒芜油茶林。

1978 年调整油茶基地社队粮食购销指标，并提高茶油收购价格，每 50 公斤提高到 138 元，每交售油茶 100 公斤，获得原粮 50 公斤、化肥 100 公斤的奖励。同时，规定超过一定五年征购茶油指标的加价 30%，每垦复一亩茶林，补助粮食指标 1.5 公斤。在这一系列积极政策的鼓励下，1978 年全州累计垦复油茶林 579 万亩，产茶油 5 669 吨，创下历史最好成绩。其中，永顺产茶油 1 560 吨，占全州茶油总产量的 27.52%。②

十一届三中全会之后，油茶林推行家庭联产承包责任制，继续贯彻统购茶油的奖售粮，拨给垦复补助粮。1979—1988 年，全州每年垦复油茶林面积 60 万亩以上，新造"三保"（保土、保水、保肥）茶林 1.92 万亩。1980 年，永顺、古丈、龙山、保靖、泸溪五县被湖南省定为油茶基地县。1985 年全州产茶油 5 342 吨，迎来了中华人民共和国成立以来的第二个丰收年。③1988 年，湘西州经济林

---

① 湘西土家族苗族自治州地方志编撰委员会：《湘西土家族苗族自治州丛书：林业志》，长沙：湖南出版社，1994 年版，第 80-81 页。
② 湘西土家族苗族自治州地方志编撰委员会：《湘西土家族苗族自治州丛书：林业志》，长沙：湖南出版社，1994 年版，第 82-83 页。
③ 湘西土家族苗族自治州地方志编撰委员会：《湘西土家族苗族自治州丛书：林业志》，长沙：湖南出版社，1994 年版，第 83-84 页。

产品收入 2 821 万元，占林业总收入的 47.93%，当年茶油产量 2 752 吨。[1]

综观 1950—1988 年湘西土家族苗族自治州茶油产量情况，1956 年、1978 年出现了茶油产量的井喷式增长，如表 1.6 所示。

表 1.6　1950 年—1988 年湘西土家族苗族自治州茶油产量表[2]

单位：吨

年份	产量	年份	产量	年份	产量
1950	1 360	1963	1 651.4	1976	1 101.7
1951	1 510	1964	1 124.5	1977	2 072.7
1952	1 280	1965	978.3	1978	5 669.2
1953	1 665	1966	3 561.3	1979	2 974.8
1954	1 510	1967	2 130	1980	4 291.2
1955	1 745	1968	2 875	1981	3 111
1956	3 655	1969	3 170	1982	3 192
1957	4 300	1970	2 163.1	1983	3 276
1958	3 515	1971	4 063.2	1984	3 477
1959	3 905	1972	4 838.4	1985	5 342
1960	1 006.9	1973	4 710.5	1986	3 169
1961	1 803.5	1974	4 943.7	1987	3 625
1962	420	1975	3 544.5	1988	3 752

综观上述表格发现，湘西土家族苗族自治州油茶产量的波动幅度较大，时高时低，时增时减。1950—1988 年，出现了两次骤增。分别是：1956 年由 1955 年的 1 745 吨猛增至 3 655 吨；1978 年由 1977 年的 2 072.7 吨猛增至 5 669.2 吨。究其原因，有如下几点：

第一，如前文所述，1955 年湘西土家族苗族自治州发动了垦复油茶林的运动，并从放贷、收购、油价、技术指导等方面给予了政策支持。1978 年，政府提高了茶油价格，增加了奖励措施，并对垦复油茶林进行配套的粮食补助。如此一来，进入挂果期、丰产的油茶林面积大大扩展，收获的茶籽猛增，茶油产量得到大大提高。

第二，在垦复之前，荒芜的油茶林也挂果，但挂果率极低，且茶籽品质一般，出油率不高。垦复时，农户在油茶林松土、除草、施肥、培兜、修剪枝条，

---

[1] 湘西土家族苗族自治州地方志编撰委员会：《湘西土家族苗族自治州丛书：林业志》，长沙：湖南出版社，1994 年版，第 69 页。
[2] 湘西土家族苗族自治州地方志编撰委员会：《湘西土家族苗族自治州丛书：林业志》，长沙：湖南出版社，1994 年版，第 83 页。

或套种一些农作物。如此一来，油茶林的生态环境得到改善，油茶的生长条件得到优化，挂果率和油茶产量得到大幅度提升。即使是同一片油茶林，它的油茶产量在垦复前、后都是有明显差异的。由此可见，对油茶林的精心管护是很有必要的。

3. 20世纪90年代以来油茶产业发展情况

根据湖南省第四次森林资源规划设计调查，即"八五"期间（1991—1995年）森林资源二类调查统计，木本油料林以油茶为主，有133.18万公顷（合计1 997.7万亩），占木本油料面积的89.21%。油茶面积在各地（州、市）中，以衡阳市油茶面积最大，有22.14万公顷（合计332.1万亩），永州市19.42万公顷（合计291.3万亩），郴州市18.16万公顷（合计272.4万亩）。油茶面积在各县（市、区）中，耒阳市油茶面积最大，有7.99万公顷（合计119.85万亩），常宁市油茶面积5.1万公顷（合计76.5万亩），永兴县4.61万公顷（合计69.15万亩）。4万公顷以上的县还有永顺县、平江县、桃源县、浏阳市、醴陵市。[1]

在上述森林资源规划普查基础上，湖南省加大了对油茶林的抚育管理和开发利用。据统计，在上述133.18万公顷油茶林中有100万公顷（合计1 500万亩）正常结实，常年产油5万~6万吨，面积和产量均居全国首位。[2]湘西土家族苗族自治州油茶产业发展现状如表1.7所示。

表1.7 湘西土家族苗族自治州油茶产业发展现状一览表[3]

统计时间：2021年5月 单位：万亩/个

单位	油茶基地面积			覆盖范围		合作社情况			加工企业	注册商标
	合计	老油茶林	2017年后新油茶林	乡镇	村	个数	社员数	经营面积		
湘西州	124.56	63.54	61.02	111	1 132	377	45 421	31.48	65	16
龙山县	22.05	11.17	10.88	20	241	152	850	8.85	10	1
永顺县	43.72	25.30	18.421 3	23	273	78	32 702	11.27	22	5
保靖县	12.83	2.05	10.78	12	162	40	4 357	3.32	7	5

---

[1] 湖南省地方志编撰委员会：《湖南省志：林业志》（1978—2002），北京：五洲传播出版社，2005年版，第25页。

[2] 湖南省地方志编撰委员会：《湖南省志：林业志》（1978—2002），北京：五洲传播出版社，2005年版，第163页。

[3] 此表依据湘西土家族苗族自治州林业局产业服务中心副主任兼油茶产业办公室主任陈大华（湖南城步人，苗族，1977年生，高级工程师）提供的资料制作，表中涉及的377个合作社的详细情况见附录四，特此说明并致谢。

续表

单位	油茶基地面积			覆盖范围		合作社情况			加工企业	注册商标
	合计	老油茶林	2017年后新油茶林	乡镇	村	个数	社员数	经营面积		
花垣县	8.47	7.26	1.21	12	55	8	1 157	1.38	5	0
古丈县	15.65	7.45	8.2	7	103	36	1 043	2.3	6	1
凤凰县	10.14	2.99	7.15	16	151	9	4 396	1.3	2	0
泸溪县	10.96	6.98	3.93	11	119	46	729	2.45	7	3
吉首市	0.8	0.33	0.47	9	28	8	187	0.61	6	1

结合上述统计表格资料和湘西州林业局相关统计数据得知，截至2021年5月，湘西土家族苗族自治州油茶面积达到124.56万亩，其中老油茶林面积63.54万亩，2017—2020年新造林面积61.02万亩。建成万亩以上油茶乡镇33个、千亩以上油茶村308个，成立油茶专业合作社380余家。在8个县市中，以永顺县油茶面积居首，有43.72万亩，其中，老油茶25.30万亩，波及23个乡镇、273个村、78个合作社。永顺县的油茶产业在湘西土家族苗族自治州仍然位居榜首，乃至在湖南省都首屈一指。历史上，永顺地区就盛产油茶，奠定了今日油茶产业良好的历史基础。20世纪四五十年代以来，永顺县的油茶产量一直位居湘西土家族苗族自治州各县市之首。自习近平总书记2013年11月3日在湘西花垣县十八洞村首次提出"精准扶贫"以来，永顺县委、县政府大大增加了对油茶产业的扶持力度。一方面，将精准扶贫与油茶产业挂钩，鼓励农户栽种油茶苗，推广新造油茶林。林业局免费给农户提供油茶幼苗和技术指导。新造林完成后，每亩给农户一定金额的补贴。另一方面，大力扶持油茶企业和合作社，引进科技公司进驻油茶大镇石堤镇和对78个合作社予以政策支持，在放贷、新造林补贴、油茶管护技术指导等方面提供帮助。因此，我们可以从上表中看到，永顺县的油茶产业覆盖23个乡镇、273个村、78个合作社、32 702名社员，在永顺地区具有较大的社会影响力。永顺、泸溪、花垣3县被列为国家油茶产业发展重点县，古丈县被列为湖南省油茶产业发展重点县。2020年，全州产油茶鲜果8.56万吨，茶油5 352.3吨，油茶产业综合年产值达到10.63亿元。

在一些重点乡镇，油茶产业已成为农民增收致富的当家产业。①据湖南省古丈县秀宝油茶专业合作社负责人、2020年湖南省劳动模范张祥（男，苗族，34岁，现坪坝镇对冲村人，原旦武村人）介绍，在党和政府的大力支持下，在社会各界的帮扶下，阿菩山秀宝油茶专业合作社自成立以来，获得了一定的经济收益和社会效应，具体情况如下。

问：请问阿菩山秀宝油茶专业合作社近几年的经营收入情况是怎样的？

答：合作社收入来源主要有三个方面。第一个方面是油茶生产收入，由茶油、茶枯、茶壳三部分组成。2018年有200万元茶油销售收入；2019年生产5万斤茶油，销售收入300万元，茶油售价60元/斤；2020年生产茶油8万多斤，茶枯300多吨，茶枯售价3000元/吨，茶枯售价90多万元；茶壳售价0.8元/斤，有15万元左右收入，产值600多万元；2021年产值应该可以保持在600万元左右。第二个方面的收入是菜籽油，第三个方面的收入是大米。

问：您的油茶籽从哪里收购过来、购买价格怎样？

答：油茶籽主要来自古丈县、吉首市、永顺县、怀化溆浦县等地，每年要收购几十万斤油茶籽。鲜果收购价格2元/斤，干果（茶籽）平均10元/斤，毛油50元/斤。

问：合作社的投入多少？

答：一是原材料投入，2020年原材料投入300万元；二是劳务支出，去年（2020年）人工工资投入100多万元，因为每斤茶油平均要2元的人工压榨费用；三是包装、运输、销售支出；四是各种损耗和亏损，收过来的毛油经过过滤每100斤有5斤的杂质（沉淀物），另外去年在油茶林间种了90亩烟叶，由于人工成本高和疏于管理亏损了11万元。

问：去年（2020年）纯利润有多少？

答：50万元。

问：主要有哪些支出？

---

① 此数据由时任湘西土家族苗族自治州林业局办公室主任、现任碳汇办主任周迎2021年1月13日（湖南新邵人，汉族，1984年生，林业工程专业硕士研究生，工程师）提供，特此说明并致谢。

答：一是返还集体经济，每年 18 万元；二是还贷款利息，现在有 170 万元贷款，每年 8 万多元利息；三是古丈县城店面人工工资，店面雇工 2 人，主要职责是产品线上线下销售、日常办公，每人每年 4 万元，共计 8 万元；四是 2017 年开辟了 700 亩新造油茶林，雇了 2 人管理，每人每年支付 2 万元工资。

问：集体经济返还给谁？

答：就是阿菩山附近有古油茶林的 4 个村。

问：分别返还多少？

答：返还对冲村（1 700 多人）10 万元，曹家村（1 700 多人）3 万元，亚家村（700 多人）3 万元，喇叭村（1 400 多人）2 万元。

问：为什么要给村集体返还？

答：因为我们合作社是由中国光大集团定点扶贫、山东济南高新区东西部协作和常德市扶持建设的，国家的相关扶贫政策有此要求。其中，中国光大集团支持厂房建设 80 万元，需要每年按 6% 返还集体经济，这样每年需要返还村集体经济 4.8 万元；山东济南高新区东西部协作支持设备 135 万元，需要每年按 8% 返还集体经济，这样每年需要返还村集体经济 10.8 万元；常德援建支持设备 50 万元，需要每年按 6% 返还集体经济，这样每年需要返还村集体经济 3 万元。

问：谁来决定给四个村分别返还多少？

答：由我们合作社来决定怎么分配返还资金，曹家村和喇叭村是中国光大集团的厂房援建返还资金；对冲村是山东济南高新区的设备协作返还资金；亚家村是常德支持的设备协作返还资金。

问：新造油茶林每亩种植多少株油茶树幼苗？成活率如何？

答：每亩 70 株左右，成活率还可以，为 85% 左右。

问：新造林政府有补助吗？

答：2020 年有 10 万元，2021 年有 3 万元。

问：新造油茶林什么时候才能产生效益？

答：2025 年才能经济效益，还要 4 年左右。

问：新造油茶林在哪里？有没有进行油茶林套种？

答：新造油茶林在亚家村。2018 年新造油茶林套种 300 亩辣椒，亏损了 20 多万元，当时没有现钱发工资，就贷款 50 万元来发工资；2019 年套种 200 亩青皮豆（黄豆的一个品种），亏损了 10 多万元。因为亏损，所以 2020 年和 2021 年就没有套种了。

问：为什么会亏损？

答：一是交通不便，二是劳动力成本高，农作物生产周期长，人工投入量太多了，2019年以前雇工每人每天90元，2020年雇工每人每天100元；三是2018年7月发生一场暴雨，一半的辣椒树被冲倒了；四是疏于管理，两年的套种都请管工管理，自己没有参与管理，管工照顾当地人，请本村的人做工，有些七八十岁劳动能力非常弱的人也被雇请在油茶林地里做工，做事比较慢，2~3亩油茶林除草工作请20个人做一天才完成，这样怠工导致了亏损。[1]

通过上述田野调查中的深度访谈发现：

第一，古丈县阿菩山秀宝油茶专业合作社的收入来源主要有茶油及其附属物、菜籽油、大米等农产品。销售的产品部分为自产自销，部分为收购代销。合作社自产自销的农产品品种十分丰富，是对油茶林进行复合经营的结果。

第二，古丈县阿菩山秀宝油茶专业合作社的支出主要包括：原材料投入及包装、运输、销售的相关支出，管理油茶林地的劳务支出，红利返还等方面。其中，劳务支出数额较大，一度成为秀宝油茶专业合作社叫停套种项目的主导因素。秀宝油茶专业合作社劳动力支出大，主要有4个方面的原因：一是交通不便，请人工管护油茶林、套种其他作物需要的劳动力多；二是工价贵，再加上套种作物生长周期长所导致的耗工时间长，最终导致劳动力成本高；三是请当地人代为管理，存在管理不到位、碍于情面照顾性用工的弊病；四是突发的自然灾害使套种作物受损，不得不返工。由此可见，复合经营油茶林看似"一本万利"，实则存在一定的经济风险。受地理环境、交通情况以及其他社会因素的影响，劳动力的投入成本成为复合经营油茶林时必须考虑的首要问题。

第三，除了原材料支出、劳务支出，基础设施建设也是油茶产业必须投入的一个重要的、占比大的部分。得益于精准扶贫政策，秀宝油茶合作社的基础设施建设开支以红利返还的形式逐年返还给村集体。秀宝油茶合作社是由中国光大集团定点扶贫、山东济南高新区东西部协作和常德市扶持建设的，是精准扶贫政策的产物。根据扶贫政策的相关要求，秀宝油茶合作社需要逐年向集体返利。具体是：中国光大集团支持厂房建设80万元，需每年返利6%，即4.8万元；山东济南高新区东西部协作支持设备135万元，需每年返利8%，即10.8

---

[1] 访谈对象：张祥；访谈者：侯有德、蒋欢宜；访谈时间：2021年7月24日12:30—14:00；访谈地点：古丈县坪坝镇曹家村阿菩山秀宝油茶专业合作社。

万元;常德援建支持设备 50 万元,需每年返利 6%,即 3 万元。这一帮扶政策有助于油茶产业的振兴,实现"先富帮后富",助力技能帮扶和乡村振兴建设。

由此可见,油茶产业发展需要加大投入。无论是新造林的抚育管理,还是老油茶林的修剪调控与茶籽采摘,或是油茶林的道路基础设施建设,都需要投入大量人工和资本。尤其是在新造油茶林还没有产生收益的情况下,更需要采取套种等有效的复合经营方式来实现油茶幼林的"以短养长"。

(二) 永顺地区油茶林管理情况

在油茶林方面,"1985 年,湘西土家族苗族自治州经济林面积 431 万亩,占有林地面积的 37.68%,经济林产值占林业总产值 60%以上"。其中,油桐油茶为大宗,"有油桐林 200 万亩,油茶林 210 万亩"。① 其中,永顺县有 63 万亩,占总面积的 30%,居全州各县市之首;龙山县、保靖县、泸溪县有 20 万亩以上、花垣县、古丈县、桑植县、凤凰县、吉首市有 10 万亩以上,大庸县有 10 万亩以下。全州有 86 个油茶林面积在万亩以上的乡镇,有 24 个油茶林面积在 2 万亩以上的乡镇,其中永顺县就有 13 个,分别是羊峰、石堤、保坪、太平、松柏、麻岔、大坝、万坪、连洞、颗砂、吊井、车坪、塔窝,其余为泸溪县 3 个、龙山县、凤凰县各 2 个,保靖县、花垣县各 1 个。

油茶产业的发展离不开党和国家合理的政策引导,离不开科学的培育方法。1960 年,省、州林业部门召开林业基地会后,湘西州自定 18 个公社为油茶基地,油茶林面积达 31.1 万亩。1975 年增至 20 个基地公社,经营面积共 35.2 万亩。其中,永顺县有 8 个,分别是羊峰、石堤、吊井、连洞、塔卧、颗砂、车坪、麻岔;保靖县有 6 个,分别是黄连、卡棚、梅花、阳朝、复兴、水田。对油茶基地的补助标准是:"凡按要求新造或改造一亩'三保山'(保土、保水、保肥),补助费不超过 4 元,深挖老荒山(荒 8 年以上)每亩补助费不超过 1 元(子荒、熟荒不补)。"②

1977 年,湖南省委贯彻落实中央"大力发展木本油料"的指示,湘西州基地公社增至 66 个,经营面积 155 万亩,结实面积达 98 万亩。同时,补助标准有所提高,营造和更新一亩丰产林补助 9 元,扦插、嫁接苗每亩补助 50~60 元不等,采穗圃每亩补助 20 元。永顺县入选油茶基地县之后,县委确定了 30 个

---

① 湘西土家族苗族自治州地方志编撰委员会:《湘西土家族苗族自治州丛书:林业志》,长沙:湖南出版社,1994 年版,第 4 页。
② 湘西土家族苗族自治州地方志编撰委员会:《湘西土家族苗族自治州丛书:林业志》,长沙:湖南出版社,1994 年版,第 84 页。

公社，349 个大队，2 513 个生产队为油茶商品基地，经营面积达 51.1 万亩。1977 年建成"三保地"茶林 4 万亩，次年增至 6 万亩。①

油茶林地实行间种，推广林农复合经营，大大提高了茶油产量。例如，龙山县农车公社农车大队有油茶林 1 500 亩，1976 年修复油茶林 900 亩，建立"三保"茶林 410 亩，间种经济作物，次年收茶油 4 850 公斤。1978 年继续间种，以耕代抚，当年产茶油 9 000 公斤。古丈县平坝公社曹家大队有油茶林 1 500 亩，年年垦复，经营较好。1977 年建立 1 200 亩"三保"茶林，当年收茶油 1.5 万公斤，亩产 10 公斤。实地验收一块 6.1 亩茶山，产茶油 91.95 公斤，亩产 15 公斤。②

通过田野调查发现，对老油茶林进行垦复，在油茶林推广间种模式的确有助于提高油茶结实，增加茶油产量。据永顺县灵溪镇长光村老油匠、第五批中国重要农业文化遗产"湖南永顺油茶林复合系统"核心区 600 年古油茶树所有者肖某柱（男，土家族，81 岁）介绍，油茶林"下放到私人以后"即 20 世纪 80 年代以后，在对油茶林进行垦复和修建、培兜之后，长光村村民获得了油茶大丰收，获得了十分可观的茶油。以樟木桥大队第二生产组为例，1980 年，组员陈某兴家收获了 700 多斤（350 多千克）茶油、陈某堂家收获了 640 多斤（300 多千克）茶油、肖某涛家收获了 500 多斤茶油、肖某红家收获了 500 多斤茶油、肖某启家收获了 500 多斤茶油、肖某全家收获了 400 多斤茶油，其他每户收获 100~300 多斤茶油不等。村民们仅榨油时间就需要持续一个多月。以下是访谈记录。

侯：请问长光村的古油茶林是怎么管理的？

肖：从我记事开始就是集体化管理，集体化分为 4 个阶段，分别是互助组→初级社→高级社→人民公社，我们属于吊井公社樟木桥大队第四生产队。我们生产大队原来有 3 个现在这样的传统木榨榨油坊，1958 年"大跃进"时毁坏了，下放到私人以后最多的一户打过 700 多斤茶油，那个时候油茶树所结茶籽多，多到必须给油茶树枝丫树立叉子，以防止油茶树被压垮。我记得有一年樟木桥大队第二生产的陈某兴家打有 700 多斤茶油、陈某堂家 640 多斤茶油、肖某涛家 500 多斤

---

① 湘西土家族苗族自治州地方志编撰委员会：《湘西土家族苗族自治州丛书：林业志》，长沙：湖南出版社，1994 年版，第 85-86 页。
② 湘西土家族苗族自治州地方志编撰委员会：《湘西土家族苗族自治州丛书：林业志》，长沙：湖南出版社，1994 年版，第 87 页。

茶油、肖某红家 500 多斤茶油、肖某启家 500 多斤茶油、肖某全家 400 多斤茶油，其他每户 300 多斤茶油的多得很，最少的也有 100 多斤茶油。吃不完就卖，打油都要打一个多月。油茶树是老辈人种的，必须修剪，修剪得好，油茶树长得越好，茶籽结得越多，每年要修剪两次，农历 5—6 月要修剪一次，冬天腊月要修剪一次。

侯：这具体是哪一年？

肖：实行包产到户的时候。

侯：也就是 20 世纪 80 年代初期。

肖：是的。那时候每家每户随随便便就收七八十斤、一两百斤茶油。我家那年就收了两百多斤茶油。

侯：收了那么多油，用什么东西装油啊？茶油是用来吃还是用来卖的？

肖：用木桶装油，我家现在还有一个可以装 300 斤茶油的大木桶，现在没什么茶油，就空在那里咯。那个时候的茶油主要用来吃。那时候一个合作组打油就要打一两个月。像那种收两百斤的，一家就要打两三天呢！①

通过深度访谈发现：20 世纪 80 年代，长光村村民们迎来了油茶的大丰收。村民们对油茶树结满了茶籽，树枝被压弯，必须用树杈来支撑的情景记忆犹新。这是村民们精细管护油茶林的结果。村民们收获了精细管护油茶林的红利，也积累了"油茶树必需修剪，修剪得好，油茶树长得越好，茶籽结得越多"的宝贵经验。

据古丈县坪坝镇阿菩山对冲村（原旦武村人）老油匠张某志（男，苗族，62 岁，古丈县秀宝油茶专业合作社负责人、2020 年湖南省劳动模范张某的父亲）介绍，70 年代初，他所在的生产队曾多次组织队员对油茶林进行垦复和管理，油茶树结实很多，茶油产量很高。1972 年他们一家 8 口人从生产队分到了 500 多斤茶油。包产到户之后，油茶林分给农户自己经营管理。改革开放后，受"打工潮""务工经济"的影响，村民们对油茶林疏于管理，很少修剪和培兜，油茶植株越长越多、越长越密集，油茶林结实率大大下降，茶油产量急剧下降。以下是访谈记录。

---

① 访谈对象：肖某柱；访谈时间：2021 年 7 月 26 日上午；访谈地点：湖南省永顺县城广场；访谈者：侯有德、蒋欢宜。

问：你们一户有多少面积油茶林？一般能打多少斤茶油？

答：生产队（现在的村民小组）的时候，我家一年可以分到500多斤茶油。后来包产到户后，我们家分到了20多亩油茶林，现在老百姓舍不得修剪油茶林，导致油茶林越来越密，有的油茶林每亩油茶植株大约有400~500株，由于不修剪或修剪不到位，现在的老油茶林都不怎么结油茶籽了。

问：哪一年分到500多斤茶油？

答：1972年。

问：当时您家有多少人？

答：当时有8口人。

问：为什么印象这么深刻？

答：因为那一年大旱，上面派工作队到我们这里，我们这里缺少米饭吃，所以印象很深刻。当时流行的一句话是"油糊糊、荞糊糊、麦糊糊"，也就是说没有白米饭吃，只能用自家产的茶油来榨荞麦粑粑等东西吃。

问：那时候（集体化时候），茶油是怎么分配的？

答：茶油分配是按工分来算的，男的一天记10个工分，女的一天记9个工分。我家里有4个人记工分，我的父亲一天记10个工分、母亲记9个工分、我哥哥一天记5个工分，我一天记4个工分，我们四个人一年的工分到年底可以分到500多斤茶油。

问：你们是怎么处理这500多斤茶油的，自己吃，还是卖给别人？

答：自己吃和分一些给亲戚，那时候茶油不好卖，卖不出去。

问：你们村（当时叫生产大队）当时一共有多少面积油茶林？

答：一万多亩。1972年油茶籽结得非常好。①

通过访谈发现，在油茶林的管护过程中，适当汰选、移植油茶幼苗，修剪油茶树枝是很有必要的。访谈中，报道人谈到"老百姓舍不得修剪油茶林，导致油茶林越来越密，有的油茶林每亩油茶植株有400~500株，由于不修剪或修剪不到位，现在的老油茶林都不怎么结油茶籽了"即为佐证。由此可知，村民们在管护油茶林的过程中，存在两个思想误区：第一，错误地认为油茶树越多，

---

① 访谈对象：张某志；访谈时间：2021年7月24日上午；访谈地点：湖南省古丈县坪坝镇对冲村秀宝油茶合作社；访谈者：侯有德、蒋欢宜。

油茶林越茂密，油茶的产量越高，收成越好；第二，错误地认为油茶树枝干越多，挂果越多，产量越高。实则不然。油茶苗的茁壮生长需要一定的距离和空间，一般以每亩 70 株左右为宜。因此，在管护过程中，发现新生油茶苗与其他油茶树相距太近，应该果断拔除或移植别处。油茶树树干以伞形为佳，挂果更多。

总而言之，通过田野调查和相关文献记载印证发现，对油茶林的科学管护是十分必要的。武陵山永顺地区的民众在长期的生产生活实践中积累了一套科学管护油茶林的技术与方法，这套技术和方法也与油茶林复合经营非常契合。

第二节 永顺地区田野点概况

一、永顺县概况

湖南永顺油茶林复合系统所在的永顺县在行政上隶属湖南省湘西土家族苗族自治州，位于湖南省西部、自治州北部，东邻张家界市，西接龙山、保靖两县，北枕桑植县，南临古丈县，东南同怀化沅陵县毗连。永顺县地理坐标在东经 109°35′ 至 110°23′、北纬 28°42′ 至 29°27′ 之间，总面积 3 810.632 5 平方公里（571.594 9 万亩）。

永顺油茶林复合系统农业文化遗产牌匾如图 1.1 所示。

图 1.1 农业文化遗产牌匾（此图由侯有德于 2021 年 7 月 26 日在永顺县林业局拍摄，感谢周江鸿总工程师和丁治国主任提供的原图）

永顺县下辖23个乡镇，327个行政村。其中，油茶林复合系统遗产地核心区域是灵溪镇长光村，外围覆盖永顺县石堤镇、芙蓉镇、高坪、塔卧、灵溪、青坪、润雅、颗砂等18个乡镇。总面积约3 281.5平方公里，约占全县总面积86.09%，人口49.7万人，占全县人口89.55%。

永顺县地处中国东部丘陵山地常绿阔叶林向西部高山高原暗针叶林转变的过渡带，云贵高原、鄂西山地黄壤岩溶山原的东缘。境域内地势险峻，山峦起伏，永龙山呈弧形雄居县境西北，人头山蜿蜒东南，其间普岸山、万福山、蟠龙山、四方界、羊峰山、方石岩等山脉曲绕相连，组成斜"S"形，地势依此向东北部澧水和南部酉水梯级下降，构成了不对称"鞍状"的地貌形态。该县地貌呈山地、山原、丘陵、岗地及向斜谷地等多种类型，最高海拔1 437.9米，最低海拔162.6米，高低相差1 275.3米，地势比降为44.6%。总体来看，永顺县地形地貌适宜发展林农牧复合生产模式。

从气候上来看，永顺县属中亚热带山地季风湿润气候，基本上为水热光同季，温暖湿润，四季分明，雨量充沛，热量富足，垂直差异悬殊，立体气候特征明显，小气候效应显著。年均气温16.4℃，最冷月的平均气温为4.7℃，极端低温-8℃；最热月的平均气温26.6℃，极端高温40.8℃，无霜期227天，相对湿度79%。平均风速1.1米/秒，最大风速15米/秒。年均日照时数1 289小时，年均太阳总辐射量94千瓦/平方厘米。年降雨量1 334.6毫米，年蒸发量1 072.5毫米。该地的气候条件适宜油茶生长。

永顺县岩溶地貌发育普遍，土壤主要由石灰岩、板页岩、砂岩、紫色砂页岩、河流冲积物等母质母岩发育而成，其土壤中夹杂有少量砾石，透气性与湿润性强，pH值在4.5~6之间。县域自然土壤和旱地土壤由于成土母质不同，垂直分布不同，形成多类型土壤，主要有水稻土、红壤、黄壤、黄棕壤、红色石灰土、黑色石灰土、紫色土7个土类，16个亚类、59个土属、137个土种。全县共有水稻土20 913.33公顷，占耕面积45.85%，占全县土地面积5.48%，主要分布于中、低山台地，两山间槽谷，丘陵下沿，河谷坪坝。永顺县自然土壤（林地、荒山地）共有320 300.2公顷，其中，土层小于40厘米的有40 197.68公顷，占自然土壤的12.55%；40至80厘米的有132 283.98公顷，占41.30%；大于80厘米的有147 818.54公顷，占46.15%。县域自然土壤大部分土层较深，质地较好，土壤中有机质、氮素含量丰富，肥力高，适宜发展林业、果业，也适宜种植油茶。

永顺县特有的地貌地形、气候类型、土质情况，决定了该地区植物物种分布情况呈多样性的特点。亚热带常绿阔叶林是该地区主要植被，植被种类多样，类型多样，且各种类型植物之间相互交错分布。常绿阔叶林是该地区的典型植被，常绿落叶混交林分布于海拔较高处。由于人为的开发，该地区也存在针叶林、针阔混交林、经济林及竹林等。永顺县木本植物中常绿阔叶树主要有樟木、油桐、油茶、楠木、茶叶树等土生土长树种；落叶阔叶树主要有桐木、青冈树、白栎、麻栎、白蜡、板栗、黄金条、银杏、女贞、香椿、枫树等；针叶树主要为外来引进树种：松柏、杉树、马尾松、金钱松等。

永顺县域生长着丰富多样的植物物种资源。该区百姓世代凭借着多样的植物物种资源，在山林之中发展着诸如林业、林副产业、采集、畜牧业等多种产业。这也为在油茶林中发展林业、林副业、种植业、畜牧业等产业提供了有力的保障，成为该区域油茶产业世代兴旺、活态传承的重要基础。

有关调查资料显示，20世纪80年代初期，永顺县有油茶林58万亩，人均1.57亩，常年产茶油200万斤（1 000吨）左右，历史最高年产量312万斤（1 560吨）。①到"八五"期间（1991—1995年），永顺县油茶面积继续增长为60万亩以上（4万公顷）。②现有油茶资源普查数据显示，永顺县现有油茶林面积43.72万亩，占湘西州油茶林总面积的35.1%，老油茶林面积25.30万亩，占湘西州老油茶林总面积的39.82%（见表1.7）。

二、灵溪镇长光村概况

灵溪镇位于永顺县中部猛洞河畔，下辖灵溪、司城、溪州、勺哈、吊井、大坝、抚志七个片区，东邻石堤镇、松柏镇，南接泽家镇、高坪乡，西连首车镇、对山乡和西岐乡，北与颗砂乡、塔卧镇交界。张花高速、龙永高速、G209、S230从境内穿过，是永顺县政治、经济、文化、交通中心。灵溪镇下辖9个社区51个行政村533个村民小组，近19.5万人。

长光村是灵溪镇下辖村落，地处东经109°53′，北纬29°4′，位于永顺县中部，距离县城25公里，地处司河上游，界于209国道和230省道之间，平

---

① 杨安位：《湘西永顺县怎样发展山区经济》，《中南民族学院学报》1983年第4期；张秉昆、邓健民：《永顺县集体林投资效果分析》，《林业经济问题》1983年第3期。
② 湖南省地方志编纂委员会编：《湖南省志（1978—2002）：林业志》，北京：五洲传播出版社，2005年版，第25页。

均海拔573米。长光村毗邻世界文化遗产湖南永顺老司城遗址,其土家族民族传统文化保存较好,是典型的土家族传统村落。至今仍然活态传承着土家族的油茶生产智慧,保留着完整的土家族祭油神习俗。

长光村有227户,农业人口1175人,劳动力668人。[①]现在的长光村由原吊井乡下辖的樟木村、长光村于2005年11月永顺县撤乡并镇之时合并而来。长光村下辖彭家寨、盛家寨、胡家寨、杨家寨、张家寨、陈家寨、肖家寨、陆家寨、印家寨9个村民小组,其中,彭家寨、盛家寨、胡家寨、杨家寨四组为原长光村下辖村民小组,张家寨、陈家寨、肖家寨、陆家寨、印家寨为原樟木树村下辖村民小组。彭、盛、胡、杨四组居民主要居住在"黄土蓑"(当地土家语音译)山脚,张、陈、肖、陆四组居民主要居住在"黄土蓑"山腰,9组印家寨位于西距"黄土蓑"1.6公里之处。在长光村,彭姓、盛姓、胡姓、杨姓、张姓、陈姓、肖姓、陆姓、印姓是大姓,也有李姓、曾姓、刘姓、梁姓等小姓。在民族构成方面,以土家族为主,只有3组胡家寨村民多为苗族。该村日常生产生活习俗以土家族民俗为主。

长光村现有稻田627亩,旱地289.2亩,林场面积1580亩,其中,公益林950亩,油茶林710余亩,退耕还林面积1140亩。长光村具有悠久的油茶种植、生产加工、食用的历史。到目前为止,全村共有油茶林710亩(油茶植株约5000株),主要分布在4组至8组即杨家寨、张家寨、陈家寨、肖家寨、陆家寨五个村民小组。长光村至今保留了数量可观的老油茶树,总体来看,全村油茶树树龄超过200年的占总比例达20%(约1000株),树龄超过100年的占总比例达40%(约2000株),其中,8组陆家寨"老园圃"(当地土家族语音译)保留有一棵树龄超过600年的老茶树和一座超过200年历史的老榨油坊。据当地老把式(方言,"行家"之意)肖某柱(1940年生,土家族,600年古油茶树的所有者)回忆,20世纪七八十年代,村中每年可产茶油两三万斤。这座老榨油坊1975年由吊井乡岩板村搬入长光村,油坊中的石磨至少有两三百年的历史。现在这座榨油坊仍在运行,每年霜降采收茶籽后,供周边八九个民族村寨的居民榨油使用,年榨油量在一万斤以上。

笔者在长光村拍摄的照片如图1.2至图1.5所示。

---

① 2021年长光村村委会统计,数据由长光村村民、原村委会主任肖某国提供。

图 1.2 长光村现存的 600 年树龄古油茶树（侯有德 2018 年 11 月 28 日拍摄）

图 1.3 长光村现存的成片古油茶林（侯有德 2018 年 11 月 27 日拍摄）

图 1.4 长光村使用的传统木榨榨油坊（侯有德 2018 年 10 月 13 日拍摄）

图 1.5 油坊开榨时当地乡民男挑女背油茶籽前往榨油坊
（侯有德 2018 年 11 月 27 日拍摄）

三、永顺县周边田野点概况

（一）保靖县碗米坡镇首八峒村

首八峒村隶属于碗米坡镇，位于保靖县西北部，距离县城迁陵镇 30 多公里，迁清公路绕境而过，酉水河蜿蜒而下，水陆交通十分便利。全村辖区面积 10.12 平方公里，有水田 7 亩，旱地 1 872 亩，山林 3 256 亩。截至 2021 年 8 月，全村共有 7 个村民小组，334 户，1 224 人。其中，建档立卡户 107 户 447 人，残疾人口 55 人，低保户 34 户 83 人，五保户 16 户 17 人，社会保障兜底 3 户 9 人，参加城乡居民养老保险 475 人。

笔者与同行者在保靖县碗米坡镇首八峒村拍摄的照片如图 1.6 至图 1.8 所示。

图 1.6 大雨冲刷后的油茶林套种西瓜场面（蒋欢宜 2019 年 8 月 8 日拍摄）

图 1.7 首八峒村新造油茶林对面的八部大王庙遗址（侯有德 2019 年 8 月 8 日拍摄）

图1.8 首八峒村油茶林套种的大豆等作物和在油茶林旁放养黄牛的乡民
（侯有德2019年8月8日拍摄）

全村有通村主干道硬化公路12公里，通组公路3公里，完成进户道路硬化全覆盖9公里；全村有7个自然寨通自来水，1公里范围内有达标水井2个；截至2020年全村完成农网改造，改造率达100%。现在已安装太阳能灯105盏和入户灯100盏。村民基础生活条件和环境得到了极大改善。

首八峒村主导产业为油茶和柑橘、传统种养殖和劳务输出。村中成立了3个合作社，分别是新铭种养殖合作社、马结坝合作社、伊甸园合作社。2018年年底，新铭种养殖合作社种植油茶400亩，共计投入100余万元。马结坝合作社种植柑橘500亩，已经投入230余万元；种植猕猴桃300余亩，已经投入180

余万元；种植葡萄园 200 余亩，已经投入 100 余万元，计划打造千亩水果示范基地。伊甸园合作社种植火龙果 10 余亩，并投入 50 余万元打造特色农庄。通过"合作社+基地+农户"的方式实现村民土地流转、劳务用工、产业分红等，全村已经摆脱绝对贫困，为实现全面乡村振兴共同努力奋斗。

首八峒村是保靖县内较大的整体搬迁的移民村之一，也是土家族聚居村，土家族传统文化发源地之一，有"土家族发祥地"的美誉。首八峒村境内有湘西州境内唯一的八部大王庙遗址，对研究酉水流域土家族文化具有很高的价值。首八峒村土家族梯玛文化、民间信仰保存较好，每年村民都会自发组织举行八部大王祭祀活动。

首八峒是典型的亚热带山地季风湿润气候，温暖湿润，降雨充足，光热同季，垂直差异悬殊，立体气候特征明显。新造油茶林位于首八峒村村部斜对面的山坡上，以松软的沙质土壤为主。该地的气候、土壤条件适宜油茶生长。该地的森林生态系统以常绿阔叶林为主。油茶林中的天然伴生动植物种类繁多，经过人工汰选之后，可促进油茶苗成树成林。

（二）古丈县坪坝镇阿菩山油茶基地

阿菩山古油茶林保护地图如图 1.9 所示。

图 1.9 阿菩山古油茶林保护地图（此图由吉首大学贺建武博士绘制和提供）

第一章　油茶驯化利用概况与田野点介绍

笔者与同行者在古丈县坪坝镇阿菩山拍摄的照片如图 1.10 至图 1.16 所示。

图 1.10　古丈县坪坝镇阿菩山首届油茶文化节现场（侯有德 2020 年 10 月 29 日拍摄）

图 1.11　杨庭硕先生 2020 年 11 月 22 日指导调查阿菩山传说
上千年树龄的油茶植株修剪技术

图 1.12 阿菩山 400 年树龄的油茶植株（张某志 2021 年 7 月 24 日拍摄）

图 1.13 阿菩山老油茶林中饲养的土鸡（侯有德 2020 年 10 月 29 日拍摄）

图 1.14 阿蓉山古油茶林基地复建的传统木榨榨油坊（侯有德 2020 年 11 月 21 日拍摄）

图 1.15 中国光大集团定点扶贫和济南高新区东西部协作援建的厂房
（侯有德 2021 年 6 月 3 日拍摄）

图 1.16 阿菩山油茶基地厂房内景（侯有德 2021 年 6 月 3 日拍摄）

阿菩山油茶基地位于古丈县坪坝镇。阿菩山油茶基地以曹家村为中心，广泛分布于曹家村及其周边的旦武、对冲、张家坪等各处山林。阿菩山油茶基地是一片原始、古老、野生的万亩油茶林。油茶林中保留了上万株树龄百年以上的野生老茶油林，经过初步普查，其中超过 400 年树龄的油茶树有 100 余株。这里出产的茶油香气高扬，颜色金亮，微量元素丰富，营养价值高。

曹家村隶属古丈县坪坝镇，位于县境中北部，总面积 18.7 平方公里。全村辖 10 个村民小组，8 个自然寨，共有 384 户 1 528 人，是一个纯苗族聚居村。曹家村共有建档立卡户 108 户 514 人（其中兜底户 8 户 20 人），截至 2020 年已脱贫 103 户 495 人，2018 年实现整村出列。

古丈地区属于典型的亚热带季风气候，温暖湿润，水光热同季，四季分明。阿菩山平均海拔 800 米，山顶气温相较山底偏低。阿菩山山顶降水多，雨后时常有云雾围绕。山顶土壤以透气性强、湿润性强的、疏松的砂质土壤为主，其中夹杂着少量砾石。此处的气候和土壤条件十分适合油茶生长，故有成片的油茶林，连绵起伏，占据了好几个山头。

近年来，在省、州（市）、县各级政府的支持和帮扶下，阿菩山油茶基地取得了较大发展。现已形成油茶产业规模 6 700 多亩，把曹家村建设成了古丈县知名油茶产业基地，扎实推进农户+合作社的利益机制，通过油茶低品改造，引进油茶专业合作社。通过签订产销合同、保底价收购（45 元起全面收购茶油）、劳务优先等方式建立实际利益联结机制，促进群众产业增收。曹家村先后被评为"中国传统村落""中国少数民族特色村寨""湖南省卫生村"、古丈县"互助五兴"示范点、"新时代文明实践站"示范点，同时也纳入乡村振兴与巩固脱贫攻坚有机衔接改革示范点村。

第三节 湖南永顺油茶林复合系统

所谓"林农复合系统"，就是通常所说的农林牧副渔乃至狩猎采集业融为一体的农业生产方式。由于地域性和文化性的差异，不同地区的复合经营系统在行业组合以及规模、比例方面存在较大差异。在永顺地区，不同群体发展的林农复合种养模式也千差万别。永顺地区各个乡镇的油茶林复合经营模式同样存在一定的差异。尽管形式各异，但永顺油茶林复合系统的基本构成要素和运行机制是相同的。

一、构成要素

永顺油茶林复合系统是一个以林业为中心，林下（间）种植业、林下养殖业共同发展的，合理利用自然资源的发展模式。因此，永顺油茶林复合系统的构成要素主要包括油茶林及其伴生物种、林下（间）种植物种、林下（间）畜牧养殖业三个部分。

（一）油茶林及其伴生树木

永顺地区独特的地貌地形与气候类型，决定了该地区植物物种的多样性特征。该地区的植被以亚热带常绿阔叶林类为主，具有种类丰富、类型多样、交叉分布的特征。受人为开发的影响，该地区也存在有针叶林、针阔混交林、经济林及竹林等。永顺地区森林资源十分丰富。用材类树种有马尾松、杉树、金钱松、珙桐、枫树、黄桐、麻栎、银杏、香椿、槐树、樟树等。经济类树种有油桐、油茶、山苍子、木薯、桑树、漆树、白蜡等。山林里野果类品种繁多，主要有野葡萄、猕猴桃、刺梨、三月泡、樱桃泡、酸泡、刺莓、八月瓜、九月瓜、苞谷泡、牛奶泡、空洞泡、龙船泡、秤砣泡、金钩溜、救兵粮等。

油茶属"山茶科，常绿灌木或小乔木。树皮淡褐灰色，平滑不裂。叶革质，椭圆形，有锯齿。秋冬季开花，花单生于枝顶或叶腋，大型，白色。蒴果圆球形，有毛，种子1~3枚。产于中国中部，为重要木本油料作物，常栽培。喜酸性土，不耐盐碱。种子榨出的油供食用及工业用；茶籽饼可作肥料或供洗濯，并可杀稻田害虫"①。油茶植株可不种自生，易成林成片，生长周期较长，现有新造油茶林 2~3 年就枝繁叶茂，5~7 年就可以挂果采摘，油茶植株喜阴，故永顺地区的农户常常人为种植楠木、香椿树、杉木、松树等高大乔木作为伴生树木。千百年来，在湘西地区广泛流传着"高山松柏核桃沟，沿河两岸杨柳竹；三年粮食五年桐，七年油茶满山红"的民谣，可见松柏、核桃、杨柳、竹、油桐、油茶等长期存在于一个生态系统之中。

（二）林（间）下种植业

永顺地区林地植物资源种类丰富，有珍贵中药材、木本植物、草本植物、藤本植物、蕨类植物、林果类植物等。具体来说，珍贵中药材主要有土茯苓、天麻、百合等。林中除了生长着无数木本植物、草本植物外，还生长着大量的菌类美食，如枞菌、茶树菇、木耳、地木耳、羊肚菌、冻菌。藤本植物有青葛藤、黄葛藤、大血藤、爬山虎、千金藤、金银花藤。蕨类植物有毛蕨、乌毛蕨、凤毛蕨、水蕨、水韭、松叶蕨。林果类中本土水果有李子、杏子、枇杷、板栗、橙子、柑子、柿子、枣子等；外来引进的有石榴、核桃等。永顺县所种植的农作物，既体现民族传统特色，又契合了当地生态系统。主要种植：水稻、玉米、黄豆、绿豆、小米、高粱、红薯、小麦、花生、油茶、油菜、荞、南瓜、冬瓜、苦瓜、莲藕、豌豆、滚豆等。

永顺地区油茶林中以种植葛根、土茯苓、红薯、土豆等块根作物以及黄豆、辣椒等低矮作物为主，部分地区也在油茶林中套种绿豆、花生、玉米、烟叶等。据笔者田野调查发现，永顺县油茶林中套种葛根、土茯苓者居多；保靖县新造油茶林中套种的作物有烟叶、玉米、绿豆、红薯等，诸如，碗米坡镇首八峒村油茶幼苗林地中套种的作物有红薯、紫薯、辣椒、西瓜、甜瓜、丝瓜等。保靖县 2020 年油茶新造林第三方验收面积如表 1.8 所示。

表 1.8 保靖县 2020 年油茶新造林第三方验收面积一览表

乡镇名	村名	小地名	户主	面积/亩	成活率	株行距/米	套种
保靖县				18 843.3			
复兴镇				2 054.8			

---

① 夏征农、陈至立：《辞海》，上海：上海辞书出版社（第六版.典藏版），2009 年版，第 5432 页。

续表

乡镇名	村名	小地名	户主	面积/亩	成活率	株行距/米	套种
复兴镇	大妥村			427.8			
复兴镇	大托村	杉树田	向文成	0.3	85	3×3	红薯
复兴镇	大妥村	老二哥土	向三洪	2.8	85	3×3	
复兴镇	大托村	梯子田	向三洪	0.7	85	3×3	红薯
复兴镇	大托村	梯子田	向三洪	2.4	85	3×3	
复兴镇	大托村	刘二屋场	向文成	2.9	60	3×3	黄豆
复兴镇	大妥村	猪场	向三洪	1.5	85	3×3	玉米
复兴镇	大托村	猪场	向三洪	0.5	85	3×3	玉米
复兴镇	大妥村	大块桐壳	彭秀金	4.3	85	3×3	玉米
复兴镇	大妥村	新砌坎	向三河	0.7	85	3×3	烟叶
复兴镇	大妥村	新砌坎	向文成	0.7	85	3×3	烟叶
复兴镇	大妥村	李二妹土	向文成	1.2	85	3×3	烟叶
复兴镇	大妥村	李二妹土	卢忠安	1.8	50	3×3	
复兴镇	大托村	新砌坎	邱生	1.2	85	3×3	辣椒
复兴镇	大托村	新砌坎	邱生	2.2	85	3×3	辣椒
复兴镇	大托村	新砌坎	卢忠安	3.8	85	3×3	豆角
复兴镇	大妥村	蔡堡坪	向三敏	1	30	3×3	
复兴镇	大托村	蔡堡坪	邱生	4.5	85	3×3	玉米
复兴镇	大妥村	瓦棚	彭秀章	0.6	60	2.5×2.5	
复兴镇	大托村	瓦棚	向登富、向三敏、向三锡	0.3	60	3×3	辣椒
复兴镇	大妥村	凉水井	彭秀金、向登银	1.2	85	3×3	玉米
复兴镇	大托村	瓦棚	卢忠安、彭秀金	0.3	85	3×3	

续表

乡镇名	村名	小地名	户主	面积亩	成活率	株行距/米	套种
复兴镇	大妥村	瓦棚	彭秀金	0.5	20	3×3	紫薯
复兴镇	大托村	瓦棚	彭秀金	0.7	85	3×3	红薯
复兴镇	大妥村	瓦棚	邱生	0.8		3×3	红薯
复兴镇	大托村	瓦棚	彭秀章	1.3		3×3	

（笔者根据保靖县林业局提供的图片所制）

在油茶林中实行立体经营是符合自然科学规律的。经济林立体经营即"在同一土地上种植具有经济价值的乔木、灌木和草本作物，以形成多层次的复合的人工林群落，达到合理地利用光能和地力，也就是从外界环境中获取更多的营养物质，形成稳定的生态系统"[①]。油茶林复合系统一般是在老油茶林中套其他作物或放养牲畜、蜂类，或在新造林中间种粮食或经济作物，以耕代抚，以助幼林成长。合理的间作套种不仅有助于提高收益，而且有利于提高土壤肥力。

一般来说，适宜在油茶幼林中进行间作套种的作物有"一年生豆科作物有花生、黄豆、蚕豆、绿豆等；绿肥作物有满园花、日本青、印度猪屎豆、印度绿豆、三叶猪屎豆、四方藤"[②]等。从上表中发现，保靖县新造油茶林中间作套种的作物主要有玉米、红薯、紫薯、辣椒、豆角、烟叶。从油茶幼苗的生长习性来看，实际上烟叶是不适合套种在油茶幼林之中的。因为烟叶对土壤的破坏性极大，很不利于幼苗的成长。但是，当地老百姓出于经济效益的考虑，更倾向套种烟叶，毕竟种烤烟的收入要远远超出其他农作物。

（三）林（间）下养殖业

永顺地区山地的自然环境，有利于多种植物生长，同样也有利于多种动物生存。山林中的森林草地动物有野鸡、锦鸡、寒鸡、竹鸡、斑鸡、喜鹊、鹞子、岩鸽、杜鹃、画眉、青菜鸟、野兔、麂子、野猪、竹鼠、穿山甲等；家雀有燕子、麻雀等。同时，五步蛇、银环蛇、乌梢蛇、菜花蛇等蛇类爬行动物量多且种类繁杂。各类昆虫、野山蜂多得难以计数。因此，连绵成片的古油茶林也是这些野生动物的栖息之所。据笔者田野调查发现，永顺地区现有油茶林中养殖

---

① 何方：《油茶》，北京：经济管理出版社，1997年版，第88-89页。
② 何方：《油茶》，北京：经济管理出版社，1997年版，第92页。

的动物主要有土鸡、蜜蜂，部分地区在油茶林下放养湘西黄牛和湘西黑猪。

在油茶林中放养蜜蜂是符合油茶的生长习性和蜜蜂的生物特性的。油茶是丰富的蜜粉源植物，且在冬季开花，能在缺蜜源花粉的季节为蜜蜂提供稳定的蜜源。据中国林科院林研所的科学研究显示，"平均每朵油茶花分泌蜜量达 0.297 克，一株 20~30 年生的油茶树，每年开花 2 500 余朵，含蜜量 750 克，一亩 60~70 株的油茶林，含蜜量 50 公斤左右，每年可产蜜 25 公斤"[①]。由此可见，在油茶林中放养蜜蜂于油茶林的生长和蜜蜂的生存繁衍都是有利的，是双赢的。

此外，在老油茶林中适当放养土鸡、黄牛、黑猪等禽畜，也可有助于油茶林的生长。在油茶林中养鸡，益处很多。一方面，鸡吃林下草、林下虫，节省了农户给油茶林除草、防虫的费用，鸡粪上地节省了肥料费；另一方面，散养鸡吃草、吃虫，节省了部分饲料成本。如此一来，在油茶林中放养土鸡，不仅有助于生态土鸡的成长，进而增加经济收益，而且有利于维护油茶林生态系统的平衡，提高土壤肥力。在油茶林中适度放养黄牛、黑猪，也是有利于油茶树生长的。通过这些禽畜在油茶林中的活动，在一定程度上可以减轻油茶树的病虫灾害，减少有碍油茶树生长的伴生植物，并通过粪便等残留物提高土壤肥力。当然，必须注意的是，在油茶林中放养牲畜必须坚持适度的原则，不可为了图一时之利一味求多，从而影响油茶林的正常生长。

二、运行机制：文化与物的协同演化

人是生物性和社会文化性相统一的存在物，但从本质上来说，人是一种社会文化存在物。人与地球生态系统是一种相互作用的复杂关系。一方面，人类认识、改造、利用自然生态系统来维系人类、不同群体和个体的生存发展；另一方面，自然生态系统反过来影响、限制人类的生存和发展。从这个意义上来说，自然是人的自然、文化的自然，人与自然是一个生命共同体，诚如马克思主义经典学家所言："被抽象理解的、自为的、被确定为与人分隔开来的自然界，对人来说也是无。"[②]"自然界，就它自身不是人的身体而言，是人的无机的身体。人靠自然界生活。这就是说，自然界是人为了不至死亡而必须与之处于持续不断的交互作用过程的、人的身体，所谓人的身体生活和精神生活同自然界

---

① 何方：《油茶》，北京：经济管理出版社，1997 年版，第 121 页。
② （德）马克思、恩格斯：《马克思恩格斯文集》（第一卷），北京：人民出版社，2009 年版，第 220 页。

相联系，不外是说自然界同自身相联系，因为人是自然界的一部分。"①这实际上是在强调，作为客观存在和不断变化的物质世界，自然界是相互联系、相互作用的统一的整体。作为自然界发展到一定阶段的产物，人是自然界的组成部分。人类社会和自然界是紧密相关、互相制约的。

人类为了满足自身生存发展的需要必须与自然生态系统展开物质能量循环，其中最关键的活动就是人的劳动。马克思在《资本论》中论述道："劳动首先是人和自然之间的过程，是人以自身的活动来中介、调整和控制人和自然之间的物质变换的过程。人自身作为一种自然力与自然物质相对立。为了在对自身生活有用的形式上占有自然物质，人就使用他身上的自然力——臂和腿、头和手运动起来。当他通过这种运动作用于他身外的自然并改变自然时，也就同时改变他自身的自然。他使自身的自然中蕴藏着的潜力发挥出来，并且使这种力的活动受他自己的控制。"②实际上，人类不仅按照自身需要通过劳动改造利用自然和改变了人自身，而且在某种意义上通过劳动创造了人自身，诚如恩格斯在《自然辩证法》中所述："其实，劳动和自然界在一起才是一切财富的源泉，自然界为劳动提供材料，劳动把材料转变为财富。但劳动的作用还远不止于此。劳动是整个人类生活的第一个基本的条件，而且达到这样的程度，以致我们在某种意义上不得不说：劳动创造了人本身。"③实际上可以说，人创造了文化，文化也改变了人。英国人类学家马林诺夫斯基从文化功能论角度指出："文化根本是一种'手段性的现实'，为满足人类需要而存在，其所取的方式却远胜于一切对于环境的直接适应……文化深深地改变人类的先天赋予……文化在满足人类的需要当中，创造了新的需要……文化的真正单位是'制度'。"④

通过上述马克思主义经典作家和著名文化人类学家的论述可以看出，人一方面是自然界的产物和自然生态系统中的一个物种；另一方面，人可以创造文化并利用文化改变自然环境和人自身。自然资源也不仅仅是一个自然属性的概念，还是一个文化的概念，文化生态学代表人物卡尔·苏尔说过："资源是文化的一个函数，如果说生态学使我们了解自然资源系统之动态和结构所决定的极

---

① （德）马克思、恩格斯：《马克思恩格斯文集》（第一卷），北京：人民出版社，2009年版，第161页。
② （德）马克思、恩格斯：《马克思恩格斯文集》（第五卷），北京：人民出版社，2009年版，第207-208页。
③ （德）马克思、恩格斯：《马克思恩格斯文集》（第九卷），北京：人民出版社，2009年版，第550页。
④ （英）马林诺夫斯基著，费孝通译：《文化论》（费孝通全集第十八卷），呼和浩特：内蒙古人民出版社，2009年版，第266-268页。

限，那么我们还必须认识到，在其范围内的一切调整都必须通过文化的中介进行。因此经济学、文化人类学、伦理学等都在促进人与自然之间的更为和谐的相互作用中起作用。"①从共时态看，地球环境中的"自在之物"要变为"文化之物"一方面取决于人类的需要和认知改造能力，另一方面取决于特定民族的生计方式、社会制度、风俗习惯、宗教信仰等文化背景因素。从历时态看，特定自然资源的开发利用也会随着相关知识、技术、制度、观念等社会文化背景的变迁而兴衰没落。从生态民族学角度来看，资源不仅具有自然属性，更为重要的是成为文化规约下的资源，"人类的文化只有在对自然环境实体获得利用它的知识和技术技能以及对所生产的物质或服务有了某种需求以后，自然环境中的成分才能归为资源"②。

通过文献记载和田野调查印证，武陵山区永顺地区包括土家族在内的各民族文化与油茶林复合系统已经稳定延续数百年，早已形成了协同演化关系，实现了我国南方山区亚热带森林生态系统自然资源的可持续利用，生态安全得到充分保障。具体而言，武陵山区永顺油茶林复合系统的形成和稳态运行，是该地区各民族在经过长期历史积淀和试错求对过程中，形成的对当地生态环境的适应智慧。他们在认知、利用当地动植物资源等自然资源的过程中，也创造了文化与生态协同演化、互惠共生的"文化生态共同体"。这种文化事项造就了武陵山区永顺油茶林复合系统的知识体系、技术体系、制度保障、精神观念"四位一体"的生态文化。

武陵山区人们在种植油茶树时，依据油茶树的生物属性和立地环境要求，通常在油茶林中配种当地的其他树种和实行林下（间）套种和养殖等多产业复合经营，使油茶林区成为一个稳态延续和可持续发展的亚热带人工森林生态系统。在永顺地区的油茶林中依旧保留着先辈们种植的楠木、香椿树等高大乔木，套种着葛根、茯苓、红薯、辣椒等作物。众多的伴生动植物与油茶树一起构成一个健康的、可持续发展与利用的人工森林生态系统。

---

① 转引自陈静生、蔡云龙、王学军：《人类—环境系统及其可持续性》，北京：商务印书馆，2007年版，第55页。
② 罗康隆：《文化适应与文化制衡：基于人类文化生态的思考》，北京：民族出版社，2007年版，第206页。

第二章
PART TWO

永顺油茶林复合系统的观念体系

在长期的生产生活中，永顺地区各民族乡民逐渐形成了一套自成体系的生态伦理观念，并体现在神话传说、古歌民谣、民间文学与习惯法、岁时节庆等文化事项之中。具体而言，永顺地区各民族的生态伦理观念主要包括天人合一的生态观，万物平等与和谐共生的生态观，物适其用、适度消费的生态观。①

第一节 天人合一的生态观

天人合一的生态观，即认为人与自然是一个统一的整体，两者紧密联系，不可分割，即人与自然生态系统你中有我、我中有你的生态观念。

一、"天人合一"的哲学内核

中外较多思想家都论述了人与自然不可分割的密切关系。德国古典哲学家费尔巴哈论述道："人本来并不想和自然与自然分开，因此也不想把自然与自己分开；所以他把一个自然现象在他身上所激起的那种感觉，直接看成是对象本身的性态。……人们不由自主地、不知不觉地——亦即必然地……将自然的东

---

① 本章关于土家族信仰、传说的表述，主要参考以下文献：
胡炳章：《土家族文化精神》，北京：民族出版社，1999年版；彭英明：《土家族文化通志新编》，北京：民族出版社，2001年版；彭荣德、王承尧：《梯玛歌》，长沙：岳麓书社，1989年版；周兴茂：《土家族的传统伦理道德与现代转型》，北京：中央民族大学出版社，1999年版；杨昌鑫：《土家族风俗志》，北京：中央民族大学出版社，1999年版；阳盛海：《湘西土家族历史文化》，长沙：湖南人民出版社，2009年版；向柏松：《土家族民间信仰与文化》，北京：民族出版社，2001年版；段超：《土家族文化史》，北京：民族出版社，2000年版；姚宝瑄：《中国各民族神话·土家族 毛南族 侗族 瑶族》，太原：书海出版社，2014年版；吕大吉、何耀华：《中国各民族原始宗教资料集成：土家族、瑶族、壮族、黎族》，北京：中国社会科学出版社，1998年版。

西弄成一个心情的东西，弄成了一个主观的、亦即人的东西……把自然现象当成一个宗教的、祈祷的对象，亦即当成一个可以由人的心情、人的祈求和侍奉而决定的对象了。人使自然与他的心情同化，使自然从属于他的情欲，这样，他当然就把自然弄成顺从他、服从他的了；未开化的自然人还不但使自然具有人的动机、癖好和情欲，甚至把自然物看成真正的人。"[1]马克思和恩格斯在《德意志意识形态》中指出："意识一开始就是社会的产物，而且只要人们存在着，它就仍然是这种产物。当然，意识起初只是对直接的可感知的环境的一种意识，是对处于开始意识到自身的个人之外的其他人和其他物的狭隘联系的一种意识。同时，它也是对自然界的一种意识，自然界起初是作为一种完全异己的、有无限威力和不可制服的力量与人们对立的，人们同自然界的关系完全像动物同自然界的关系一样，人们就像牲畜一样慑服于自然界，因而，这是对自然界的一种纯粹动物形式的意识（自然宗教）；但是，另一方面，意识到必须和周围的个人来往，也就是开始意识到人总是生活在社会中的。"[2]随着社会的进步和历史的发展，在中华先民的原始思维中，人与自然万物的联系日益被重视。他们认为，和人类一样，自然万物具有生命，且在一定条件下可以互相置换和融合，即"以无生者作为有生者看""以非人作人看"。[3] 中国哲学的主基调之一是"把无生物、植物、动物、人类和灵魂统统视为在宇宙巨流中息息相关乃至相互交融的实体"[4]。

"天人合一"观念的形成以远古时期人对自然的依附为前提。远古时期，人类的力量还比较弱小，与无处不在的自然之力相比，显得微不足道。这一阶段，人的主体意识还很淡薄，只能从属于自然而本能地生活。"人与自然处于原始的、直接的、浑然天成的统一状态。所以，原始人崇拜自然、敬畏自然、依附自然，对自然有一种与生俱来的臣服心态。人消融和淹没于自然之中的这种主客一体的关系，表现在认识上，就是一种主客混沌互渗的原始思维。随着人在劳动实践中对自然万物的性质，特别是对农作物的季节性生长规律有了丰富的认识之后，在自然观和伦理观上便注重对自然万物生长规律的模仿利用，追求人与天的融合。"[5]于是便形成了"天人合一"的思想观念，即认为自然和人

---

[1] 刘达临：《世界古代性文化》，上海：上海三联书店，1998年版，第20-21页。
[2] （德）马克思、恩格斯：《马克思恩格斯选集》第1卷，北京：人民出版社，2012年版，第161页。
[3] 钱钟书：《管锥编》第4册，北京：中华书局，1979年版，第1357页。
[4] 杜维明：《试谈中国哲学的三个基调》，《中国哲学史研究》1981年第1期。
[5] 李想：《发端于生态文明：人与自然和谐共生研究》，北京：中国致公出版社，2011年版，第23-24页。

类一样是有生命、有灵魂的东西。

早在远古时期，土家族先民们就初步形成了朴素的"天人合一"的观念。土家族先民把世界万物都视为与人一样具有灵性的东西，将人视为自然界的一个有机组成部分。他们相信自然万物具有生命，且互相联系，在一定条件下包括人类生命在内的自然万物可以实现生命的互相转换。具体来说：

一方面，土家族先民将自己的生命溯源为某种或某几种自然物演化而来。在土家族神话《卵玉射太阳》中，土家族祖先的生命来源于蛋。相传："远古时宇宙处于混沌之中，一片黑烟，无天无地，昼夜不分。突然一阵狂风将黑烟吹散，随之飘来一朵白云，白云里裹着一个硕大的蛋，蛋白如天，蛋黄似地，随着天崩地裂一声巨响，蛋裂开了，跳出一个亭亭玉立的姑娘，名叫卵玉，她就是土家族的祖先。卵玉喝虎奶，吃铁砣。她见天地相互粘连，就用箭射开，随着天地分开，才有了世界的开端。"[①]在土家族《摆手歌》中，人体的基本结构是由植物演变而来的，即骨架由竹子演变而来，肠子由豇豆演变而来，肝肺由荷叶演变而来，肌肤由稀泥演变而来，汗毛由茅草演变而来，脑袋由葫芦演变而来。[②]

另一方面，土家族先民们将自己与动植物们紧密联系在一起。在武陵山区永顺土家族地区广泛流传着的《梯玛歌》中，讲述了人和动植物共同创造了天地万物的故事。原文如下：

> 没有天，梦一般昏沉。
> 没有地啊，梦一般混沌。
> ……
> 啊！绕巴涅啊，他把树搬上肩；
> 惹巴涅啊，她把竹扛上身。
> （那尼）大树连苋，
> （那尼）大竹盘根。
> 传说大鹰也来帮忙，
> 传说大猫也来相助。
> 大树飞起做支柱，

---

① 李平凡、颜勇：《贵州"六山六水"民族调查资料选编·土家族卷》，贵阳：贵州民族出版社，2008年版，第2页。

② 周兴茂：《土家族的传统伦理道德与现代转型》，北京：中央民族大学出版社，1999年版，第42页。

大竹飞起把天撑,
大鹰展翅横起身,
大猫伸脚站得稳。
(啊尼)
天开地也开啊,
天成地也成。
……
只有姐弟俩啊,世上只有两人。
喜鹊开口劝,二人莫离分。
燕子开口说,一团要箍紧啊。
松鼠也来劝,这样事才成啊。①

根据上述内容,我们可以发现,在湘西土家人的观念中,天地万物最初是"梦一般"的混沌状态。土家族始祖绕巴涅、惹巴涅姐弟与大树、大竹、大鹰、大猫等动植物一起创造了天地。姐弟二人又在喜鹊、燕子、松鼠等动物的劝说下成亲,繁衍了人类。可见,在土家族先民的观念中,人与自然是亲密无间的。

这种以"天人合一"为内核的自然观是土家族先民原始、朴素的思维观念的产物。土家族"天人合一"的观念被较为完好地保留了下来,深刻影响着土家族人的生产生活方式和思维习惯。土家族以"天人合一"为内核的生态观在永顺土家族对待油茶和油茶林复合系统的态度中亦有生动体现。

二、以"天人合一"为核心的信仰型传统生态知识

在长期的生产生活中,土家族先民形成了人与宇宙、人与自然及人与动植物之间相互关系的生态认知,进而形成了包括信仰型传统生态知识、生产生活型生态知识、规约型生态知识在内的传统生态知识体系。信仰型生态知识是在天人合一观念的深刻影响下形成的对于自然界、自然物、自然力的崇拜。土家族先民认为,自然万物是具有生命的,相互联系的。在一定条件下,自然万物的生命是可以互相转换的。受这一观念的深刻影响,土家族先民把与自己生产生活密切相关的自然物、自然力进行神化,形成了自然崇拜观念和行为。这一套观念和行为体系在土家族中代代相传,延续至今。

土家族的自然崇拜既包括对天、日月星辰、风雨雷电、雨虹霜雾等自然现

---

① 彭荣德、王承尧:《梯玛歌》,长沙:岳麓书社,1989年版,第156-159页。

象的崇拜，也包括对山林田地、洞穴湖泊、动植物等自然物的崇拜。"靠山吃山"，土家族长期聚居在武陵山区，生产生活依赖于山，故而形成了山神崇拜。土家族人相信，山林及生长在其中的植物、生活在其中的动物，都由山神统管，故而形成了祭山神的习俗。土家族祭山神主要有"献牲祭""压钱祭""日常祭"3种形式。"献牲祭"多为狩猎前猎户举行的仪式。永顺土家族人认为，山中野兽和山坡上的庄稼均归山神管辖，故而在该地区流行着一句谚语："山神老爷不放口，虎狼不咬猪和狗。"猎户上山狩猎之前，要在猎头的带领下在山脚下杀牲祭山神，祈求狩猎过程平安、顺利、满载而归。待打猎归来，有所收获，再以牲祭祀山神。"压钱祭"又称"压码子"，即土家人行路时将香纸压在山神神台下，祈求进山平安。"日常祭"是土家人在上山劳作、打柴、割草时，在山神庙前留下一根木柴或一个草标，表示对山神的酬谢。①

树神崇拜是土家族地区较为普遍的自然崇拜样态。土家族树神崇拜主要是对古树、果木树、花树即开花的树的崇拜。"古树，尤其是数百年的古树，在土家人心中即为神树，认为它或为神之居所，或为灵之依附，对其崇拜亦重。"②土家族村寨古树颇多，土家族人将它视为风水树、神树。土家族村寨中成片的古树林往往被视为"禁山"，"绝对禁止砍伐，也不准在林中捡拾枯枝，甚至不准在树林旁讲亵渎神灵的话，谁若违禁，须杀猪羊，请巫师向树神祭祷谢罪"③。土家族人对果木树和花树的崇拜主要是对其繁衍能力的崇拜。现今，在土家族地区仍有除夕祭果树之俗。主家一般在果树上捆扎上纸钱，并一边用柴刀刀背敲击树干，一边高声问："明年结不结？"一人在旁代答："结。"又问："结得多不多？"又代答："多。"

在油茶林管护过程中，永顺地区形成了祭山神、祭古油茶树、祭油神的习俗。以永顺县灵溪镇长光村为例：

长光村村民有祭山神的习俗。村民们认为"山有山神"，油茶树生长在山上，对油茶林的管护以及与之密切相关的生产生活行为都需要山神和树神保佑。因此，在种植油茶幼苗之前需要举行仪式奏禀山神，获得山神的同意。村民们进入油茶林采摘茶籽之前，也会自发在山林入口或山脚下祭祀山神。

长光村村民有祭古油茶树的习俗。村民们认为"树有树神"，古油茶树往往具有灵性。村中有体弱多病的小孩，父母就会把他过继给古树。树龄很长的古油茶树往往是首选。过寄时，要把小孩带到古树前，摆上酒肉，烧香焚纸，说

---

① 胡炳章：《土家族文化精神》北京：民族出版社，1999年版，第83-84页。
② 胡炳章：《土家族文化精神》，北京：民族出版社，1999年版，第93页。
③ 胡炳章：《土家族文化精神》，北京：民族出版社，1999年版，第95页。

明过寄缘由，再在古树上挂上红布条。在村中有一棵 600 多年树龄的老油茶树，被村民们视为神树。许多村民将小孩过继给它，在树干上挂满了红布条。除此之外，村民们遵循着对油茶树的禁忌。"村民在从事放牛、养羊、打柴等农事活动时不可伤及油茶树；在封山期间不可随意进出油茶林；寒露、霜降前不可摘茶籽，亦不可盗摘茶籽；采摘茶籽时不可损伤油茶树，尤其是古油茶树。"①

除此之外，永顺地区土家族人还有祭油神的习俗。在"湘西永顺土家族人的观念中，油神是统司油业之神，以超自然超社会的力量支配着油茶作物的种植、培育、采摘以及油茶的生产、加工、使用、流通的全过程。油茶作物能否苗壮成长，能否高质高产；榨油能否安全顺利进行，能否获得高品质的油；油茶贸易能否顺畅，能否获得较高收益都取决于油神的喜怒。因此，历史上湘西地区土家族先民曾秉持着对油神的高度敬畏，对它进行隆重祭祀"②。祭油神习俗贯穿于油茶林的管护和茶油生产加工利用过程之中。"每当种植油茶幼苗时需祭油神；寒露或霜降之后采摘油茶籽时需祭油神；采摘过后，封山育林，培植油茶林时需祭油神；在榨油坊开始榨油时需祭油神；春节、除夕祭祀祖先时也需祭油神。"③

长光村的祭油神活动有榨油前祭油神、除夕祭油神两种形式。长光村村民榨油采取的是古法压榨工艺。从茶籽中压榨出油需经过选、炕、碾、蒸、包、榨 6 道工序。"选"即选籽，是将茶籽中虫蛀、干瘪的以及混在其中的果皮、杂物一一挑出。"炕"即烘烤，是将晒干的茶籽平铺在油坊炕架的竹篾上，以小火持续烘烤一天一夜乃至更长时间，蒸发完油茶籽的多余水分。"碾"即碾籽，是将烘烤好的茶籽倒入碾槽之中，借畜力拉动碾盘，将其碾成粉末。"蒸"即蒸煮茶粉，是将碾碎的茶粉放置在蒸架上，旺火加热，借助水蒸气蒸熟。"包"即包裹茶粉，是将稻草铺放在茶饼模具之中，然后将蒸熟的茶粉趁热倒入模具，借用脚力挤压、包紧，使之成为质地紧密的茶饼。"榨"即撞击榨油，是将茶饼紧密排放在木质榨油架上后以木栓固定，并打紧栓楔，然后，几人合力推动悬空的木棰撞击木栓，挤压茶饼，榨出油。

这一套榨油工艺，每个环节均有讲究。选籽环节需仔细将虫蛀、干瘪的茶

---

① 侯有德：《湘西永顺土家族祭油神习俗研究——基于长光村的田野调查》，《贵州民族研究》2020 年第 3 期。
② 侯有德：《湘西永顺土家族祭油神习俗研究——基于长光村的田野调查》，《贵州民族研究》2020 年第 3 期。
③ 侯有德：《湘西永顺土家族祭油神习俗研究——基于长光村的田野调查》，《贵州民族研究》2020 年第 3 期。

籽以及混合其中的果皮、杂物剔除掉，以防它们混合在好籽之中，被碾碎后吸收油脂，从而降低出油率。烘烤环节火不可过旺，以防烤煳茶籽，榨出的油略带煳味、涩味；烘烤全程需人把守，以防中途熄火，茶籽回潮，既浪费人力、物力又延长进度。碾籽环节碾压力度要适中才能将茶籽均匀碾碎；蒸煮环节需旺火蒸熟，保证茶粉全部熟透；包裹茶粉环节需将茶粉趁热取出，放入模具之后迅速踩压成茶饼，以防茶粉冷却，降低出油率；榨油环节需迅速将茶饼依次排放，木栓之间紧密衔接，撞击时力度要均匀适中。6个环节环环相扣，只有每个环节都做到位了，才能最大限度地提高出油率。

永顺地区土家族人认为，在开始榨油之前举行祭油神仪式，就可以获得油神庇佑，确保每个环节顺利进行，从而获得更多高质量的茶油。因此，湘西永顺土家族人在开始榨油之前一般都会举行祭油神仪式。祭油神仪式一般在榨油坊中举行，由熟练掌握古法榨油技艺的老油匠（当地人称他们为"老把式"）主持，全寨村民共同参与。

湘西永顺土家族素有油匠主持祭油神仪式的传统。据湘西州土家族苗族自治州永顺县古法榨油技艺非遗传承人肖某国介绍：根据长光村的老人们代代相传的说法，早在1000多年前村里的油茶种植、加工与生产已颇具规模，且有了擅长榨油技艺的油匠。村里的祭油神仪式基本上是由技艺娴熟、威望较大的老油匠来主持。当然，并非所有的祭油神仪式都需老油匠来主持。每年除夕，土家族村民们自发组织的以家庭为单位的祭油神仪式一般由家中男性长者主持。

现今，湘西永顺土家族还保留着除夕祭神的习俗。每年的除夕之夜，武陵山区永顺土家族人在吃年夜饭之前都会准备丰盛的美味佳肴以及米酒、水果、香纸进行祭祀。他们除了在家中祭祀祖先之外，还要到田间地头、猪圈、牛栏、灶台、油坊等地祭祀与其生产生活密切相关的各种神灵。在受祭祀的众多神灵之中，油神也占有一席之地。

据永顺县灵溪镇长光村老油匠肖某柱介绍，除夕夜各家各户去榨油坊祭油神，步骤大致如下："祭祀前，主家人将准备好的祭品、供果整齐有序地摆放在老油坊中的灶台上。祭祀时，主家插三根燃香，烧一叠纸钱，然后，跪在灶台旁，轻声祈请油神降临，并恳请油神保佑来年油茶林无病无虫、油茶果增产、油茶籽出油率高，保佑家人平安顺遂、兴旺发达等。祈请完毕，向地面倒三杯酒，待纸钱燃尽，作揖三次即为送神。"[1]

---

[1] 侯有德：《湘西永顺土家族祭油神习俗研究——基于长光村的田野调查》，《贵州民族研究》2020年第3期。

第二节 万物平等、和谐共生的生态观

人是自然之子。人与自然是一个和谐的有机整体，是互为对象的必然存在。在处理人与自然的关系时，要以"万物平等、和谐共生"的生态观念为指导。换言之，在处理人与自然的关系时，应该将自然万物视为与人类平等的互为主客体，或者将人与自然万物的关系称为"主体间性"。不能为了人类的生存和发展一味地消费自然、破坏自然，更不能毫无节制地征服自然、改造自然。

一、万物平等的生态智慧

人与自然平等相处、和谐共生的生态观念在中国古代就已初见雏形。儒家的"天人合一"、道家的"道法自然"以及佛家的"众生平等"思想无不蕴含着人与自然平等共生的理念。宋代理学家张载提出的"民吾同胞，物吾与也"思想，将自然万物视为与人类平等的一部分，是对人与自然平等共生思想的生动诠释。习近平总书记在党的十九大报告中指出"人与自然是生命共同体"。党的二十大报告强调"中国式现代化是人与自然和谐共生的现代化"。这是对我国古代生态智慧的继承与发展，也是对新时代如何处理人与自然关系问题的积极、有效回应。

万物平等、和谐共生的生态观念要求在处理人与自然的关系问题时秉持尊重自然、顺应自然、保护自然的原则。尊重自然即要将自然作为一个与人类平等的生命体来对待，尊重它的特点和运行规律，不能将它视为被征服的对象毫无节制地索取，要在它的再生能力和自我修复能力的范围内合理利用。顺应自然即顺应自然的规律，"要按照自然规律办事，正视自然规律，要在自然允许、能够承受的范围内利用、改造自然，不做违背自然规律、超乎自然承受力的事情"[1]。保护自然即"尽力按照自然规律去关照自然，维护自然的平衡与健康"[2]。

人与自然万物平等，有其合理的内在逻辑。因为，人与自然具有同构性。"只要是人，所做的事情，都受其最根本动物性与生俱来的特性的影响。这就是同构性，是与自然万物都具有相同的或者说相类似的系统结构的性质。"[3]

---

[1] 严华等：《坚持人与自然和谐共生》，长沙：湖南教育出版社，2017年版，第26页。
[2] 严华等：《坚持人与自然和谐共生》，长沙：湖南教育出版社，2017年版，第27页。
[3] 李想：《发端于生态文明：人与自然和谐共生研究》，北京：中国致公出版社，2011年版，第22页。

人与自然和谐共生主要有两方面的含义：一是人要尊重自然、适应自然、保护自然，维护自然生态系统的平衡与发展；二是自然要"依从人、顺合人、服务人，向着有利于人的生存与完善的方向发展"。人与自然"只有相向而行，而不是背道而驰，才能和谐共生，相互促进"①。值得注意的是：第一，在人与自然的关系中，人始终处于主导地位，是实现人与自然和谐共生的关键，以人为核心的"生产劳动的科学化、科学技术的人性化、社会关系的合理化，是实现人与自然和谐共生的重要条件"②。第二，和谐共生是人类与自然界存在与发展的内在要求，因为"平衡与协调是自然界的固有属性和应然状态，也是人与自然之间的本质联系"③。

二、和谐共生的生存理念

在土家族的生态观念中，不仅蕴含着天人合一的哲学智慧，还蕴含着万物平等、和谐共生的生态理念。土家族人认为："人与自然界万物应是平等共生的关系，在同一场域中互惠互利，相互依存、相互制约。"④土家族这种追求人与万物平等共存、人与自然和谐共生的生态观念，形成于土家族先民长期的生产生活实践之中。土家族万物平等的生态观念主要包括人与植物的万物平等、人与动物的万物平等两个方面，体现在土家族的节日庆典、古歌民谣、神话传说、习惯法等文化事项之中。

在土家族神话传说《虎守杏林》之中，老虎是与人平等共生、互惠互利的动物。相传，在土家族地区有一位医术高超的人，治人无数，施药极灵，人称"药王"。他每治好一个病人就在家门口种一棵银杏树，久而久之，银杏成林成片。有一天，有一只黑虎来到门口，徘徊不去，驱赶不走。药王一看，原来它的喉咙被一支发簪卡住了。药王猜想，它定是在吃人之时受的此伤。于是，治好它之后，教导它不要伤害人类，训练它改吃野食。为了报答药王，黑虎从此白天驮着药王出门巡诊，晚上睡在杏林之中替药王看家护院。在这个神话故事

---

① 李想：《发端于生态文明：人与自然和谐共生研究》，北京：中国致公出版社，2011年版，第103页。
② 李想：《发端于生态文明：人与自然和谐共生研究》，北京：中国致公出版社，2011年版，第103页。
③ 李想：《发端于生态文明：人与自然和谐共生研究》，北京：中国致公出版社，2011年版，第133页。
④ 车越川等：《土家族传统生态知识多样性表达及现代价值》，《铜仁学院学报》2015年第3期。

中，药王、黑虎呈现的是一种人与动物互惠互助、和谐共生的关系，是土家族万物平等、和谐共生生态观的真实写照。

土家族神话传说《猴子为么上不了天》讲述了人类与猴子、马桑树、葡萄、树苗等动植物的密切联系，反映了土家族人对人与自然关系的深刻认识。相传，很久很久之前，人类尚未诞生。一只猴子顺着一棵高耸入云霄的马桑树爬上天，哄骗玉皇大帝降雨。玉皇大帝信以为真，连下很多天的雨，洪水淹没大地，人类也灭绝了。玉皇大帝发现后，派罗神爷爷和罗神娘娘两兄妹来到凡间繁衍人类。二人成亲后，生下了三串葡萄，分别掉在了沙滩、树苗和土头上，就是现在的客家人、土家人、苗家人的祖先。此后，为了防止猴子再生事端，玉皇大帝施法限制了马桑树的生长高度，猴子也就再也上不了天了。从这个神话故事来看，人类的生存依赖于自然，受自然万物的影响，人类生命的延续也离不开自然万物。可见这个神话故事生动地呈现了土家族人讲求人与自然万物平等，倡导人与自然和谐共生的生态观念。

在《水杉的传说》中，人间遭遇了冰冻灾害，万物全被冰雪覆盖，只有一棵水杉树仍然保持着生命力，高耸入云霄。一对土家族兄妹爬上了水杉树，获得了一线生机。待冰雪融化后，两人得到上天启示结为夫妻。不久，妹妹生下一个红球，被哥哥一气之下剁成许多小块，抛洒在地上。这些小肉块落地之后变成了人，即土家族祖先。在这个神话故事中，土家人依靠水杉树躲过了天灾，才得以生存和繁衍下来。

基于万物平等、和谐共生的生态观念，永顺土家族人非常重视对自然界、自然物，尤其是动植物资源的保护。可以说，武陵山区永顺土家族的生产活动严格遵循着自然万物的生长规律。在武陵山区永顺土家族地区广泛流传着"正月不见鹰打鸟，二月不见绣花针，三月不见蛇打搅（交配）""宁喝清汤，不吃嫩浆""山光光，年荒荒；光光山，年年旱"以及"天黄有雨，人黄有病""晴庚午，晒破鼓""苞谷结婚，子孙子孙""敬父如同敬天地，敬母如同敬世尊""三月三，蛇出山""九月九，蛇归土"等谚语。这在一定程度上反映了永顺土家族人较好地掌握了山林中动植物的生长习性，且在生产生活实践中予以遵行。

永顺土家族"赶仗"（永顺乡民现在也称"赶肉"）即狩猎的习俗由来已久。清同治《永顺府志》卷十二《杂记》载："龙山深林密菁，往日皆土官围场，一草一木不许轻取。每冬行猎，谓之'赶仗'。先令舍把头目等视虎所居，率数十百人用大网环之，旋砍其草以犬惊兽，兽奔，则鸟铳标枪立毙之，无一脱者。"①

---

① （清）张天如纂修、魏式曾增修：《永顺府志》，清同治十二年刻本。

可见，永顺土家族虽然有狩猎习俗，但主要限于冬季，平时"一草一木不许轻取"。武陵山区永顺土家族对狩猎的对象、时间、地点以及猎物的限制条件都有严格的要求。永顺土家族"赶仗"一般在特定的划定区域内进行，采取轮猎模式（与轮耕同理）。在"赶仗"之前，要商定"赶仗"的对象，要根据上山"赶仗"的人数来确定捕猎的数量。武陵山区永顺土家族"赶仗"时忌猎捕五爪动物。武陵山区永顺土家族人"赶仗"的直接目的是满足自身需求。传统上，"赶仗"一度是永顺土家族人获取肉类食物的主要途径。事实上，"赶仗"活动不仅可以为武陵山区永顺土家族人提供丰富的食物，满足土家族人日常肉食的需要，还能在客观上起到以人力迫使林间动物大规模、大范围迁移，促进动物间的流动，降低同一动物长期在一地从而引发的水土资源受损、部分植物物种灭绝的风险，维护地区生态平衡。总而言之，武陵山区土家族的狩猎活动是兼顾人类自身需求与保护自然的社会需求的生产活动。

第三节 合理利用、适度消费的生态观

人类的生存与发展离不开自然资源。人类对自然资源的利用无可厚非，但必须坚持科学、合理、适度的原则。毕竟，"社会满足自身需要的可能性不但有赖于各种能源的可利用性，而且有赖于极为重要的第二个因素……能源是怎样被利用的"[①]。人们大多明白这个道理，故而在处理人与自然的关系时往往秉持尊重、顺应的原则，形成了合理利用自然、适度消费的生态价值观念。他们往往"根据自然资源的数量与季节，有选择性地控制对动植物资源的使用，合理发展生产满足人们的物质需要，形成了适量消耗动植物、适时利用自然资源、适度人口繁殖，使自然保持自我循环的生态观念"[②]。

一、合理利用自然资源

在长期的生产生活实践中，土家族先民探索自然、认识自然，形成了尊重自然、敬畏自然的观念，并根据生存环境和自然运行规律总结出了一套系统的、灵活的合理利用自然的生存智慧。土家族世代居住在高山深箐之中，山多田少，

[①] （苏联）E.费道洛夫：《人与自然：生态危机和社会进步》，北京：中国环境科学出版社，1986年版，第26页。

[②] 白葆莉、冯昆思：《论少数民族生态伦理思想与和谐社会建设》，《大连大学学报》2007年第2期。

需要顺应地势开垦梯田、设置灌溉系统，因而总结出了"山顶开田田自耕，山腰开路路同行""山腰放出水泉肥，木枧通流搁石矶。纵使炎炎天不雨，陂田如镜鹭鸶飞"①的经验。他们在山顶开田，在山腰开路，采用木枧灌溉的方式，解决了耕地、蓄水、引水、灌溉的系列问题，足见土家人合理利用自然的生态智慧。

永顺土家族油茶复合种养本身就是土家族人合理利用自然的典型案例。武陵山区永顺土家族人根据油茶的生长习性以及油茶林的立地环境、土壤、光照、湿度等条件，在油茶林中放养禽类、蜂类，在林下种植葛根、白及等药材，适度发展养殖、畜牧、种植经济。如此一来，不仅将油茶林地充分利用起来，而且丰富了油茶林地的生物多样性，发挥了油茶林在保持水土、维护生态环境等方面的积极作用。

在永顺地区，村民在油茶林中放养珍珠鸡、三黄鸡等禽类，蜜蜂等蜂类，因地制宜地发展林地养殖业。林地养殖是利用经济林、用材林等林地实施放养与舍饲相结合的养殖方法。林地养殖益处颇多，可在对林地实施种养业立体开发，减少林地害虫、抑制杂草丛生、培肥土壤，提高果园、林地单位面积的收入，解决农村部分剩余劳动力的就业问题，促进农民增收等方面发挥积极有效的促进作用。永顺地区油茶林林地资源丰富，主要包括老油茶林林地资源和新造油茶林林地资源两种类型。由于管护、修剪不到位等原因，有些老油茶林往往存在单株产量低、收益颇少的问题，因此，在老油茶林中适当放养禽类、蜂类，可以增强授粉，减少病虫灾害，达到"1+1＞2"的效果。在老油茶林中，针对油茶的生物习性，选择与之相适应的互补互促的家禽进行套养，发展林下养殖业，前景也是非常广阔的。

对新造油茶林而言，根据油茶幼苗的生长习性，发展间作更为合适。油茶幼苗生长需要充足的光照和水分，在新造林中套种红薯、西瓜、辣椒等低矮的粮食作物，不仅不会影响油茶幼苗的光照，还可以有效保持油茶林的水分，达到丰产的效果。除此之外，还可以在油茶林中套种葛根、铁皮石斛、白及等药用作物。

在永顺县石堤镇，村民们在合作社的带领下将油茶林发展为以铁皮石斛和白及等为主的林下药材基地，取得了较好的效果。铁皮石斛具生津养胃、滋阴清热、润肺益肾、明目强腰等功效，国际药用植物界称其为"药界大熊猫"，民间称作"救命仙草"，经济价值高。白及有较高的药用价值，收敛止血、消肿生

---

① （清）萬修廉修、张序枝纂：（同治）《续修永定县志12卷》，续修永定县志卷十。

肌的功效显著，具有广泛的市场需求。石堤镇村民们选择地形较平缓，长势好、郁闭度高的油茶林，发展林下药材种植。种植铁皮石斛时，在油茶林中将铁皮石斛幼苗的根部紧贴在粗壮的油茶树上，再用草绳一圈圈捆住，将它固定在树干上，最后在草绳的外层套上一层透气的网状塑料薄膜，控制好湿度。这种仿生态种植模式在客观上起到了充分利用林地空间，保护油茶林生态系统的效果。

永顺地区在油茶林中发展林下经济，已初见成效。据统计，永顺县现有100多个林下经济合作社，涉及23个乡镇，参与人数从刚开始不足千人发展到现在1.2万多人。在油茶林地发展"林禽""林种"的专业合作社有30多个。石堤镇国峰养鸡专业合作社正是依托四联村得天独厚的油茶林业资源，开展林下养鸡，现已带领30多户贫困户脱贫致富。总之，我们要大力发展林下经济，让农民"不砍树也致富"，引导农民从单纯利用林木资源向综合利用林地资源、生态资源和景观资源转变，"以短养长""以林护农"，将林下资源优势转化为市场优势，缩短林业经济周期，增加林业附加值。在保护森林生态系统的同时，促进农民增收，真正实现"百姓富，生态美"。

二、适度消费自然资源

党的十九大报告指出："人与自然是生命共同体，人类必须尊重自然、顺应自然、保护自然。人类只有遵循自然规律才能有效防止在开发利用自然上走弯路，人类对大自然的伤害最终会伤及人类自身，这是无法抗拒的规律。"[1]

人类存在于自然之中，从属于自然界。正如恩格斯在《自然辩证法》中所言："因此我们每走一步都要记住：我们决不像征服者统治异族人那样支配自然界，决不像站在自然界之外的人似的去支配自然界——相反，我们连同我们的肉、血和头脑都是属于自然界和存在于自然界之中的；我们对自然界的整个支配作用，就在于我们比其他一切生物强，能够认识和正确运用自然规律。"[2]作为万物的灵长，人并不能凌驾于自然之上，反而"人作为自然的、肉体的、感性的和对象性的存在物，同动植物一样，是受动的、受制约的和受限制的存在物，就是说，他的欲望的对象是作为不依赖于他的对象而存在于他之外的；但是，这些对象是他的需要的对象；是表现和确证他的本质力量所不可缺少的、

---

[1] 习近平：《决胜全面建成小康社会 夺取新时代中国特色社会主义伟大胜利：在中国共产党第十九次全国代表大会的报告》，北京：人民出版社，2017年版，第50页。
[2] （德）马克思、恩格斯：《马克思恩格斯文集》第9卷，北京：人民出版社，2009年版，第560页。

重要的对象"①。因为，作为生物体，为了维持生存，人必然要从自然界获取能量和进行物质循环。"自然性是人之为人的根本前提，感性的物质需要是人的基本需要，而消费则是满足人感性需要的基本行为，人们通过消费将自然物转化为个人需要的对象。所以从本质上讲，人们在消费过程中必须尊重自然，消费是尊重自然基础上的伦理行为。"②可见，人在利用、消费自然资源的同时，要把握度，做到合理利用，适度消费。

土家族适度消费自然的生态观念生动地体现在其生产生活实践之中。"土家人在赶仗时的种种规约、封山育林的条例、禁止在溪（河）边用药毒鱼等文化事象都体现了土家人合理利用自然资源的生态观。当人口过度增长而导致自然资源供应不足时，土家人选择迁徙以应对资源不足，调节生态平衡，并且将迁徙的辛苦历程以古老戏剧'茅古斯'的方式记录下来，以警示后人应存有'人口过度增长干扰生态平衡'的危机意识。"③

土家族有"赶仗"即集体围猎的传统。狩猎是人类早期生存和繁衍的重要手段。"赶仗"是土家族先民们猎取生活资料的重要手段。土家族长期生活在武陵山区，山多田少，物产有限，生活物资不足，"赶仗"成为补充生活物资的重要途径。"赶仗"不仅可以增加食物来源，还可以驱赶野兽，避免其对人畜、庄稼的侵袭。生活在深山密林之中的土家人，常常受到野猪、麂子、猴子、狼、老虎等禽兽的侵袭，庄稼屡遭破坏，偶尔伤及人命。在众多侵袭的禽兽中，属野猪的破坏性最大。野猪所到之处，轻则庄稼成片遭啃，重则人畜遭袭。野猪等野生动物繁衍速度很快，必须定期举行"赶仗"活动，将它们的数量控制在合理范围之内。清光绪《长乐县志》卷十二《风俗》载："山深林密，獐、兔、麂、鹿之类甚多，各保皆有猎户。"④土家族"赶仗"是有组织、有计划、有目的、有节制的狩猎活动，遵循着"保护为主，适当猎取"的原则，体现了土家族人对自然资源的适度消费。一般，在狩猎之前，参与狩猎的人会商议确定狩猎对象，并严格遵循着珍稀禽兽不捕、孕期禽兽不捕、幼崽幼禽不捕的原则。狩猎过程中，若有珍稀的、怀孕的、幼小的禽兽误入捕猎网，猎户会网开一面，放它们离开。狩猎结束，猎头会取一些猎物祭祀猎神——梅山神，以表示对大

---

① （德）马克思：《1844年经济学哲学手稿》，北京：人民出版社，2000年版，第105页。
② 刘轶凡：《中国生态消费伦理研究》，大连：辽宁师范大学硕士学位论文，2020年，第17页。
③ 车越川等：《土家族传统生态知识多样性表达及现代价值》，《铜仁学院学报》2015年第3期。
④ （清）郭敦佑再续纂：《长乐县志》，清光绪元年增刻本。

自然慷慨馈赠的感激之情。可见，土家族"狩猎并非不分种类与数量的无节制捕获，大量史料显示，土家族的赶仗通常划分区域，采取与轮耕同理的轮猎，赶仗的对象与数量事先明确，如根据上山赶仗的人数确定猎物的大致数量，如五爪动物须排除在外等，以保证自身与动植物的和谐共生，维持可持续发展"[①]。简言之，土家族"赶仗"不仅有助于保护农业生产的成果，而且在一定程度上有助于维护自然生态系统的平衡。

世代生活在高山深箐之中，土家族先民们很早就认识到了森林在维护生态平衡中的重要性。在土家族地区广泛流传着"山清水秀，地方兴旺；山穷水尽，地方衰败"的告诫之语，可以窥见土家族人对自然生态系统的重视。土家族人有自己的一套森林管护智慧，其中就包括封山育林制度。如第四章中所述，土家族地区对山林有自成体系的一套开山与封禁的制度与机制。

其实，湘西土家族苗族自治州各族人民有一些关于封山育林的习惯。"过去，自治州不少社队曾经采取过多种形式进行过封山育林，有的杀猪宰羊，聚餐订约，封山后凡有违犯公约者，就要按订约时的规模办一餐酒席，以示惩罚，有的拟文立据，订立乡规民约，实行连户、连村禁山。在封山的形式上，有插封山牌的，也有在封山的母树上图标记号的。"[②] 这些封山育林的传统智慧得到了武陵山区湘西土家族苗族自治州政府及林业主管部门的高度肯定和重视，被充分运用到林业管理之中。

1962年10月15日武陵山区湘西土家族苗族自治州制定的《湘西土家族苗族自治州林业发展纲要（草案）》在关于"林业建设的方针"中提出了"大搞封山育林"的要求。具体如下：

> 凡有条件飞子成林、封山育林的地区，应根据当地群众历年管山的习惯，充分讨论，"立款"插牌，把它全部封禁起来。通过封山，达到育林的目的。其主要对象是：有母树的采伐迹地、残林迹地、新造林及飞子幼林、水源林和水土保持林等。办法可全封、轮封或半封。要求全州在第三个五年计划内封山育林500万亩；第四个五年计划内

[①] 官长瑞、张迎：《土家族生态自然观的实践特点及启示》，《社会科学动态》2019年第4期。

[②] 彭诗隆：《试论封山育林对加速湘西土家族苗族自治州荒山绿化维护生态平衡的战略意义》，《湘潭大学自然科学学报》1982年第1期。

封山育林600万亩。要注意留好牧场，使林牧各得其所。①

1987年11月9日湘西土家族苗族自治州印发的《全州林业工作会议纪要》中就"关于森林采伐限额问题"作出如下规定：

> 森林采伐限额包括商品木材、企业加工用材和地方用材、乡村和群众自用材、商品薪炭柴和生产木耳、香菇等消耗的林木资源（指直径6厘米以上的木材），会议认为以上都应纳入年森林采伐限额之内。一九八八年全州限额采伐量为15万立方米，其中商品材10万立方米，民用材5万立方米。州下达到各县市的年采伐限额计划，任何单位和个人不得以任何理由突破。采伐限额必须逐级限制，由上一级主管部门监督，防止层层加码。严禁在林木采伐上乱开口子，乱批条子。
>
> 严禁收购杉木棒（除间伐材）、杂木棒，州内所需木炭，由计委下达生产计划，林业部门指定地点组织生产，供销部门组织收购供应。在今后，主伐商品木材计划只下达到国营林场、重点林区乡（10万立方米以上）和乡林场，其他乡只下达适量的自用材计划，自用材由乡政府掌握，村组及农户所需生产生活用材，乡政府根据森林资源情况，发给采伐证，并由护林员监督采伐。计划指标，不准搞平均分配。②

在1988年11月15日发布的《中共湘西土家族苗族自治州委员会、湘西土家族苗族自治州人民政府关于五年消灭荒山，十年绿化全州的决定》中第四条"封山育林，封山护林"明确规定：

> 凡有母树、残林等具备天然更新条件的林地，一律实行封山育林，全州计划封山育林700万亩，分别情况实行全封、半封和轮封。铁路公路沿线、溪河两岸、水库周围、水土流失地区、高山陡坡等凡具备封山条件的都实行封山。对所有的封山，做到有设计、有面积四至、有负责人员、有标志、有防火措施。凡新造幼林地和现有林地全部实

---

① 湘西土家族苗族自治州地方志编撰委员会：《湘西土家族苗族自治州丛书：林业志》，长沙：湖南出版社，1994年版，第305页。
② 湘西土家族苗族自治州地方志编撰委员会：《湘西土家族苗族自治州丛书：林业志》，长沙：湖南出版社，1994年版，第337-338页。

行封山护林。①

这些封山育林的办法效果显著。据20世纪80年代的统计："这些封山办法都曾收到过良好的效果，有的甚至比人工造林效果还好。如龙山县城郊区，从一九六四年开始，全区十一个公社，社队都订立了封山育林公约，十七年来，他们像抓粮食生产一样狠抓封山育林，使当时濒于毁灭的森林得以更新。现在全区48万亩林业用地，已经绿化了80%，而且有近30万亩郁闭成林，其中用材林20万亩，森林蓄积量达30多万米。"②

永顺地区的封山育林传统是在长期的生产生活中总结出来的适度消费自然资源的宝贵经验。该地区乡民深知，"取之于林"就要"封山育林"，在消费自然资源时坚持适度的原则，给予森林生态系统自我修复的时间和空间。如此，才能保持人与自然资源之间的有效互动与良性循环，保障自然生态系统持续健康发展。

---

① 湘西土家族苗族自治州地方志编撰委员会:《湘西土家族苗族自治州丛书:林业志》，长沙：湖南出版社，1994年版，第345页。
② 彭诗隆:《试论封山育林对加速湘西土家族苗族自治州荒山绿化维护生态平衡的战略意义》，《湘潭大学自然科学学报》1982年第1期。

第三章 PART THREE
永顺油茶林复合系统的认知体系

永顺油茶林复合系统产生于地处云贵高原向江汉平原过渡地带的武陵山区腹地。这里山高坡陡，地表崎岖不平，大部分地区不适合发展大田农业。这里的先民靠山护山养山用山，依靠历史积淀的生存智慧，采取宜农则农，宜林则林，宜牧则牧，宜渔则渔的多业态经营的民族生计方式，实现了人与自然的和谐共生。湖南永顺油茶林复合系统是人与自然、文化与物种经过不断试错、动态适应、协同演化后形成的，包含一套成熟的对油茶植株、伴生植物、动物等物种生物属性的认知，油茶林复合系统生态功能的认知，人林共生关系的认知。该认知体系开启了油茶林复合系统综合利用的第一步，也是创新利用油茶林的基础环节。

第一节 永顺油茶林复合系统的生物物种认知

永顺油茶林复合系统的生物物种认知包括油茶植株的物种认知及其伴生动植物的物种认知。

一、油茶植株的物种认知

关于油茶物种的认知主要包括油茶的生物属性认知和油茶植株的生物认知两个方面。

（一）关于油茶的生物属性

关于油茶的称谓、形态以及榨油食用、燃灯的功能在古籍文献中早有记载。在浩瀚的历史文献中，油茶的称谓颇多，诸如"南中茶子""南山茶""梣""楂"

"油茶树""茶油树""茶子树""茶梨树""茶树""山茶""茶""槮"等。①明代徐光启的《农政全书》中有"楂木生闽广江右山谷间,橡栗之属也。实如橡斗,斗无刺为异耳。斗中函子,或一或二或三四,甚似栗而壳甚薄。壳中仁皮色如榧,瓤肉亦如栗,味甚苦,而多膏油"②的记载,对油茶的立地环境、油茶籽的生物属性有较为全面的记载。

油茶的立地环境为次生堆积层,主要生长在山坡上和山谷间。在中国,油茶主要分布在湖南、江西、广西、湖北、贵州、云南、四川等省份。因此,文献中对油茶生长于"楂木生闽广江右山谷间"的记载是真实可信的。

油茶是生长在亚热带常绿阔叶林森林生态系统中的下沉小乔木或灌木,材质坚硬。对此,我们可以从大量方志中得到印证。"槚,《说文》楸也,《左传》树吾墓槚,一作榎叶,类茶,而厚硬,树丛生不大,柯干坚,致烧炭,耐久,子榨油,曰茶油。"③"槚"实为"茶"之异名。油茶树"丛生不大"即指在自然生态系统中的油茶树是低矮的小乔木或灌木形态。

油茶经不起暴晒,以散射光为宜。宋子安在《东溪试茶录序》中载:"茶宜高山之阴,而喜日阳之早。"④因此驯化管护油茶要遵循这一生物属性。油茶籽像橡栗果实,因含有毒蛋白和单宁酸而味道苦。在榨油的过程中,油茶籽经过暴晒与高温烘烤,所含的毒蛋白凝固并失去活性,单宁酸逐步净化脱毒。因此,压榨出的茶油完全健康、无苦味的。茶油富含不饱和脂肪酸,营养价值十分丰富,为民众所喜爱。

(二)关于油茶植株的生物认知

油茶是我国南方亚热带地区的小乔木或灌木,根系发达。油茶是主根发达的深根性树种,主根最深可达 1.5 米,细根密集范围为 10~35 厘米。在亚热带地区,油茶根系一般在二月中旬开始萌发,三四月间出现第一个生长高峰,九月花芽分化、果实停止增长以后,开花之前,出现第二个生长高峰。油茶根系具有强烈的趋水性和趋肥性,也具有较强的愈合力和再生能力。

油茶的芽有顶芽、腋芽和叶芽、花芽的区别。顶芽一般是 1~3 枚,多达 10

---

① 叶静渊:《我国油茶史迹初探》,《农业考古》1993 年第 1 期。
② (明)徐光启原著,朱维铮、李天纲主编:《徐光启全集》(第七卷),上海:上海古籍出版社,2010 年版,第 829 页。
③ (清)于学琴修,宋世煦纂:(光绪)《耒阳县志 8 卷》卷七之五,清光绪十一年刊本。
④ (唐)陆羽原著,王艳军主编:《茶经》(第二册),北京:线装书局,2016 年版,第 603 页。

多枝，中间一枚是叶芽，外形瘦长；其余为花芽，外形肥大。油茶的顶端优势明显，顶芽萌发率最高，生命力最强。油茶芽的数量和质量受到植株立地的水肥条件、树冠所处部位等因素的影响。通常来说，立地条件好，水肥充足，则芽多而壮；树冠上部的芽比中、下部的芽健壮，树冠外围的芽比内膛的芽健壮。在亚热带地区，油茶叶芽三月开始萌动，五月上旬至九月下旬完成从花芽原基出现到分化完全的过程。一般来说，五月上旬花芽原基出现，五月底六月初花被原基出现，六月底七月初雄蕊原基出现，七月初八月中下旬雌蕊原基出现。而且，一个植株，一个林分的花芽分化时间是先后不一的，因此花朵开放也有先后差异。

油茶的枝梢有春梢、夏梢、秋梢三种类型。幼苗期，当水肥条件合适时，往往三者兼有；成年油茶树，则主要抽发春梢。在亚热带地区，油茶春梢三月中旬开始萌发，五月上旬基本结束生长，萌发后的第二三十天生长速度最快。夏梢六月上旬开始萌芽，七月上旬结束生长，萌芽后的十五至二十五天生长速度最快。秋梢九月上旬开始生长，十月中旬基本结束。油茶叶片大小和数量多寡与花芽分化和坐果率密切相关。一般来说，单枝具有三片以上的叶子才能形成花芽，进而开花结果；全株每果平均有15~20片叶子才能保证稳定均衡生长。在幼苗阶段，春梢、夏梢、秋梢具有建设树冠的积极作用，应保留并促进其生长，以增加叶面积，为早结果早丰产奠定基础。在成年阶段，营养生长和生殖生长并存，春梢是开花坐果的枝条，应予以保留；夏梢一般不能孕蕾结果，可以适当修剪。

油茶花是两性花。一般十月中旬开始开花，十一月为盛花期，十二月下旬开花结束，少部分延至第二年二月开放。一天之中开花时间为9：00—14：00，其中11：00—13：00最盛。一朵花的生命周期是6~8天，一树花全开需40~60天。油茶是虫媒、异花授粉的树种。花粉的传播受到气温、雨水的影响较大，低温影响昆虫活动、冻伤花器，影响花粉在柱头上发芽和花粉管伸长速度。雨水冲淡柱头液，影响花粉传播和发芽。一般盛花期日均气温在8℃以上的晴天或无雨阴天就可授粉受精。油茶花主要靠昆虫授粉，地蜂、大分舌蜂、中华蜜蜂、排蜂、毛足花蜂、切叶蜂、小花蜂、黄条细腰蜂、果蝇、肉蝇、麻蝇等均可为其授粉。

油茶花授粉受精后，子房略有膨大，十二月中旬以后因气温过低而进入休眠期，三月气温回升，幼果继续生长，四至八月果实体积快速增长，十月中下旬成熟。果实成熟的过程也是油脂的转化和积累的过程。八月份油茶果含油率在30%以下，九月份油茶果含油率在37%~55%，十月初油茶果的含油率则达到

57%以上。①

成熟的油茶果实大小不一，大者果实直径达 2~3 厘米，小者果实直径在 1 厘米以下。对此，历史文献中有颇多记载。清乾隆《桂平县志》载："茶油，茶树之实，大如梨，压之为油。"②清康熙《宁化县志》载："茶树，有大小二种。大者，高丈数尺，实大如雪梨；小者，高六七，尺实大如栗。皆剥其粗房，取仁笮油。"③清道光《辰溪县志》载："油茶，树类山茶，九十月开花，年周摘实，大如鸡卵，有红白二种，山人取以榨油，名茶油。"④"油茶树，实如鸡卵。初生，皮青，熟则皮裂，而白中空，无核，味甘可啖。油茶，树类山茶。九十月开花，年周摘实，大如鸡卵，有红白二种，山人取以榨油，名茶油。"⑤上文中油茶果"大如雪梨""大如鸡卵"之言在永顺油茶林农复合系统的遗产地核心区得到印证："长光村依旧存有超过百年的大片茶树，树龄最高者已超过六百年，且这棵树所结果子较其他茶果直径长 2 厘米，据当地村民介绍出油率也较其他年龄茶树高。"⑥值得注意的是，油茶果实大小有别，除了地方品种差异之外，还与修剪管护是否适度到位密切相关。一般来说，修剪管护适度到位，所产果实较大且产量较高，修剪管护不到位或失误，所产果实较小，甚至不结实。

以上引文中"年周摘实"的认知和田野调查证实，油茶具有花果同株同季的生物特性。认识到油茶的这一属性，对合理规划和适时采收油茶果具有重要的指导作用。在生产实践中，遵循这一生物特性，可以有效保障油茶籽的成熟度和出油率。

如上述文献记载的一样，油茶花的颜色有红、白两种。⑦云南与广西等地盛产大果红花油茶，而武陵山区的油茶以白花为主。清嘉庆《龙山县志》载：

---

① 何方：《油茶》，北京：经济管理出版社，1997 年版，第 22-29 页。
② （清）吴志绾修，黄国显纂：(乾隆)《桂平县志 4 卷》目录，清乾隆三十三年刻本。
③ （清）祝文郁修，李世熊纂：(康熙)《宁化县志 7 卷》卷二，清同治八年重刊本。
④ （清）徐会云修，刘家传纂：(道光)《辰溪县志 40 卷》卷三十七，清道光元年刻本。
⑤ （清）徐会云修，刘家传纂：《辰溪县志》卷三十七，清道光元年刻本。
⑥ 鲁明新：《当代武陵山区油茶产业衰落的社会成因探析》，吉首：吉首大学硕士学位论文，2018 年。
⑦ （清）赵文在原本，陈光诏续修：《长沙县志》风土，清嘉庆十五年刊二十二年增补本。

"油茶,高丈许,叶稍粗,全类滇茶。十二月开白花,结实可榨油,名茶油。"①清道光《永州府志》曰:"油茶树花开初冬,雪白娟好,微有香气。茶子树连山亘野,弥望如荠树,高八九尺,状如山茶花,白蕊中。"②清乾隆《辰州府志》载:"油茶,高丈许,叶稍粗,余类汁茶。十二月开白花,结实可榨油,名茶油。"③清嘉庆《长沙县志》载:"山茶,叶似洋茶,白花单瓣,结子笮油,曰茶油,可食。"油茶花的颜色与油茶的品种、立地环境、光照条件密切相关。

油茶果或叶感染真菌后容易发生变异,生成茶苞。对此,典籍、方志中亦有记录。清同治《保靖县志》载:"茶苞生茶油树上,附叶旁缀。茶子居左,苞则居右。皮间青红,茹白浮如绵,中空,食之淡无味。又一种曰茶子树,高丈许,滇茶,十二月开白花,旁茁茶苞,结实可榨油,名茶油。"④清同治《石门县志》载:"茶油,叶如茗,而较厚实,似牛乳。九月采折(摘),曝子(籽),打油。甚佳。"⑤上述文献中描述了茶苞的生长位置、颜色、形态、食用价值与味道。

二、伴生植物的物种认知

杉木、松木、柏木、楠木、椿树等树种是永顺地区广泛种植的树种,也是永顺地区油茶林中常见的伴生树木。1956—1957年,第一次森林资源调查时,湘西州的活立木总蓄积量为2 795.48万立方米,占全省总蓄积量的9.9%,基本上是天然林。在总蓄积量中,马尾松占75.4%、杉木占15.8%、柏木占4.1%、阔叶类占4.7%。⑥1984年,"永顺县森林覆盖率为35.9%,森林蓄积为355.8万立方米。其中杉木37.89万立方米,马尾松137.2万立方米,杂木43.0万立方米,柏木10.0万立方米"⑦。

---

① (清)缴继祖修,洪际清纂:《龙山县志》卷九,清嘉庆二十三年刻本。
② (清)隆庆修,宗绩辰纂:《永州府志》卷七上,清道光八年刊本。
③ (清)席绍葆修,谢鸣谦纂:《辰州府志》物产考下第十六,清乾隆三十年刻本。
④ (清)林继钦修,袁祖绶纂:《保靖县志》卷三,清同治十年刻本。
⑤ (清)林葆元修,申正扬纂:《石门县志》卷四,清同治七年刊本。
⑥ 湘西土家族苗族自治州地方志编撰委员会:《湘西土家族苗族自治州丛书:林业志》,长沙:湖南出版社,1994年版,第21页。
⑦ 陈定国:《湘西永顺县主要森林土壤肥力与林木生产力》,《中南林业调查规划》1984年第4期。

杉木[Cunninghamia lanceolata(Lamb.) Hook.]在植物分类学上属杉科杉属，又名杉模、福州杉、刺杉、沙木、正杉。杉木是常绿、针叶乔木，高可达 40 多米，胸径达 1~2 米。杉树树皮为棕褐色，裂成长条片状脱落，内皮为淡红色。杉树幼树树冠呈尖塔形，大树树冠呈锥形或卵圆形。杉木是雌雄同株的单性树种。雄球花簇生在侧枝顶部，圆锥状长圆形，每雄蕊有三个花药；雄花枝多着生在树冠下部。雌球花单生或两三个簇生在侧枝顶，呈圆卵形或长圆形；雌花枝多生于树冠上部，中部多为两性花枝。①杉木用途十分广泛，有"万能之木"的美誉。中国素有"北松南杉"之说，"杉"即杉木。杉木是南方地区广泛种植的树种之一。因其种植面积十分广泛，故在中国南方地区被视为"正宗木材"，而将其他木材称为杂木。杉木具有生长快，材质好，用途广，周期短，繁殖易等特点，无论插条、实生苗或萌芽更新都易成林成材。

湘西州境自然环境很适宜杉木生长。"在湘西一带，共有 3 科、6 属大约 10 种木本植物被称为'杉树'"，具体包括水杉树、喜杉树、细杉树、白头杉、粗喜杉、红豆杉、野杉树等。杉木用途非常广泛，可以用作建材、家具、农具、棺材、交通工具、药用、薪柴等。②永顺县的杉木林集中分布在 800 米以下山坡中、下部，以黄红壤、黄壤，红色石灰土为主要生存土壤。杉木是速生树种，侧根发达，在 60 厘米根系区内，表层及下层养分均较高，以满足杉木速生需要的养分。③杉木在湘西州各县市均有分布。据 20 世纪 50 年代第一次森林资源调查统计，湘西州境内杉木林面积达 62.39 万亩，占州内林分总面积的 14%；蓄积量 442.67 万立方米，占总蓄积量的 15.8%。在各县市中，杉木蓄积量最多的是永顺县，有 126.22 万立方米，占全州杉木总蓄积量的 28.5%。④据田野调查，永顺小溪自然保护区有直径约 1 米、高 20 米的杉树。永顺县杉树王如图 3.1 所示。

---

① 俞新妥：《杉木》，福州：福建科学技术出版社，1983 年版，第 20 页。
② 陈功锡等：《湘西地区林木资源及其文化与应用》，《吉首大学学报》（自然科学版）2015 年第 2 期。
③ 陈定国：《湘西永顺县主要森林土壤肥力与林木生产力》，《中南林业调查规划》1984 年第 4 期。
④ 湘西土家族苗族自治州地方志编撰委员会：《湘西土家族苗族自治州丛书:林业志》，长沙：湖南出版社，1994 年版，第 23-24 页。

图 3.1 永顺县杉树王（图片由湘西州林业局干部彭晖 2021 年 9 月 15 日拍摄和提供）

松树。永顺地区的松树以马尾松为主。马尾松（Pinus massoniana Lamb.），在植物分类学上属松科（Pinaceae）松属（Pinus）双维管亚属（Subgen. Pi-nus）的一种。俗名山松、青松、枞树、刺松、枞柏。松树具有更新容易，生长快、适应性强，耐干燥和瘠薄、寿命长等特点，是我国南方地区重要用材树种和造林先锋树种，也是我国西南亚热带湿润地区分布最广、资源最丰富的用材树种之一。马尾松喜酸，适宜在质地较轻的松砂土和壤质土中生长。马尾松是典型的常绿乔木，树高可达 40 多米，胸径达 1 米左右。马尾松树皮呈红褐色，下部灰褐色，深裂成不规则的鳞状厚块片。针叶二针一束，偶见三针或一针一束，鲜绿色，细长柔软，长 10~20 厘米。花单性，雌雄同株，雄球花黄色，卵状圆柱形，外面有苞片一枚，膜质，栗褐色，披针形。[①]

马尾松天然更新能力特别强，是湘西州内主要乡土用材树种和更新造林的先锋树种。马尾松在湘西州的面积最大，蓄积量最多，分布最广，所有的县、乡、村均有生长。据民国二十九年（1940）湖南省农业改进所调查，湘西州境内马尾松蓄积量约 7 644.3 万株，估计为 2 000 万~2 500 万立方米。1955 年第一次调查时，马尾松蓄积量为 2 108.98 万立方米，占森林总蓄积量的 75.4%，

[①] 安徽农学院林学系：《马尾松》，北京：中国林业出版社，1980 年版，第 6 页。

林分面积338.87万亩，林分蓄积量1 520.08万立方米，分别占林分总面积和总蓄积量的76.0%和74.7%。在各县市中，马尾松蓄积量最多的是永顺县，有513.51万立方米，占全州马尾松总蓄积量的24.3%。①

柏木（Cupressus funebris Endl），又名柏树、柏香树、柏枝树、线柏，系常绿乔木。幼木树皮为红褐色，叶为刺状。老树树皮为灰褐色，树叶呈鳞状，鳞片交互对生。小枝扁皮，呈圆柱形或方柱形，细长，下垂。柏树雌雄同株，球果隔年成熟，果柄细长而长屈曲。种鳞4对，瓜部自尖头，每果鳞表面有卵状的小突起，其下有6粒种子。②柏木属高大乔木，具有质地坚硬，抗风力、适应性强等特点。柏木喜钙林地。柏木根系较浅，且贯穿能力较强，适宜在薄土中生长。因此，柏木林地土层厚、薄对林木生长影响不大。③

湘西州有着悠久的柏木栽培历史。在全州各县、市均有分布，以石灰岩和白云岩地区最多。20世纪50年代，湘西州有柏木林22.39万亩，活立木蓄积量113.49万立方米，居全省之首。1958年后，柏木林受到破坏，营造新林很少。至70年代森林资源调查时，柏木林分面积只有19.5万亩，蓄积量锐减到39.73万立方米，但仍居全省之首。此后，由于调整政策，加强领导，柏木面积迅速扩大，蓄积量逐渐恢复。80年代，全州柏木林分面积增加到50.38万亩，蓄积量上升为61.28万立方米，分别占全省总量的58.8%和49.5%，仍位居第一。④

楠木，又名楠树、桢楠，是对樟科楠属和润楠属各树种的统称。楠木是质地坚硬的高大乔木，成熟时高达30多米。"楠，一作枏，白花成簇，材可为栋。"⑤楠木品种繁多，有香楠、金丝楠、水楠诸种。清乾隆《辰州府志》卷十六《物产考》载："枏（楠木）……其名甚多，辰郡有香枏（楠）、黄楠、牛舌楠、猪□楠、滑楠之称，香者为佳。旧日各厅邑最多，以采伐者众，今则深山穷谷不数见，亦鲜有香者。"⑥湘西州境内楠木品种很多，永顺县有白楠、香楠，凤凰县有香楠、黄楠，龙山县有桢楠、花楠、香楠、黄楠、润楠、竹叶楠。楠木，

---

① 湘西土家族苗族自治州地方志编撰委员会：《湘西土家族苗族自治州丛书：林业志》，长沙：湖南出版社，1994年版，第24-25页。
② 蔡霖身等：《柏木造林速生技术》，成都：四川科学技术出版社，1993年版，第1-2页。
③ 陈定国：《湘西永顺县主要森林土壤肥力与林木生产力》，《中南林业调查规划》1984年第4期。
④ 湘西土家族苗族自治州地方志编撰委员会：《湘西土家族苗族自治州丛书：林业志》，长沙：湖南出版社，1994年版，第25-26页。
⑤ （明）陆柬纂修：《宝庆府志》卷三（下），明隆庆元年刻本。
⑥ （清）席绍葆修、谢鸣谦纂：《辰州府志》，清乾隆三十年刻本。

木赤者材坚,木白者材脆。湘西州境内楠木遍布沟谷两旁,以利川润楠、桢楠、山楠、竹叶楠居多,其中,永顺、古丈等地有成片分布。

楠木是常绿乔木,高可达16米至50米不等,胸径最高可达5米。"幼枝和幼叶密生褐色绒毛。单叶互生,革质,倒披针形或倒卵形,长 8~24 厘米,宽 4~9 厘米,先端短尾尖,偶为渐尖,基部楔形。圆锥花序腋生,密被淡棕色绒毛;花两性。核果卵圆形,长约8毫米,基部为宿存的杯状花被管所包;果柄有绒毛;花期5~6月;果期9~10月。"①楠木质地紧密,性质稳定,不翘不裂,经久耐用,是上等珍贵用材树种,可用于制作家具、船舶、军工、车辆、雕刻、精密木模、精密仪器和高级胶合板等。历代重要建筑以楠木为贵。自明清至民国初期,湘西州境内各县市均有楠木分布,以永顺、桑植、龙山、大庸居多。永顺地区的香楠多次作为贡品进献给朝廷。根据清乾隆《永顺县志》卷一《图象志》的记载,明"(正德)十三年(1518),(彭)世麟献大楠木四百七十。子明辅亦进大木备营建。诏世麟升都指挥使,赏蟒衣三袭,仍致仕;明辅授正三品散官,赏飞鱼服三袭,赐敕奖励,仍令镇巡官宴劳之"②。

除了这些高大乔木之外,在永顺油茶林农复合系统中,生长或种植于油茶林下、油茶苗地中的农作物也是油茶林伴生植物的重要组成部分。一般而言,油茶林地"土壤酸性、贫瘠、易板结,春季多阴雨、夏季多暴雨、秋冬季多干旱,成林树冠底部距地空间少"③,因此,在选择林下种植的植物类别和品种时需要遵循五个原则:"不与油茶竞争地面上层空间,不宜间种乔木、高大果树、藤本植物、高秆作物,果树、观赏林木或经济林木可作纯林隔离带栽培;不与油茶争地下空间,不宜种深根植物;不能种植与油茶有较多的共生病虫害植物;不宜种植块根块茎繁殖快或分蘖力强,易转变为恶性杂草的植物;宜选种矮秆、抗倒、抗病、耐旱、耐热的草本植物,选择豆科植物在改良土壤、培肥地力等方面有很好的作用。"简言之,在油茶林"幼林期,根据地形及灌溉条件,可种植喜光的蔬菜、中药材;在成林后,可种植耐阴、抗旱的牧草、饲料蔬菜、中药材"④。到目前为止,永顺地区油茶林中套种的葛根、红薯、辣椒、西瓜等作物,是符合上述要求的。

葛[Pucraria montana var. Lobata(Willdenow)Maesen&S.M.Almeida ox sanjappa&predeep]别名葛根、野葛、葛藤、绵葛藤、甘葛、苦葛、粉葛等,系

---

① 吕游翁:《神秘的金丝楠木》,天津:天津科学技术出版社,2018年,第12页。
② (清)黄德基修,关天申纂:《永顺县志》卷一,清乾隆五十八年刻本。
③ 邓三龙、陈永忠:《中国油茶》,长沙:湖南科学技术出版社,2008年版,第266页。
④ 邓三龙、陈永忠:《中国油茶》,长沙:湖南科学技术出版社,2008年版,第266页。

豆科蝶形花亚科葛属多年生落叶藤本植物,主产于亚洲热带和亚热带地区。葛根"植株全体密生棕色粗毛。茎基部粗壮,余部多分枝,长达数米。叶互生,有长柄,托叶盾形,小托叶针形;小叶三片,顶端小叶较大,菱状卵形,长 5.5~19 厘米,宽 4.5~18 厘米,先端渐尖,基部圆形,边缘有时三波状浅裂,侧生小叶一对较小,斜卵形,两边不相等,背面苍白色,呈粉霜状,两面均被白色伏生短柔毛。葛的块根称葛根,圆柱状,肥厚,外皮灰黄色,内部粉质,纤维性很强。单株块根重可达数千克至数十千克"①。中国是葛属植物的主要分布区之一,主产于湖南、江西、浙江、河南、广东、广西、四川、云南等省区。葛藤喜阳,喜温暖湿润环境,在海拔 100~2000 米的山区常常成片垂直分布。葛藤对立地环境,尤其是土壤的要求不高,以深厚腐殖土层和沙质土壤为佳,但也可扎根于石缝、荒坡以及喀斯特熔岩区。葛藤喜攀附,常以高大灌木或乔木为攀附物。

葛根食用和药用价值都很高,有"亚洲人参"的美称。葛藤全身是宝,"嫩叶可以炒食或做汤吃;块根可制成淀粉煮吃或制作凉粉,葛根用水浸泡后也可直接蒸食;葛藤的韧皮纤维可作为纺织纤维原料,也可制作地毯、麻袋、帷幕之用;葛花是名贵药材,也是珍贵的蜜源;葛渣富含优质纤维,是高档造纸原料;同时,由于它生长时形成的郁闭度高,能较快地全面覆盖地表,所以可作为改造石山、荒坡、保持水土的理想覆被植物,在生态恢复中,是最佳的先锋物种"②。在油茶林中套种葛藤,不仅可以有效实现上述经济价值和生态价值,而且可以利用葛藤的"郁闭度高,能较快地全面覆盖地表"的特点来保证油茶植株的水分和营养供应,助力新造油茶林的持续生长。

三、伴生动物的物种认知

湘西州境内森林动物种类丰富。根据民国《永顺县志》卷十一《物产》的记载,民国时期永顺县的鸟类有"鸡、鸭、鸽、鹅、燕、雁、野鸡、稻鸡、黄莺、杜鹃、鸬鹚、斑鸠、鹳鸽、鸂鶒、鹭、水鸟、鸪、鹁鸪、鸳鸯、鹊、雀、鹗、鸟、枭"诸种,兽类有"牛、马、猪、羊、犬、猫、驴、虎、豹、熊、鹿、猴、猿、麂、猬、狐、狸、猲、兔、鼠、田鼠、飞鼠、野马、野牛、穿山甲"诸种。③

---

① 刘英汉等:《葛的栽培与葛根的加工利用》,北京:金盾出版社,2002 年,第 1 页。
② 杨秋萍:《先秦农艺中的植葛》,《农业考古》2017 年第 6 期。
③ (民国)胡履新修,鲁隆盎纂:《永顺县志》卷十一《物产》,民国十九年铅印本。

20世纪90年代，据湘西州林业局的调查，湘西州境内"脊椎动物有199种，占全省脊椎动物总数的78%。其中兽类55种，分属8目21科，属东洋界的40种，古北界的15种；鸟类79种，分属9目23科，其中留鸟65种，夏候鸟14种；爬行类26种；两栖类19种"①。其中，兽类有"中菊头蝠、蝙蝠、普通伏翼蝠、猕猴、穿山甲、豺、狐、狼、貉、华南兔、赤腹松鼠、长吻松鼠、黄胸鼠、大足鼠、杜鼠、巢鼠、针毛鼠、豪猪、南野猪"②等55种；爬行类动物有"地龟、鳖、蓝尾石龙子、石龙子、堰蜓、腹鳞蝮蜓、北草蜥、南草蜥、平鳞钝头蛇、黑眉锦蛇、黑背白环蛇、锈链游蛇、草游蛇、翠青蛇、斜鳞蛇福建亚种、斜鳞蛇中华亚种、花尾斜鳞蛇、乌梢蛇、金环蛇、银环蛇、竹叶青、五步蛇"③等26种；两栖类动物有"大貌（娃娃鱼）、小角蟾、峨眉角蟾、小口拟角蹼、峨眉髭蟾、大蟾蜍华西亚种、大蟾蜍中华亚种、华西雨蛙、棘腹蛙、日本林蛙亚种、泽蛙、绿臭蛙、黑斑蛙、花臭蛙"④等19种。上述动物中，有不少是国家重点保护的珍稀动物。⑤

土家族地区的鸟类种类繁多，最常见的有"鹳、鹊、雀、鸠、鹰、莺、燕、百舌、啄木鸟、鹧鸪、杜鹃、雉、白头翁、雁、鹦鹉、孤鸡、鹌鹑、鸤鹞、鹦、鸢、鹭、布谷、信鸟、画眉、竹鸡、秧鸡、白鸡、严鸡、锦鸡、鸽、鸥、黄鹂"⑥等。永顺地区油茶林中常见的鸟类有鹊、雀、鸠、锦鸡等。

第二节 永顺油茶林复合系统的生态功能认知

关于永顺油茶林农复合系统的生态功能认知主要体现在生物多样性功能、保持水土功能、碳汇功能3个方面。

---

① 湘西土家族苗族自治州地方志编撰委员会：《湘西土家族苗族自治州丛书：林业志》，长沙：湖南出版社，1994年版，第39页。
② 湘西土家族苗族自治州地方志编撰委员会：《湘西土家族苗族自治州丛书：林业志》，长沙：湖南出版社，1994年版，第39页。
③ 湘西土家族苗族自治州地方志编撰委员会：《湘西土家族苗族自治州丛书：林业志》，长沙：湖南出版社，1994年版，第39页。
④ 湘西土家族苗族自治州地方志编撰委员会：《湘西土家族苗族自治州丛书：林业志》，长沙：湖南出版社，1994年版，第39页。
⑤ 湘西土家族苗族自治州地方志编撰委员会：《湘西土家族苗族自治州丛书：林业志》，长沙：湖南出版社，1994年版，第39页。
⑥ 王高飞：《清代土家族地区改土归流对野生动物变迁的影响初探》，《三峡论坛》2013年第5期。

一、生物多样性功能

生物多样性是"体现群落结构和其功能复杂性的重要指标之一，是一定的时间和范围内所有物种与其遗传变异和生态系统复杂性的总称"[①]。生物群落及生态系统的多样性特征主要体现在物种种类多样性、物种均匀性、结构多样性、生化多样性四个方面。从学理上来看，农林复合生态系统的生物多样性要远远高于单作系统："生物多样性的原理保证了复合系统在稳定性、生产力上要高于单作系统，同时由于农林复合生态系统改善了生态环境，这有助于与其相邻的生态系统提高生物多样性。"[②]因此，生物多样性是评价森林生态系统的一项重要指标。它不仅可以综合反映一个森林生态系统内物种的丰富性和均匀性，还能体现森林群落的结构类型、稳定程度、生境差异。生物多样性在维持森林生态系统平衡方面发挥着举足轻重的作用。油茶林生态系统是永顺地区森林生态系统的重要组成部分，它的生物多样性功能主要体现在油茶林区的生物多样性和油茶林周围坡面的生物多样性两个方面。

（一）油茶林区的生物多样性

复合经营的油茶林是一个自成体系的、稳定的生态系统。在复合经营的油茶生态系统中，具有经济价值的乔木、灌木和草本作物形成了多层次的复合的人工林群落，保持着一定的生物多样性。永顺地区的油茶林主要有老油茶林和新造林两种类型。两者在生物多样性方面存在较大差异。

经过多年的生长演化，老油茶林已经自成一个相对完整的生态系统。在老油茶林生态系统中，油茶林林下群落结构主要为灌木层、草本层。灌木层主要有油茶树、粗叶榕、地桃花、展毛野牡丹、葛、桃金娘、野牡丹、牛白藤等植被，草本层主要有乌毛蕨、海金沙、五节芒、小蓬草、叶下珠、乌蕨、雀稗、白茅、红根草、阔叶丰花草、藿香蓟等植被。环境对灌木层与草本层的影响程度是存在一定差异的。具体而言，"环境对物种多样性的影响特别是对草本层植物种类的影响较为明显，在杉木林中，随着郁闭度的增加，草本植物多样性始终处于增加的状态，而灌木层则不然，因为光照对于林下植被的种类特别是草本层植物的种类是重要的影响因子，灌木层植物一般为需光的先锋物种，当光

[①] 夏莹莹：《广西油茶人工林植物多样性及其碳贮量研究》，哈尔滨：东北林业大学博士学位论文，2020年，第2页。

[②] 马利强：《农林复合系统可持续经营研究》，北京：北京理工大学出版社，2012年版，第39页。

照减弱，郁闭增加时，一些阴生的草本植物占主导"①。

老油茶林一般具有通风、透光的特性，相较于其他常绿阔叶林更适合伴生动植物的生长，故而其保持生物多样性的效果更为显著。喜好阳光的菊科、禾本科、十字花科、蓼科、百合科、苋科草本植物都能在老油茶林中找到适合的生存之地，雉形类、啮齿类动物也能在老油茶林中找到栖息之所。在众多伴生动物之中，最具有经济价值的是竹鼠、飞鼠、刺猬。同时，大量鼠类的栖息也会引来猛禽鸟兽的捕食。老油茶林中需要定期引进牛、羊、鸡等家畜家禽。如此一来，油茶林中的农林牧物种也变得丰富起来。油茶林俨然成了一个极具生物多样性的微型生态系统。总而言之，在永顺地区，老油茶树与它的伴生动植物共生共荣，有效地维持着老油茶林生态系统中的生物多样性。

与老油茶林生态系统相比，永顺地区新造油茶林中的生物多样性相对较弱，且在很大程度上受到人为因素的影响。新造油茶林生态系统中，植被种类相对较少，层次结构相对单一。同时，新造油茶林在种植的前三年处于收益空窗期。因此，需要有意识地对新造油茶林的种植、培育、修剪、维护进行科学的指导，要有规律地配种诸如葛藤、山药、土茯苓、魔芋等低矮的粮食、药用作物，有效提高油茶林的生物多样性和林地生产能力。在林业局的科学指导下，永顺地区种植油茶的农户，多在油茶苗地里进行合理套种，种植葛根、红薯、紫薯、西瓜、辣椒、冬瓜、南瓜等藤蔓植物，在提高油茶地郁闭度，促进增产增收的同时，丰富油茶地的物种多样性，促进生态系统的稳定和可持续发展。

（二）油茶林周边坡面的生物多样性

永顺地区森林资源丰富，生物物种类型繁多。据清同治《永顺府志·物产志》记载，永顺盛产山羊、马、楠木、五倍子等72种动植物。②此外，根据现有物种多样性的调查，可知，永顺地区森林生态系统中的植物物种有被子植物（106科、379属、596种）、裸子植物（5科、5属、6种）、蕨类植物（13科、22属、30种），动物物种有鱼类（14种）、两栖类（15种）、爬行类（24种）、鸟类（100种）、哺乳类（27种）。③其中，木本植物除了常绿阔叶树外，落叶

---

① 夏莹莹等：《广西油茶人工林林下植物多样性区域变化规律》，《生态学报》2020年第10期。
② （清）张天如纂修，魏式曾增修：《永顺府志》卷十，清同治十二年刻本。
③ 调查时间：2019年3月17日。调查地点：永顺县灵溪镇长光村。调查人员：陈功锡教授等4人（详表见附录五：湖南永顺县油茶林复合系统动植物多样性名录）。

阔叶树的蔷薇科、壳斗科、金缕梅科、桦木科、豆科、芸实科物种均有分布。裸子植物有松树、杉树、柏树等。草本植物主要有禾本科、菊科、豆科、天南星科、忍冬科植物以及较为耐旱的苋科、廖科、藜科植物等。农作物物种还包括小米、燕麦、天星米、薏仁米、红稗等。林区动物包括灵长目、翼手目、啮齿目、鹿科动物等。

永顺地区油茶林生态系统是森林生态系统的一个重要组成部分。永顺地区油茶林生态系统与其周边的森林生态系统的子系统紧密相连，相互影响。在永顺地区森林生态系统中，乔木物种变化最为明显，主要表现在：第一，大量常绿阔叶树遭到砍伐；第二，包括核桃、板栗、银杏、枫树和众多壳斗科树种在内的落叶阔叶树的物种数量急剧提升。20世纪后期，林业部门用飞机撒播种子，导致茶园周边地区连片地长出了松树、柏树等裸子植物。除此之外，乡民们还引进了杉木，从而导致茶园周边的生态系统演变成农田外与针叶、阔叶、落叶林相互交织的生态景观。如此一来，油茶林生态系统作为一个生态结构上的孔道过渡带，必然受到影响。具体表现为以往栖息在常绿阔叶树中的动物种群，尤其是鸟类，偶尔到访油茶林及其周边地区，从而导致油茶林生态系统中的物种包容性和生物多样性增强。

总之，油茶林在保持生物多样性方面具有天然的优势。其一，油茶是仿生种植的，因而可以兼容其他生物物种的栖息繁殖，可以与其伴生动植物共生共荣，从而增加油茶林中的物种多样性。其二，油茶林驯化种植不需要疏松的土壤，种植以后还可以激活土壤，可为生物多样性提供土质基础。其三，油茶籽可以作为食物供养昆虫纲类、甲壳纲类、软体类动物，从而提高生物多样性水平。

二、水土保持功能

永顺地处长江中游的武陵山区腹地，春、夏、秋三季有连续降雨，水土保持的任务很重。根据清乾隆《永顺府志》卷二《山水》中的记载，永顺"郡之山水，峭锐湍悍之势多，纡余委折之象少，故其民，皆急疾剽果，无复雍容宽裕之气，而积聚鲜少罕安土乐业之思。然自设郡治以来，雨露沾溉，山泽气通，生其间者，咸谓日月清明。视从前瘴雨蛮烟岚重雾袭之景象廓然改观"[①]。由此可知，永顺地区山势陡峭，雨天水流湍急。如果将山区林业改造为大田农业

---

① （清）张天如纂修：《永顺府志》，清乾隆二十八年刻本。

很容易造成水土流失,引发山体滑坡等自然灾害。

与单一种养模式相比,农林复合经营系统在保持水土方面具有更明显的优势和更突出的效果。通过研究显示:"各农林复合系统对土壤质量都有一定的改良作用,总的表现为增加土壤的含水量,减小容重,增大孔隙度。"①采用农林复合经营模式的油茶林在涵养水源、保持水土方面的生态价值非常显著。其一,油茶林是常绿阔叶林的矮树种,可以降低大雨淋蚀的风险,林下附生植被在地表积累较厚的腐殖质层,能够提高水源涵养量。其二,油茶树是可以超长期生长的作物,可以长期保持积累碳汇的态势。这在当今生态文明建设呼声日益高涨的新形势下更能凸显其价值。其三,油茶林中有高大乔木作为伴生树种,可以形成立体的森林生态系统景观结构或层次。科学研究表明,森林生态系统的景观结构覆盖度越高、层次越多,其抑制水土流失的能力就越强,维护生物多样性的成效就更显著。通过田野调查,可以发现,永顺油茶林农复合系统的遗产地核心区长光村的水土保持较好,历史上也未发生过由水土流失引发的自然灾害。

王永安等人通过对湖南省油茶林的考察,对油茶林的水土保持功能进行了检测和评估。研究结果显示,影响油茶林贮水能力的因素有油茶林地的母岩、枯落物和腐殖质、冠幅等自然因素以及经营措施等人为因素,其中,自然因素是主导因素。研究指出:

第一,湖南油茶林母岩有石灰岩、沙页岩、四纪红土、板页岩、花岗岩五种类型,"板岩、砂岩形成土壤颗粒料较粗,土质疏松,孔隙多,非毛细管孔隙也多,通透性好,吸贮水也多,红土、石灰岩形成土壤紧实,颗粒小,孔隙少,故石灰岩、四纪红土贮水能力较差"②。

第二,一般来说,油茶林中的枯落物和腐殖质与其贮水能力成正比,"枯落物腐殖越厚,土壤越疏松,土壤孔隙越多,涵水贮水能力越大"③。因为,"枯枝落叶层有极好吸收功能,有效截留降水,保护林地阻挡雨滴击溅,阻延地表径流、防止土壤流失,同时增加腐殖质、增加土壤渗透力、保持水土,起到蓄水减沙作用"④。故而,对油茶林的修剪和垦复要合理,不可过于频繁。

第三,油茶冠幅大小同样影响其贮水能力。一般而言,油茶树"冠幅大、

---

① 马利强:《农林复合系统可持续经营研究》,北京:北京理工大学出版社,2012年版,第70页。
② 王永安:《湖南省油茶林分生态功能效益评估》,《林业调查规划》2003年第1期。
③ 王永安:《湖南省油茶林分生态功能效益评估》,《林业调查规划》2003年第1期。
④ 王永安:《湖南省油茶林分生态功能效益评估》,《林业调查规划》2003年第1期。

树冠截留降水多、蒸发大，渗入土壤中水相对少，溶水量下降或变化不大，一般冠幅在 4m² 以上才具有明显涵水能力"①。

第四，在油茶林的管护和经营方面，油茶林的垦复程度与其贮水能力成反比。因为，"垦复林地经常松动土壤，作保土措施，枯落物、灌草覆盖常被砍除，故相对保土能力小，而荒芜油茶翻动土壤少，枯落物和灌草覆盖保持、故林地土壤保土能力相对较大"②。

通过调查评估结果推算，湖南省"油茶林地和枯落物总贮水 19.22 亿立方米，占全省森林总涵水的 24%左右"③，湖南省"油茶林减少土壤流失 133.2 万公顷×87.06=115.96×10⁶ 吨，相应减少流失有机肥 64.2 万吨（全省 378 万吨），故油茶林每年保土保肥效益约 719 亿元"④。

永顺地区油茶林面积广，规模大，在湖南省油茶林中占据较大比重。从湖南省油茶林涵养水分、保持水土的突出成效，可以窥见永顺油茶林在涵养水分、保持水土方面的功能。

三、碳汇功能

作为一个庞大的生态系统，森林具有维护生物多样性、保持水土、防风固沙、吸收 CO_2 等温室气体的生态功能。森林生态系统是一个巨大的 CO_2 贮存库，简称"碳库"。"碳元素从哪里来，称之为'源'，到哪里去，称之为'汇'"⑤，简单地说，"碳源或碳汇指的是大气中释放 CO_2 或吸收 CO_2 的过程，通常林业领域所指的碳汇是植物将从大气中吸收 CO_2 固定在土壤和植被中，进而减少大气中的 CO_2 浓度"⑥。因此，森林生态系统的碳汇功能即森林生态系统吸收 CO_2 的功能。森林的碳贮量是评估其碳汇功能的一项重要指标。

森林生态系统的碳交换对平衡地球上的碳元素有着十分重要的作用。作为森林生态系统的一个重要组成部分，油茶林生态系统的碳汇功能不容小觑。夏莹莹等对广西油茶林的碳贮量进行了调查评估，通过研究发现，"对于人工林来

---

① 王永安：《湖南省油茶林分生态功能效益评估》，《林业调查规划》2003 年第 1 期。
② 王永安：《湖南省油茶林分生态功能效益评估》，《林业调查规划》2003 年第 1 期。
③ 王永安：《湖南省油茶林分生态功能效益评估》，《林业调查规划》2003 年第 1 期。
④ 王永安：《湖南省油茶林分生态功能效益评估》，《林业调查规划》2003 年第 1 期。
⑤ 陈小林：《湖南安仁县森林生态系统生物量和碳贮量研究》，长沙：中南林业科技大学硕士学位论文，2016 年，第 7 页。
⑥ 夏莹莹：《广西油茶人工林植物多样性及其碳贮量研究》，哈尔滨：东北林业大学博士学位论文，2020 年，第 5 页。

说，土地利用方式和经营措施等对林地土壤碳贮量的影响较为明显"，同时"不同的土地利用方式和采取的经营措施能够改变有机碳的数量和质量"，"不同的管理模式对土壤碳贮量也存在着一定的影响"①。森林生态系统的碳贮量主要由植被碳贮量和土壤碳贮量两部分构成，其中，植被碳贮量包括乔木层碳贮量、林下植被层碳贮量和凋落物层碳贮量3个部分。

油茶林具有较强的碳汇功能。"油茶林具有较强的固碳释氧能力，是改善空气质量，维持大气碳氧平衡，保护全球生态的关键。不仅油茶林的植株、叶片可以固碳，其林下植被、土壤微生物等也具有固碳功能。"②一般来说，油茶林的"总碳贮量变化规律与采取的经营措施有关，中耕除草+施肥、中耕除草+垦复+施肥的油茶林其乔木层碳贮量高于对照油茶林，嫁接换冠油茶林乔木层碳贮量低于对照油茶林。生态系统总碳贮量中耕除草+施肥油茶林低于对照油茶林，中耕除草+垦复+施肥的油茶林、嫁接换冠油茶林高于其对照油茶林，造成这种差别的原因在于乔木层和土壤层碳贮量的变化"③。因此，实行复合经营的油茶林的碳贮功能比荒废的老油茶林、单一经营的油茶林的碳汇功能更强。自20世纪80年代以来，永顺地区广泛推广油茶林套种模式。21世纪以来，永顺地区加大了对老油茶林的垦复和管理，合理套种经济作物，科学放养家禽；大力推进新造油茶林的发展，科学引导农户在油茶幼苗地中套种经济作物，最终形成了一套成熟的油茶种养模式，即油茶林农复合系统。相较于相同环境下的单一经营的油茶林、荒废油茶林而言，永顺油茶林农复合系统的碳贮量更高，碳汇功能更强。此外，"不同林龄油茶林生态系统总碳贮量两个地点的油茶林变化规律不同，但乔木层碳贮量均随着林龄的增加而增加"④。因此，老油茶林的碳贮量要高于新造油茶林的碳贮量，老油茶林的碳汇功能要强于新造油茶林的碳汇功能。

---

① 夏莹莹：《广西油茶人工林植物多样性及其碳贮量研究》，哈尔滨：东北林业大学博士学位论文，2020年，第7页。
② 邓三龙、陈永忠：《中国油茶》，长沙：湖南科学技术出版社，2008年版，第55页。
③ 夏莹莹：《广西油茶人工林植物多样性及其碳贮量研究》，哈尔滨：东北林业大学博士学位论文，2020年，第104页。
④ 夏莹莹：《广西油茶人工林植物多样性及其碳贮量研究》，哈尔滨：东北林业大学博士学位论文，2020年，第104页。

第三节 永顺油茶林复合系统的林人共生认知

林人共生是人与林的理想关系，是人与林和谐相处的必然结果。林人共生的前提是人与林和谐相处。"有林才有人类对森林资源的利用，要使森林功用长期延续，就必须保护森林，森林的可持续利用成为林人共生的缘起和动力。"①因此，人类对森林的利用方式和利用程度在林人共生中有着至关重要的作用。若对森林的利用方式顺应森林发展的规律，对森林资源的利用程度在森林的可承受范围之内，则能够实现并长期保持林人共生；如果人类对森林的利用方式违背了森林健康发展的规律，对森林资源的利用程度超过了它的可承受范围，则会出现粮食歉收、畜牧不兴等问题，甚至发生旱灾、泥石流、荒漠化等灾害，最终影响人类的生产生活，甚至危及人类生存。可见，林人共生，看似是人处于主体地位，起决定作用，实际上林与人一样，也是主体，同样处于主动地位。实际上，"林人共生关系发端于林而又回归于林，发端于林是指林为人类的生存提供必要的条件，回归于林是指人类为了森林作用的长久持续发挥而保护森林，林人共生关系的模式为从林到人，再从人到林，即林—人—林，抑或用林—护林—用林"②。作为森林的一个重要组成部分，关于油茶林的林人共生的知识，同样体现在用林、护林两个方面。

一、利用油茶林的本土知识

人类为了满足生存需要，必然要利用森林资源，进而形成了林为人所用的文化。文化功能学派认为，文化的功能是满足人的需要，而人最基本的需要就是生存与生活的需要。正如马克思主义经典学家所说："我们首先应当确定一切人类生存的第一个前提也就是一切历史的第一个前提，这个前提就是：人们为了能够'创造历史'，必须能够生活。但是为了生活，首先就需要衣、食、住以及其他东西。因此第一个历史活动就是生产满足这些需要的资料，即生产物质生活本身。同时这也是人们仅仅为了能够生活就必须每日每时都要进行的（现在也和几千年前一样）一种历史活动，即一切历史的一种基本条件。"③具

---

① 刘荣昆：《林人共生：彝族森林文化及变迁探究》，昆明：云南大学博士学位论文，2016年，第358页。
② 刘荣昆：《林人共生：彝族森林文化及变迁探究》，昆明：云南大学博士学位论文，2016年，第358页。
③ （德）马克思，恩格斯：《马克思恩格斯选集》（第一卷），北京：人民出版社，2012年版，第158页。

体就油茶林而言，油茶林除了能为人类提供油茶籽和茶油之外，作为一个相对独立的生态系统，还能实现上文中提到的维护生物多样性、保持水土、涵养水源等方面的生态功能。

油茶用途非常广泛。它的树干材质坚硬，可以用来做农具和树雕。油茶籽富含脂肪、蛋白质、粗纤维、皂素、无氮抽提物等成分，可以生产出高品质的兼具食用、美妆、药用功能的植物油。茶壳的主要成分是木质素和多缩戊糖，可以用作糠醛、木糖醇、酒精和乙酰丙酸、肥料和活性炭的原料。茶枯含有脂肪、蛋白质、粗纤维、皂素、糖类等主要成分，可用作农业肥料、工业原料、药剂、洗发水、洗剂用品等。通常而言，"压榨后枯饼中一般残油6%~7%，每百斤经溶剂萃取后可得茶油5~6斤。萃取后的饼粕进一步提取皂素，提皂素后的残渣可作饲料"①。

据永顺县长光村村民介绍，村民们最喜欢用油茶壳来熏腊肉，用茶枯来洗头发、毒鱼、肥田，用茶树树干来做农具。当问及使用方法时，村民如是说：

> 每年腊月杀了猪，我们就要熏腊肉。加了茶壳壳之后，熏出来的腊肉特别香，特别好吃。村里的女人喜欢用茶枯来洗头发，敲碎用布包起来往开水里面一泡，过一会捞出来就可以洗头了。她们说洗出来的头发又黑又亮。那些经常到河里搞鱼的人喜欢用茶枯药鱼。种田的人也经常把茶枯敲碎了撒在田里，这样田里的害虫就被杀死了。枯死的茶树树干可以用来做锄头把，以前村里还有人为了争个锄头把扯皮（吵架）的呢！②

茶枯中含有皂素，可去除头皮上的油脂和分泌物，故可作洗发之用。茶枯中含有皂苷，具有毒性，故可以作药鱼之用。总之，通过田野调查发现，油茶的用途很多，可以从不同方面满足了人生产生活的需要。这些是油茶为人所用的最直接表现。

油茶能够满足人的食用与御寒、商品交换等方面的需要。历史上湖南油茶种植面积大、产量高、用途多。对此，史籍方志中不乏记载。清嘉庆《道州志》载："州中茶油、桐油最多。西南一带茶子树连山弥亘，远望如荠。霜降后子熟，

---

① 访谈对象：张某（1987—），男，苗族，访谈者：侯有德，蒋欢宜；访谈时间：2021年7月24日；访谈地点：古丈县坪坝镇阿菩山秀宝油茶专业合作社。
② 访谈对象：肖某贵（1964—），男，土家族，传统木榨榨油技术传承人；访谈者：侯有德，蒋欢宜；访谈时间：2019年8月10日；访谈地点：长光村老油坊内。

各家男妇往摘。多者数十百石不等，贫家子女群拾其遗，谓之捞山子，亦有得数石者。其壳可以燃火，为三冬御寒之用。"由此可见，清嘉庆年间，油茶在湖南山区得到广泛种植，产量很高，即使在油茶林封山之后，穷苦人家捡剩余茶籽也能得到数百斤之多，足见当时油茶产量惊人。此外，村民们多将茶壳用于燃火御寒过冬之用。二是作为大宗商品。"茶子榨油，岁出数十余万斤，合桐茶油，岁共出二三十余万斤。现价百八十文，岁收经费二三千串文，试种益多。茶油每日所销八九石。"[①]以上文献证实了油茶生产规模大、价格昂贵、销售量大，因收益颇丰而为当地乡民推广。

此外，相较于荒废的油茶林以及单一经营模式的油茶林而言，复合经营模式的油茶林在为人所用方面具有更大的优势。相较而言，复合经营模式的油茶林能够培育更多的经济作物，为人类提供更多的农副产品，进而带来更多的经济收益；而且，在维护生物多样性、保持水土、涵养水源等方面具有更强的优势和更显著的效果。

二、保护油茶林的本土知识

森林为人类生存和发展提供物质基础。森林为人类所用的前提是森林能持续健康地发展。如果森林系统遭到破坏，无法正常运转，则无法为人所用。因此，人类在利用森林资源的同时，也要有意识地对森林系统进行保护。

"靠山吃山"，永顺地区民众的部分生产生活资源依赖于森林，故而对森林怀揣着深深的敬畏之情。在当地乡民看来，油茶林与人一样是有生命的，人与油茶林是一个生命共同体。这些观念蕴含在人对油茶林的敬畏习俗以及对油茶林的精心管护的生产实践之中。油茶与人的关系不是单向度的，而是一种互惠兼容、协同共生的关系。永顺地区的祭油神习俗和吃茶范传统就是典型例证。长光村乡民认为，油茶是与人一样是有生命的、平等的生命体。因此，当地乡民在驯化、管护、利用油茶的过程中遵守着一些禁忌，并会在特定时节举行祭油神仪式。正因为村民们对油茶林遵守着严格的禁忌，村内至今还保存着1 000多棵树龄在百年以上的油茶树。其中，陆家寨保存着一棵树龄在600年以上的油茶树和一座具有200多年历史的传统榨油坊。[②]

[①] （清）黄鸿勋纂修：(宣统)《永绥厅志30卷》，永绥直隶卷志之十五，清宣统元年铅印本。

[②] 侯有德：《湘西永顺土家族祭油神习俗研究：基于长光村的田野调查》，《贵州民族研究》2020年第3期。

第三章 永顺油茶林复合系统的认知体系

永顺地区还有成群结队摘茶苞、吃茶苞的习俗。笔者田野调查时发现，每年清明节前后，乡民们会到油茶林采摘茶苞，或自己食用，或拿到集市上销售。长光村的孩子们十分擅长采摘茶苞。只要看到油茶树上的茶苞开始脱皮，露出白色的果肉，就会爬到树上去摘。有时，孩子们也会进行摘茶苞比赛，看谁摘得快、摘得多。村里的"孩子王"肖某才[①]对此印象十分深刻。他回忆道：

> 我们都喜欢摘茶苞。我爬树很厉害的，只要看到了茶苞白了，再高的树都可以爬上去的。村里没有几个人能比得过我。上次我和村里的肖某来（9岁，男，土家族）比赛摘茶苞，我都爬到树上了，他还在树兜下打转转，笑死我了。后来我摘了好大一包，分了一点给他，其他的带回家吃了。以前奶奶炒过给我吃，有点像煮趴（软）了的白萝卜。

当问及村中大人们对他们摘茶苞行为的态度时，他说：

> 大人们也摘啊！有的还摘了去集市上卖！他们说，这个茶苞是一种病，摘了对树好。所以不骂我们，还要我们去摘。不过，是病的话，怎么会没毒，还能吃呢？反正搞不懂大人们说的。

从现代科学角度来看，吃茶苞实际上是一种为油茶树治病的方法。因为茶苞是油茶树干感染真菌的病症。如若放任不管，则有可能危及油茶树的生命。从上述访谈内容，可以发现，长光村村民也认识到了这一点。因此，才会鼓励小孩摘茶苞当零食，借助小孩子的手清除真菌病害，以保持油茶树的健康状态。

在"湖南永顺油茶林复合系统"遗产地核心区，笔者深刻感受到当地乡民对作为遵循生命逻辑的油茶驯化、管护、利用的尊重和信仰。在访谈中，长光村村民们反复强调："谁要是破坏、砍伐我们家的油茶林，我们是会跟他们拼命的。因为油茶林就是我们的命根子。"[②]这些朴素的话语中蕴含着长光村村民的生产生活智慧，蕴含着他们对人与自然关系的质朴解读，体现了土家族的生命逻辑和生态逻辑。因为农业是人与自然、人与生物打交道发生联系最直接的业

[①] 肖某才（2010—），男，长光村村民肖某国之孙，小学五年级学生。身手矫捷，鬼点子多，是村中有名的"孩子王"。

[②] 访谈时间：2018年11月27日。访谈地点：长光村老油坊内；访谈对象：肖某柱（1940—），土家族；访谈者：侯有德、蒋欢宜。

态载体,其实质就是生命逻辑和生态逻辑。正如李根蟠教授所述:"乡村生态系统和天然生态系统本质上不是对立,而是相互连接、相互交融的……生命逻辑和生态逻辑覆盖着农业生产和农村生活的全部领域。"①

此外,相较于荒废或单一经营模式来说,对油茶林进行复合经营更有利于油茶林的持续健康发展。对油茶林进行复合经营,在油茶林中套种林下作物,放养牲畜、蜜蜂,对油茶树进行定期修剪,可以达到疏松土壤、增加土壤肥力、采光通风的效果,从而促进油茶苗、油茶树苗壮成长,使油茶林生长得更加茂盛。因此,对油茶林进行复合经营既有利于林为人所用,也有助于人为林所用。在某种程度上,可以说,复合经营油茶林是实现油茶林与人共生的优良模式,是林人共生的典型案例。

---

① 李根蟠:《农业生命逻辑与农业的特点:农业生命逻辑丛谈之一》,《中国农史》2017年第2期。

第四章 PART FOUR
永顺油茶林复合系统的技术体系

我国南方各民族在驯化和利用油茶的历史过程中，经过不断试错求对的历史积淀，形成了关于油茶林复合系统的生态文化。关于武陵山区永顺油茶林复合系统的生态文化是土家族文化与特定物种兼容互惠、协同共生、协同演化的"文化生态共同体"，是武陵山区土家族应对武陵山区特定生态环境与利用生态资源的传统生存智慧。永顺油茶林复合系统蕴含着一套成熟的技术体系，具体包括不种自生与仿生定植的汰选技术、适度修剪与反复调控的管护技术、复合经营与以用定管的利用技术，具有鲜明的活态性、复合性、可持续性特征。

第一节 不种自生与仿生定植的汰选技术

一、油茶不种自生

自然生态系统中的油茶是不种自生的。清同治《安化县志》卷三十三《事略》中有"茶犹力而求诸野，如《旧志》所云：山崖水畔，不种自生"[①]之语，可为佐证。"不种自生"的野生油茶杂生于其他林木之间，往往不会成片分布，而且结实不多，又多为林中的老鼠等动物啃食，难以为人所用。在长期与野生油茶林打交道的过程中，人们认识到了油茶的生物习性与生长规律，于是开启了对野生油茶的仿生定植汰选。笔者在武陵山区永顺土家族地区进行田野调查时发现，该区域的人工油茶林是一个由油茶植株和许多伴生动植物共同构成的复合生态系统，这显然是他们在仿生定植目的下汰选的结果。

阿菩山油茶林不种自生的油茶幼苗植株如图4.1所示。

---

① 邱育泉，何才焕：《安化县志：卷三十三时事记》，清同治十年刻本。

图 4.1 阿蒂山油茶林不种自生的油茶幼苗植株（侯有德 2020 年 10 月 29 日拍摄）

油茶的"不种自生"是靠与油茶林伴生的动植物来实现的。在田野调查中，我们发现,有的油茶籽在被动物吞食经肠胃打磨后随粪便排出才得以顺利发芽，有的油茶籽随着林中动物的践踏深入土中而获得了生根发芽的机会，有的油茶籽在动物的搬运、储存过程中改变了生存环境而得以存活。在这些情形下，"不种自生"野生油茶幼苗的生长肯定是毫无章法的，也无法很好地为人所用。但油茶林"不种自生"的历程，给了人们启示。人们通过仿生的方式对油茶林进行汰选，通过人工间苗、定植栽培、精心管护等，使油茶林长成人类所需的景观样态。

油茶属于山茶科山茶属，立地环境以土石次生堆积层为佳。早至唐代，先民们就对茶类作物生长所需的立地环境进行了总结。唐陆羽《茶经》载："茶者，南方之嘉木也……其地，上者生烂石，中者生栎（砾）壤，下者生黄土。凡艺而不实，植而罕茂。法如种瓜，三岁可采。野者上，园者次。阳崖阴林，紫者上……阴山坡谷者，不堪采掇，性凝滞，结瘕疾。"[①]此文献记载表明，茶叶树最适合生长在"阳崖阴林碎石地"。油茶系山茶科山茶属，与同为山茶科山茶属的茶叶树在生长习性上有相同之处，其立地环境也以阳崖阴林碎石地为佳。油茶树对土壤没有严格的要求，"凡是有芒箕草、蒜茅草、映山𦽴、鸟敛树这一类植物的山地，油茶都能生长。但是因为油茶的根长得很深，鬃根（毛毛根）也很多，要是土层太薄，或者卵石多，就会长不好。所以种油茶还要选土厚的地方"[②]。碎石地具有土石混杂、通透性良好、自然肥力充足等特点，能全方位满足油茶植株正常发育、生长、结实的需求。永顺地区村民很早就认识到这一

[①] 陆羽原著，范伟主编：《茶经》，北京：中国画报出版社，2011 年版，第 2 页。
[②] 中华人民共和国林业部造林司合作处：《油茶》，北京：中国林业出版社，1958 年版，第 3 页。

点，故将人工油茶林连片仿生定植在这一特殊区段。结合上述文献记载和笔者田野调查，油茶林的立地环境虽然以土石次生堆积层为佳，但是土壤厚度以不低于 60 厘米，且土壤中含有少量砾石、地下水位在 1 米以下为佳，在这一技术体系中，人和人工油茶林各有所得，实现兼容互惠。

杨庭硕先生指导调查阿菩山古油茶林立地环境如图 4.2 所示。

图 4.2 杨庭硕先生指导调查阿菩山占油茶林立地环境（侯有德 2020 年 11 月 21 日拍摄）

二、仿生定植技术

野生油茶林是不种自生的。在适合的生长环境中，油茶籽掉在哪里，就在哪里生根发芽，长成幼苗。因此，油茶苗之间的距离或近或远，油茶幼林的密度或密或疏，全是自然形成。一个森林生态系统的密度"关系着群体结构、光能利用、地力利用，直接影响着产量高低。适当密植增加叶面积，充分利用光能。减少空闲地面，合理利用地力。密度加大，虽免受阳光直射林内，保持林地湿润，提高土壤肥力。但并不是愈密愈好，是有一定幅度的"[1]。如果要野生的油茶林为人所用，就必须对油茶幼苗进行人工汰选。诚如明代《种树书》

---

[1] 中华人民共和国林业部造林司合作处：《油茶》，北京：中国林业出版社，1958 年版，第 112 页。

记载:"九月移山茶,十月收茶籽。"①

我国南方各民族通过长期试错求对和历史积淀,逐渐掌握了人工汰选油茶林技术。人工汰选油茶林技术是一套判定油茶植株是否适合定植、定植在哪里何处与如何定植的技术体系。湘西永顺土家族已经掌握了一套人工汰选油茶林的技术体系,具体包括立地位置汰选技术和幼苗移栽技术。

(一)立地位置汰选技术

油茶植株对立地土壤有特殊要求。因此,油茶植株的立地位置成为人工培育油茶林必须考虑的首要因素。对于野生油茶林来说,林中油茶幼苗的立地位置要进行筛选。一般情况下,立地位置为山崖的野生油茶幼苗要淘汰,立地位置为山谷次生堆积层的野生油茶幼苗要保留。对于新造油茶林而言,油茶幼苗的立地环境也颇为讲究。在新造油茶林的过程中,对造林地的选择、造林地清理以及布定植点、挖穴有较为严苛的技术要求。在田野调查中,我们搜集到保靖县林业局在指导农户新造油茶林时制定印发的《油茶栽培技术要点》,其中对新造油茶林造林地选择、造林地清理以及布定植点、挖穴提出了具体的技术要求。具体如下:

第一,造林地选择

选择海拔800米以下,坡度小于25°缓坡中下部的阳坡、半阳坡,避开有西北风和北风侵害的地段。要求土壤肥沃,pH4.5~6.5的红壤、黄壤、黄棕壤。土层深厚,厚度60厘米以上。灌溉和排水条件良好,地下水位在1米以下的地块。

第二,造林地清理

割除造林地块内的杂灌、杂草,留桩高度不超过10厘米,杂灌打堆烧毁。杂草打堆堆放,便于油茶苗定植后盖草。

第三,布定植点、挖穴

平地按3米乘3米的株行距布定植点,梯土耕作面小于3米的,在梯土的中间位置按3米的株距布定植点,相邻的两台梯土定植点错开布点,成品字形。以定植点为中心,挖长40厘米、宽40厘米、深

---

① (明)俞宗本:《种树书》,北京:农业出版社,1962年版,第18页。

30厘米的穴，挖穴时表土、心土分开堆放。①

上述技术要求是符合油茶生长规律的。造林地选在海拔800米以下的环坡阳面或半阳面，适应了油茶生长对温度和地形的要求。低温不利于油茶生长，也不利于油茶授粉受精、结实、繁衍。土壤选择酸碱度在4.5~6.5的深厚土层，符合油茶生长习性及其根系特征。在栽种之前，对林地进行清理，割除其中杂草、灌木丛，人为去除了与油茶幼苗争夺营养和水分的天敌。选定植点时，按3×3的距离划定，相邻两台梯土成品字形错开分布，充分考虑到了油茶生长的光照要求。

（二）幼苗移栽技术

幼苗移栽包括对油茶幼苗的移栽和对伴生植物幼苗的移栽。为了保持油茶植株之间的行距，即每株间距约2~3米，土家族乡民还要对油茶幼苗进行间苗移栽，即将间距过密的幼苗移栽到间距稀疏的地方。因此，保靖县林业局在指导乡民们种植油茶幼苗的时候，要求布定植点时"平地按3米乘3米的株行距布定植点，梯土耕作面小于3米的，在梯土的中间位置按3米的株距布定植点，相邻的两台梯土定植点错开布点，成品字形"，挖穴时要"以定植点为中心，挖长40厘米、宽40厘米、深30厘米的穴"。一般来说，油茶林的密度保持在70~90株每亩，郁闭度控制在0.7~0.8为宜。过密过疏都不利于油茶的生长。在管护油茶林的过程中，要根据这一标准对油茶幼苗进行汰选。密度过大，则适当疏伐；密度不够，可以适当补种。补种季节以早春为宜。②按照《油茶栽培技术要点》中的要求，油茶植株之间保持3×3米的距离来测算的话，一亩油茶林可种70多株油茶苗，是符合油茶林对密度的要求的。定点时，挖40厘米×40厘米×30厘米的穴，是因为移植油茶幼苗时附带营养包，且油茶幼苗根系尚不发达，必然需要充足的生长空间。

在永顺地区，村民们集体传承、践行着一套成熟的油茶幼苗移栽技术。村民们定期巡视油茶林，但凡发现油茶植株生长过密或过疏，则在需要移栽的地方挂上草标作为记号。再在适当时机，组织村民进山移栽。此外，油茶植株生长以散射光为宜，适合生长在有高大乔木伴生的向阳坡面下方的"阳崖阴林"

---

① 此资料由侯有德于2021年7月23日收集于保靖县林业局，感谢保靖县林业局油茶办梁某俊主任提供的材料。
② 中华人民共和国林业部造林司合作处：《油茶》，北京：中国林业出版社，1958年版，第113页。

环境中。因此，在人工培育油茶林的过程中，需要人工移栽配种伴生植物。一般情况下，永顺地区各族乡民都在油茶林中配种樟科、木樨科、木兰科等高大常绿阔叶树种。因为这些树种形成的树冠较大，能够为油茶植株遮阴，确保盛夏时节正午时分油茶植株免遭阳光直射暴晒。

油茶树，尤其是成林的油茶树，对光照是有一定要求的。只有阳光充足，才能扩展树冠，使它枝叶茂盛，花多果大，种子的含油量也高。因此，"要选择向南或向东南、向西南的山坡来种植"，若"种在阴暗的山满里或日照短的北坡上那就往往光长枝叶，结实就会很少，甚至完全不能结实"[①]。可见，无论是立地位置汰选，还是移栽幼苗，都要保证人工油茶林处在阳崖阴林环境之中。如果人工油茶林的东、西、北三面有高山遮挡，开口又朝向南方，只要盛夏时节正午时分阳光不会直射暴晒油茶植株，就不需要配种高大乔木，否则，必须配种高大乔木为之遮阴。这就要求乡民随时观察人工油茶林的林相构成景观，以确保盛夏时节正午时分每一株油茶植株免遭阳光直射暴晒，晨暮则需斜射日光照射，而"阴山坡谷"自然生长的油茶植株不堪供做榨油使用，只能另做他用。这也是人工油茶林汰选技术的要领。

以上人工汰选技术的践行，既能使油茶植株顺物性应天时，又能为人类提供多渠道、多层次的自然资源补给，满足特定群体的生计需求，实现物与人、物与文化的互惠双赢的耦合演化。作为一个生物物种，物种繁衍是其最本能的需求。在单纯的自然环境中，每一个生物物种却要承受残酷的种间竞争和种内竞争，经历"三灾八难"之后才能存活下来。油茶也不例外。在土家文化的干预下，"天择"转化为"人择"，不仅油茶生物物种繁衍的本能需求得到满足，而且人的需求也得到了满足。对人而言，满足的是日常生产生活的自然资源补给需要，因而人类要在其间投劳投智，排除油茶植株种间、种内竞争的各种干扰，结果表现为油茶为人所用，成为高档食用油、供特殊使用的建材、食用菌培养基、燃料及各种林化产品。上述汰选技术使文化与油茶各有所得、相互兼容，形成稳定的"生态文化共同体"。虽然文化与油茶的性质不同、需求不同、途径也不同，但是"不种自生"的油茶离开了人就只能成为野茶树，人离开了油茶就失去了劳动对象，最多将野茶树当作采集对象去使用。这种文化与特定物种耦合演化的辩证统一关系才是"生态文化共同体"的本质属性所在。

---

① 中华人民共和国林业部造林司合作处：《油茶》，北京：中国林业出版社，1958年版，第3页。

第二节 适度修剪与反复调控的管护技术

茶树幼苗定植后，要确保其苗壮成长、顺利结实，还需要人们进行精心管护。对人工油茶林的管护主要包括对油茶植株的管护和对伴生动植物的管护两个方面。在田野调查中发现，与之匹配的管护技术主要有对油茶植株的适度修剪技术和对伴生动植物的反复调控技术。

一、适度修剪技术

油茶林需要适度修剪。油茶一般是保留原来树形，在油茶幼林期可进行轻度修剪，控制徒长枝，疏去细弱侧枝，促进主侧枝生长。进入成林以后，修剪主要剪掉重叠枝、交叉枝、枯衰枝、下脚枝、病虫枝及过密枝等。以后每年于茶果收摘后进行轻度修剪。使疏密适度，通风透光，并注意营养生长和生殖生长的平衡。油茶植株管护的技术要求相对较高。宋赵汝砺《北苑别录》载："茶于每岁六月兴工，虚其本，培其末，滋蔓之草，遏郁之木，悉用除之，政所以导生长之气而渗雨露之泽。"[①]也就是说，油茶林的管护一般在每年农历六月开始，修剪、培兜、施肥、除草，一个环节都不能少。可见，油茶植株管护的技术要求有三：其一，管护修剪时间以每年农历六月开始为宜；其二，对单个油茶植株要"虚其本，培其末"；其三，管护技术目标在于满足油茶生物属性之立地环境的散射光环境就地落实，修剪管护成功的标准是"导生长之气而渗雨露之泽"，即经过修剪和管护，在夏天早晨能够看到油茶植株露水就地滴落。

农历六月，民间俗称的"三伏天"，是一年之中正午时分光照最强的时间段。这个时段是永顺地区各民族乡民修剪茶树林的最佳时机。为了避免油茶植株被伴生树种郁闭，确保其接收到适宜的散射光，要在这一时段内对人工油茶林中的伴生树，尤其是高大乔木进行适度修剪。如果错过这一黄金时间段，则无法准确判断人工油茶林及其植株树形是否适应阳崖阴林环境。永顺地区各民族乡民每年农历六月都要对油茶林进行修剪。村民们以巡山人的草标提示为号，将油茶植株的多余、腐朽枝干剪除，对油茶林中长得过盛过密的伴生植物进行裁剪，有效地提高了人工油茶林的通透性能，确保油茶树健康成长。修剪油茶林

[①] 陆羽原著，王艳军主编：《茶经》（第二册），北京：线装书局，2016 年版，第 598 页。

时清除的树枝、灌木则成了乡民们家中的薪柴,俗称"砍七月柴"①。

值得注意的是,修剪油茶树的枝条以农历六月为宜,但修剪油茶树上的寄生植物却以农历正月为宜。在管护过程中,不仅要把枯枝、病枝剪掉,还要将寄生在油茶枝干上的桑寄生、槲寄生剪掉,以保障油茶树的健康生长。砍掉寄生植物时,"要从寄生植物的吸根侵入部位开刀,先由下向上砍一两刀,然后再扒上往下砍,以篦把油茶的干皮带下"②。砍除寄生植物的时间以阳历正月为宜,原因有三:其一,砍除寄生植物时,刀口会伤及油茶树干,正月时分树液流动较慢,伤口容易愈合;其二,这一时间段气温低,空气湿度小,病菌活动力不强,可以减少病菌的侵入;其三,油茶花刚谢,果实尚小,不会由于砍时的震动而堕落。③

《北苑别录》中提及的"虚其本"与"培其末"是对具体油茶植株修剪的技术要求。"虚其本"即要砍掉长在油茶植株根部四周的杂草和灌木,确保油茶植株根部通风流畅,避免因过分潮湿而引发真菌疾病。"培其末"即保留健康枝条,及时清理枯枝。如此一来,单个油茶植株树冠部分充分散开,树干部分通风流畅,整个植株得以健康成长。④修剪油茶林,可以根据修剪强度分为一般修剪和重剪。通常采取一般修剪,即将散乱的下脚枝、内膛枝、枯枝、病枝及交叉重叠枝、直立徒长枝一一剪去。重剪一般是针对老林、密林,其目的是促发新枝,所以要多保留营养枝,为来年结果做准备。在修剪时,营养枝和结果枝要保持一定的比例。一般来说,生长旺盛的大年要剪除部分结果枝,以保证营养供应,防止生理落花落果。生长相对缓慢的小年要多留结果枝。⑤优胜劣汰的修剪机制也能有效刺激油茶树早结实、多结实、不掉果,达到丰产提质的目的。

在人工油茶林的管护过程中,修剪油茶植株是非常关键的环节。油茶植株生长速度快,必须经常修剪,才能使之成为可用之材。对油茶树修剪得当,不仅可以促进油茶树的繁茂,还可以提高油茶树的挂果率,增产增值。如果修剪

---

① 访谈时间:2019年8月10日。访谈地点:长光村老油坊内;访谈对象:肖某国(1964—),湘西州州级非物质文化遗产项目传统木榨榨油技术传承人;访谈者:侯有德、蒋欢宜。
② 中华人民共和国林业部造林司合作处:《油茶》,北京:中国林业出版社,1958年版,第18页。
③ 中华人民共和国林业部造林司合作处:《油茶》,北京:中国林业出版社,1958年版,第18-19页。
④ 何方:《油茶》,北京:经济管理出版社,1997年版,第112页。
⑤ 何方:《油茶》,北京:经济管理出版社,1997年版,第117页。

不及时或修剪技术不到位就会出现"所结之子,不多,且不能久与孳长"①的后果。在湘西土家族地区广泛流传着"油茶修剪林相好,枝干粗肥壮春梢。阳光充沛病虫少,花果均匀产量高。看树修剪很重要,刀剪锯子带一套"的谚语,可以窥见,土家族乡民们有自己的一套油茶树的修剪技术。

笔者在古丈县坪坝镇阿菩山和永顺县灵溪镇长光村田野调查时发现,永顺地区老油茶树数量颇多,多为枝繁叶茂、生机勃勃的景象。这些连片的具有数百甚至上千年历史的古油茶林,是土家族乡民世代精心管护和反复修剪的结晶。在田野调查的过程中,笔者仔细观察了这些古油茶树,发现有的古油茶树主干被修剪过的斑痕很细很浅且外形规整,有的却斑痕很深、外形不规整,甚至有的斑痕已然腐烂,最严重的一处甚至腐烂到了主干的中部。出现这种情况的原因是在历次的修剪过程中,操作者修剪技术有别,修剪方法有异,修剪时机或有不当,修剪后伤口处理或有瑕疵。据永顺长光村"老把式"(在此指对擅长经营人工油茶林年长者的称呼)肖某柱与肖某国介绍,长光村那棵有六百年树龄的古油茶树的树干部分有一个严重腐烂的伤口。那是三十年前村民修剪时操作不当,贸然用锯子切割导致油茶树真菌感染且未及时对伤口做善后处理所导致的。②可见,油茶林必须适度修剪、用心管护才能确保油茶林枝繁叶茂、硕果累累。否则,就会出现油茶果实锐减,甚至植株死亡的后果。

阿菩山传说中的千年油茶树如图4.3所示。

图4.3 阿菩山传说中的千年油茶树(张祥2020年11月30日拍摄)

---

① 董鸿勋:《古丈坪厅志:卷十一物产志》,清光绪三十三年铅印本。
② 访谈时间:2019年8月10日。访谈地点:长光村老油坊内;访谈对象:肖某柱(1940—),男,土家族,长光村村民,擅长传统木榨榨油技艺,六百年古油茶树的所有者;肖某国(1955—),男,土家族,传统木榨榨油技术传承人;访谈者:侯有德,蒋欢宜。

永顺县 600 年树龄油茶植株修剪失当处与恢复处如图 4.4 所示。

图 4.4 永顺县 600 年树龄油茶植株修剪失当处与恢复处
（侯有德分别于 2018 年 11 月 27 日和 2019 年 8 月 10 日拍摄）

在人工油茶林管护过程中，永顺地区乡民们逐渐积累了一套成熟的修剪技术。这套修剪技术是具有科学性的，与现如今林业局提出的油茶修剪的技术要点基本吻合。

（一）修剪方法适度

传统上，永顺地区乡民会根据油茶植株年龄差异采取不同的修剪方法。整体的做法是，在油茶植株移栽的前三年要修剪旁枝留主干，三年以后则需修剪主干留旁枝和挂果枝丫。具体来说，在栽种两三年后，油茶树干超过80厘米，侧枝形成一定数量和层次，就可以对油茶树进行第一次整形，确定树形的主枝，并定干。在距离地面约20厘米处留选第一主枝，剪去或抹除第一主枝着生点以下的小脚枝；整株留取3~5个间距在5~10厘米之间的、均匀分布的准主枝。最后定干，即在确定若干主枝后，在最上端的枝与干的结合点将生长干截去。截干位置以距离地面60厘米为宜，不可低于50厘米。初次整形一年后，留取的主枝已经充分发育，可进行第二次整形，确定和培养副主枝。一般是在各主枝上距主干约20厘米处选留一根强枝作为第一副主枝培养，由此往上，每隔5~10厘米选留一根副主枝。副主枝方向要相互错开。若整个主枝长度超过50厘米，则可在最前端主枝与副主枝的结合部将顶端截去。如此一来，一年左右，就会基本形成3~4个主枝、9~12个副主枝、侧枝合理分布的理想树形。在修剪时，需一刀从下往上修剪到位。修剪的切口必须上宽下窄，倾斜度不超过5度。修剪完成后，在切口及时涂抹桐油石灰或糯米浆，促进伤口愈合，以保证其后形成的疤痕浅而规整，仅韧皮部微微外拱。

除此之外，湘西土家族地区还广泛流传着一句谚语："大空小不空，内空外不空，打阴不打阳，剪横不剪顺；剪去脚枝不伤皮，锯去残柱不藏蚁，病虫枯枝全剪去，上控下促树冠齐；小枝多，大枝少，合理分布不拥挤，内膛通风光照好，上下内外都开花，立体结果产量高。"其大意是：应在采果后至春梢萌动前的这段时间内对油茶树进行修剪。修剪时，应砍掉杂乱、多余的树枝，保留内膛结果枝；连续挂果的树枝要适当回缩修剪或从基部全部剪去，在旁边再另外选择强壮枝条进行培养。对于过分郁闭的树型，应剪除少量枝径2~4厘米的直立大枝，开好"天窗"，保证最大限度地通风与接受阳光，以达到丰产效果。永顺长光村村民一般在农闲时分，即农历六月、十一二月修剪油茶树。一般先将油茶林中的茅草、灌木丛砍掉，清理好地面，再修剪油茶树上的枯枝、病枝、下脚枝、重叠枝。在修剪的过程中，会尽量保留挂果枝，以增加产量。问及如何修剪老油茶树，长光村"老把式"这样说：

> （修剪油茶树）也没什么技巧。就是要观察。那些开花多的、结了好多茶籽的树枝要留下来，那些叶子上有点点（虫卵）、洞洞的，一

看就有病，就要把它砍掉。一定要早点砍，要不然树就没得救！底下（树下部分）那些多的要剪掉，其他的就看着剪，反正把它（油茶树）剪得像一把打开的伞就对了。中间空，不容易得病，四周散开，照得到太阳，结的果子也多。①

访谈中，报道人"剪得像一把打开的伞"之言，即是对中松外密的理想的油茶树形的生动、直观描述。长光村村民对病虫的处理方法颇为简单，直接剪掉病枝即可。这种看似简单、粗暴的做法在根治油茶树的病虫方面收到了一定的成效，故而在村民间得到广泛推广。

保靖县林业局在指导农户新造油茶林时，就油茶树的"树体管理"的技术要求是："造林后前3年，抹花芽摘幼果，促进枝梢生长，保持树势旺盛，当树体长到100~120厘米时，在距接口50~80厘米处定干，适当保留主干，在20~30厘米处选留3~4个生长强壮，方位合理的侧枝培养为主枝。第三年选留主枝的基础上，每个主枝上保留2~3个强壮分枝作为副主枝。第四五年确定主枝，清理脚枝，将副主枝上的强壮春梢培养为侧枝群，三者比例均匀，培育自然圆头型、开心形等丰产树型。"②

综观而言，湘西土家族乡民对油茶树的传统修剪方法与现当代林业局指导农户修剪油茶树的技术要点基本相同。可见，湘西土家族乡民修剪油茶树的传统方法是符合科学规律的。

（二）修剪时间恰当

为了不影响果实成长，修剪已成年挂果的油茶林需在捡完茶籽后的油茶植株半休眠期的冬末春初进行，最大限度降低油茶植株感染病菌的风险。在永顺地区广泛流传着这样一句谚语："冬剪大枝夏摘梢，春秋两季整侧边。"其大意是冬天农户要将油茶树上的病枝、老枝、霉变枝全部修剪掉，以确保主杆枝丫得到充足的营养供给，保持油茶树的繁茂。冬天修剪油茶树，可以保证剪去脚枝不伤皮，锯去残柱不藏蚁，病虫枯枝全剪去，进而刺激油茶树挂果。春秋两季则主要修剪油茶树的外层枝丫，提高油茶树的受光面积。此外，夏季可适当

---

① 访谈时间：2019年8月10日。访谈地点：长光村老油坊内；访谈对象：肖某柱（1940—），男，土家族，长光村村民，擅长传统木榨榨油技艺，六百年古油茶树的所有者；访谈者：侯有德，蒋欢宜。

② 此资料由侯有德于2021年7月23日收集于保靖县林业局，感谢保靖县林业局油茶办梁某俊主任提供的材料。

修剪油茶树的梢末枝叶，以便剔除多余枝叶，确保足够的阳光照入油茶林下，促进林下农作物与林副产品的生长。

笔者在对永顺油茶林农复合系统遗产地核心区、灵溪镇长光村"老把式"肖某柱进行访谈时，他明确指出：长光村村民一般会在每年的冬天和五六月修剪油茶。以下是访谈记录：

问：我们村的油茶树是野生的还是种植的？
答：原来老辈人栽的！好多代了，一代一代传下来的。
问：平常如何修剪呢？
答：拿锄头挖，把那些草兜兜挖掉，杂树枝要砍掉啊！修剪得越好，挂果越多，油也越多。现在都不修剪了，越来越不挂果了。
问：一般是什么时候修剪？
答：以前要修剪两次，五六月要修剪一次，冬天腊月要修剪一次。①

肖某柱的这一说法与古丈县坪坝镇阿菩山对冲村老油匠张某志的说法相吻合。访谈记录如下：

问：你们是怎么管护这片古油茶林的？
答：我们就是每年修剪两道。
问：什么时间修剪，用刀还是用锄头，怎么修剪的？
答：我们在每年的六七月和采摘油茶籽前后各修剪一次，修完茶树打谷子（我们以前和现在都只种一季水稻），我们用刀修剪（现场展示了修剪动作），不用锄头，要将油茶林中的杂木和茅草修剪掉，在采摘茶籽前要修剪茶树，这样方便采摘。②

由此可知，永顺县长光村和保靖县坪坝镇阿菩山村民均是在农历六七月、十二月修剪油茶树。在实际操作过程中，存在一定差异。长光村村民更加重视锄草、培兜，阿菩山村民更加重视对油茶树的修剪。

现如今，永顺县林业局、保靖县林业局指导农户修剪油茶树时，建议修剪

---

① 访谈对象：肖某柱；访谈时间：2021 年 7 月 26 日上午；访谈地点：湖南省永顺县城广场；访谈者：侯有德、蒋欢宜。
② 访谈对象：张某志；访谈时间：2021 年 7 月 24 日上午；访谈地点：湖南省古丈县坪坝镇对冲村秀宝油茶合作社厂房内；访谈者：侯有德、蒋欢宜。

的时间同样为每年的五六月或摘完茶籽后的十一二月。因此,在油茶林的传统管理模式中,定于每年五六月和十一二月修剪油茶树,是符合油茶树生长规律的。

(三) 修剪工具准确

湘西永顺土家族管护油茶林所用的工具是刀和剪刀,而不是锄,无论是修剪伴生乔木、油茶植株,还是清理伴生灌木、杂草,一律用刀砍,用剪刀剪,而不轻易动锄。因为盛夏时节油茶植株生命力旺盛,土壤中和油茶植株树干表皮上的真菌、病菌也很活跃,一旦动锄挖地损伤根系,真菌和病菌就可能乘虚而入,导致油茶植株染病。

总而言之,对油茶树进行科学修剪是管护油茶林的过程中一个非常重要的环节。永顺地区广泛流传着"刀砍脚枝不伤皮,锯去残桩不藏蚁。病枯赘枝要剪去,上挖下促要整齐。山坡茶树定矮形,山崖平地适当高。便于垦复和摘果,高产稳产有成效"的谚语,是湘西土家族乡民长期管护油茶林过程中积累的生产智慧,同时也很好地诠释了定期修剪油茶树的重要性。

二、反复调控技术

对油茶林的反复调控主要体现在对人工油茶林伴生动植物的调控和对油茶林地的调控两个方面。对油茶林的反复调控技术则主要包括对人工油茶林伴生动植物的调控技术和对油茶林地的调控技术。

(一) 对人工油茶林伴生动植物的调控

油茶幼苗成长需要遮阴和散射光。因此,对伴生植物,尤其是高大乔木也需做相应技术处理。如果伴生乔木过密,遮挡了油茶林的光线,妨碍油茶林生长,就要进行修剪。如果伴生乔木不能为油茶植株遮阴,则要对伴生乔木朝向油茶植株的反面进行修剪,以刺激伴生乔木朝油茶植株的上方延伸枝条,确保油茶林接收到足够的散射光。

此外,油茶树的生长还需要其他伴生物种提供帮助和构成生物链。油茶植株在自然界与其伴生动植物协同共生、兼容互惠。清乾隆《永顺府志》卷十《物产》载:

桐油，山地皆种杂粮，岗岭间则植桐，收子为油，商贾趋之，民赖其利以完租税、毕婚嫁。因土宜而利用此先务也……楠木，有白楠、香楠。《明史》云：永顺各宣慰历次贡木。《辰州府志》云：产于苗徼崇山广谷之中，又明时修辰入府署……虎、豹、猴……《明史》云：永顺宣慰时（使）贡马，山牛……《一统志》云：永顺出山羊。《一统志》云：永顺出野马。《广舆记》云：永顺出猬，一名刺猪麝，即香獐。[①]

综观上述文献，可以发现，清乾隆年间永顺地区楠木较多；山林之中，常见的野生动物有虎、豹、猴、贡马、山牛、山羊、野马、香獐等。结合上述文献以及田野调查时的访谈资料，笔者发现，樟科植物楠木等高大乔木与野马、山牛、山羊、羚羊、香獐、老虎、豹子、猴子等曾经是人工油茶林的伴生植物与动物。它们与油茶植株一起构成一个完整的人工建构的亚热带森林次生生态系统，并为油茶植株生长结实提供良好生存空间。土家族管护人工油茶林，也会对油茶植株的伴生动物和植物进行相应的反复调控。

一般来说，要对人工油茶林中的野生动物进行调控。因为它们与油茶植株的生长密切相关。人工油茶林本身潮湿，油茶树根部和树干经常会长出厚厚的苔藓层。这些苔藓层是真菌入侵的突破口，恰好也是獐科动物的美味食物。獐科动物觅食时将油茶植株上的苔藓层清理干净，不仅不会伤及油茶树本身，而且还可以达到比人工修剪和管护更好的效果。只要在人工油茶林保有一定数量的野生獐科动物，就不需要人工清除油茶植株上的苔藓层了。此外，啮齿类动物喜食油茶籽，故有将油茶籽储藏在洞穴中的习惯。有经验的土家族乡民只要发现松鼠、山鼠的储藏地，就可以一举获得几斤或十余斤油茶籽。正因为这样，土家族乡民从不会干扰油茶林中啮齿类动物的生存。

同时，对于油茶林中的伴生植物也需进行调控。对于那些为油茶树遮阴的高大乔木，要勤于观察，保证它的生长恰到好处，既能为油茶植株遮阴，又不会妨碍油茶植株的生长。而那些对人工油茶林具有化感效用的裸子植物则需要认真清除，以防止土壤的干燥化、酸化，从而影响油茶植株结实。

（二）对油茶林地的调控

对油茶林进行垦复也是对油茶林进行管护的重要内容。在湘西土家族地区广泛流传着"七挖金、八挖银""油茶林一年不垦草成行，两年不垦减产量，三

[①] 张天如：《永顺府志卷之十物产志》，清乾隆二十八年刻本。

年不垦叶子黄，四年不垦茶山荒""油菜怕浆，油茶怕荒"等谚语，足见定期垦复油茶林对油茶林管护的重要性。"七挖金、八挖银"即每年的七八月间是垦挖油茶山的黄金时期。进行垦复时，要先清除油茶林中的杂草、灌木，继而垦挖林中土地，达到疏松、改良林地土壤，增强林地抗旱能力，改善林地环境，减少害虫危害，促进油茶树生长，提高油茶产量的效果。"油茶林一年不垦草成行，两年不垦减产量，三年不垦叶子黄，四年不垦茶山荒"和"油菜怕浆，油茶怕荒"等语则强调，油茶林需要每年定期修剪枝叶、砍伐杂木、铲除杂草、垦复山林来达到"以修代种"的效果。如有间断，则会影响油茶树挂果。停修一两年，则会导致油茶产量锐减，甚至停产。

长光村有七百亩成群连片的古油茶林。2018年10月13日，笔者再次到长光村调研。从永顺县城出发，经过原吊井乡政府，过了村部，便是一路上坡（1.5公里左右）。车沿着蜿蜒的山路盘旋而上，车外是成片的油茶林。目之所及，都是碗口粗细的、三四米高的老油茶树。恰逢花期，墨绿的枝条上开满了盛开的白色油茶花。经询问了解，村中树龄超过一百年的油茶树有两千余株，最老的要数村民肖某柱家的那棵树龄在六百年以上的"油茶王"。"油茶王"树干粗壮如缸，树围长1.7米，枝繁叶茂，树冠达9平方米左右。通过访谈得知，这棵"油茶王"经过六百多年还生机勃勃、枝繁叶茂主要得益于肖某柱及其祖辈们长期的精心管护。当问及"油茶王"的管护，肖某柱得意地说：

> 我这棵茶籽树是村里最老的油茶树，是宝中之宝。以前集体化的时候，由生产队安排人来管。那时候隔个一年两年，就要来砍草、培兜、修剪枝条。砍草的时候不能伤到油茶树。砍下来的草就是肥料，直接堆在树兜下，让它自己腐烂就行。茶籽树越长越大，有些枝条干枯了、生病了，就要砍掉。还有，多余不结实的枝条也要剪掉，反正要尽量让树的整体形状像一把开着的伞。后来，包产到户，这块油茶林分给了我们家。这棵油茶树结的油茶果是最多的、最大的，30年前，这棵树能结200斤茶籽，能打40~50斤油，那时候，我的爷爷与爸爸经常来修剪枝条，小心服侍（伺候）着，它才活到现在。①

与肖某柱的情况相反，长光村村民肖某国家的二十多亩油茶林由于疏于管

---

① 访谈对象：肖某柱，访谈者：侯有德、蒋欢宜，访谈时间：2018年10月13日，访谈地点：长光村。

护现已荒废。肖某国在永顺县城做水电工，已经在县城买房定居，平时很少回长光村，一年到头只有村里榨油的时候才会在村里待十天半月。家中的油茶林基本没管护，林中杂草丛生。当问及油茶果收成时，他说："我家的油茶林基本上没人管。一年到头也就几十斤油茶果，得不了几斤油茶籽的，更不要说得多少茶油了。村里有的人管得好，那结的油茶果就多。现在大部分人打工去了，要么就去县城了，没有时间管，荒废了好多。在村里的人一般就是农闲的时候管一下，其他时候没怎么管。"①

此外，在田野调查时，笔者发现，为了指导农户管护好油茶林，湘西州境内各市县林业局对油茶林地的管理提出了一些技术要求。具体如下：

> 发现缺株，选用同品种苗木，在造林季节补植。除草培蔸。造林后每年除草培蔸 2 次，第一次在 5—6 月份，第二次在 9 月下旬—11 月份。采用锄抚，铲除苗蔸周边 60cm 的杂草，并覆盖在基部，苗基外露时还从圈外铲些细土培于基部成馒头状。②

根据林业局的要求，在油茶林地的管护过程中，要定期对林地进行垦复，及时补充缺株，每年锄草培兜两次，去除苗蔸周围杂草。据保靖县林业局油茶办主任介绍，尽管林业局的技术员对油茶种植户进行了两次培训，详细介绍了管护要求，但是种植户一般不会完全按照要求来做。对此，他举了一个事例：

> 种植户的油茶苗是我们林业局免费提供的。一般每株油茶苗都会留足营养包，保障油茶苗的存活率。但是这个营养包很重，挑到地里有点费事。种植户们从林业局领了油茶苗后，在将油茶幼苗送到山林地栽的时候，有的为了省事，会把营养包去掉，有时是 70 多岁的老人家去栽油茶幼苗，因为背不动，也未将油茶幼苗的营养包去掉。有一次我下乡指导，正好看到一个老人家担着几十株油茶苗到山上去种。我问他："营养包都没了，这个油茶诓怎么活呢？"老人家就说："油茶苗加土在一起那么重，你帮我挑啊？！"他这么一说，我不敢说话了，

---

① 访谈对象：肖某国，访谈者：侯有德、蒋欢宜，访谈时间：2019 年 4 月 18 日，访谈地点：长光村。
② 此资料由侯有德于 2021 年 7 月 23 日收集于保靖县林业局，感谢保靖县林业局油茶办梁某俊主任提供的材料。

就走了。①

在管护油茶林的过程中积极采用以上管护技术，以确保人工油茶林在漫长的生长周期内（百年以上）处于仿生环境之中。仿生环境是与原生环境相对的概念，即人造环境。仿生到何种程度同样得实现兼容互惠、协同共生、耦合演化的管护目标。在纯自然的亚热带森林生态系统环境中，油茶的立地环境是相对稳定的，它的生长样态与结实情况也与它的生物属性相吻合，保持相对稳定。上述管护技术的实施则是要油茶植株生长在接近原生环境而又处在动态平衡状况的可变环境之中，进而达到顺物性和利人需的双重效果。油茶植株生长的主要环境是相对稳定的，次生环境是变化波动的。大环境的稳定可以满足油茶生物属性的相关需求，保证油茶存活，次生环境则促使油茶为人所用，刺激油茶多结实。要达到这一目标，就要对油茶植株进行适当修剪，使其感到生存危机从而刺激它的结实本能。要提高油茶的结实率和产油率，就需要对为油茶植株遮阴的高大乔木反复整形调控，使受其庇护的油茶植株能够感受到昼夜气温、湿度的变化和季节性的光照变化，以此激活油茶植株的营养体充分利用自然条件扩大其生命物质和生物能生长本能，促进油茶果实多而饱满。在原生环境中，油茶植株是不需要多结实的，以上是为满足特定人群的生计需求而进行的技术操作。通过精准修剪和反复调控排除油茶的种间竞争和种内竞争的干扰，防范病虫灾害，保障油茶树健康生长，是几代人为此投劳投智，持续努力才能实现的管护目标。其结果指向各有付出、各有所得、相辅相成、协同共生，激活油茶生物本能，延续其生命力，最终实现文化与物的耦合演化、互利双赢目标。

第三节 复合经营与以用定管的利用技术

土家族乡民在认知和技术两个方面的试错求对和历史积淀，实现了对油茶这一特定物种的多层次、多渠道、多价值的利用，形成了一套成熟的利用技术体系，使之成为土家族传统生态文化的有机组成部分。这是文化与特定物种互惠兼容、协同共生目标的具体表达。受惯性思维的影响，大部分人更多关注人工油茶林的产出和盈利情况，只有少部分人关注人工油茶林本身耦合演化的具体表达。复合经营与以用定管的利用技术是经营人工油茶林的武陵山区土家族

---

① 访谈对象：梁某俊（1970—），男，苗族，保靖县林业局油茶办主任，访谈者：侯有德、蒋欢宜，访谈时间：2021年7月23日，访谈地点：保靖县林业局。

乡民对人工油茶林本身耦合演化的具体表达。

　　武陵山区土家族油茶林实质上是一个真正意义上的人工森林生态系统。不管是建构这样的人工森林生态系统，还是单纯地利用这样人工森林生态系统中的油茶这一特定物种，都必须以一整套完备的利用技术体系为基础。在这样的技术体系中，茶油的产出仅是其利用价值体系中一个有限的构成部分，人工油茶林还有更多综合利用价值，也需要在以复合经营与用定管的名义下加以完整地呈现才能反映整个利用技术体系的全貌。为此，本书从如下三个层次加以探讨。

一、对整个人工油茶森林生态系统的复合经营与以用定管

　　能够长期稳定延续的永顺人工油茶森林生态系统，是土家族乡民在漫长的历史岁月中通过投劳投智改造当地原有的亚热带常绿阔叶林森林生态系统的结果。出于对满足以茶油为主导产品的社会需求的考虑，永顺人工油茶森林生态系统汰选出了油茶植株为优势物种。为了确保这一优势物种的丰产高质，土家族乡民们投劳投智，采取仿生管护技术，确保人工油茶森林生态系统中，油茶植株与伴生动植物和谐共存。

　　除此之外，他们还在人工放养和培育这些动植物的过程中深入挖掘它们的附属价值。例如，为了给油茶植株遮阴而配种的高大乔木，除了能为油茶林遮阴和创造优良的成长环境外，作为建材树，它本身就是优质建材。同时，这些高大乔木以及林下低矮植物为多种野生和家养动植物的生长创造了有利条件，为在油茶林中适当发展林下养殖业和种植业提供了可能。

　　在油茶林中实行套种，也是复合经营油茶林的有效手段和重要内容。在湘西土家族地区广泛流传着"油茶林内搞间作，一举两得收益多""春播荞麦和黄豆，夏种花生又栽药""油茶林内搞间作，可种粮食又栽药"等谚语，很好地推广了土家族乡民在长期的生产生活中累积的套种经验。永顺县首车镇有油茶林18 000亩，人均1.5亩，自2019年以来村民们在油茶幼苗地里套种马铃薯、红薯、药材、花生等作物，取得了较好的效果。永顺县塔卧镇科甲村村民们在油茶林地里套种辣椒。2021年4月16日笔者到此地调研时，村民们正在起垄、施肥、覆膜，为种辣椒做准备。永顺县石堤镇油茶基地套种的是铁皮石斛和白及等药用作物。套种方法是在粗壮的油茶根部嫁接上铁皮石斛、白及的幼苗，让幼苗和油茶树同生共长即可。当问及为什么选择在油茶林中套种这两种药用作物时，油茶基地负责人如是说：

> 那时候县林业局技术员来给我们培训，说可以在（油茶）地里种红薯、辣椒、葛根、药材什么的。我就问我的大学生儿子，种什么好。我儿子是学医的，知道它的价值。他说这个价值高，收益肯定好，就让我种。开始我也不知道怎么种，县里请人来教，我们去参加培训班，回来后就种了，县里的技术员会经常下来教我们。①

在油茶林中套种黄豆等粮食作物，充分利用油茶林中的空间资源、物种资源发展林粮间作，不仅可以有效提高油茶林的经济收益，还可以促进油茶林的繁茂，维护油茶林的生物多样性，构筑一个以油茶为中心的和谐的生态系统。

当然，在油茶林中套种是有一定技术要求的。根据保靖县林业局制定的《油茶栽培技术要点》中的指导，油茶林地要实行"合理套种"，严格把控套种作物与油茶树、油茶苗的距离以及套种的间隔时间。具体而言，"油茶苗定植的第一年，可在造林地内套种花生、绿豆、黄豆、豌豆等，以后可套种豆科植物或蔬菜等。造林地内严禁套种烟叶。套种要掌握的要点：套种必须勤加管理，必须妥善轮作、切忌连作、给油茶树留下充足的生长空间（套种的作物必须离油茶苗 60 厘米以上）"②。

笔者在保靖县碗米坡镇首八峒村油茶基地调研时发现，新造油茶林地里套种的作物有紫薯、西瓜、丝瓜（育种）、辣椒、油菜等。据新造油茶林承包者、首八峒村村委会副主任兼新铭生态种养殖专业合作社负责人介绍，选择在新造油茶林中套种的这些作物是符合林业局的技术要求的。因为这些套种作物是低矮的藤蔓作物，不仅不会遮挡油茶苗的光照，还能覆盖油茶苗蔸部，减少水分蒸发，保证油茶苗成活成长。除此之外，经济收益也是选择套种品种时必须考虑的重要因素。对此，他如是说：

> 新造油茶林前五年是没有收益的，但是请人管护油茶地需要开工资。我想着在地里套种一些经济作物来维持收支平衡，以短养长。我咨询了县林业局的技术员，他说可以种西瓜、红薯、黄豆、辣椒、油菜，只要不挡油茶苗的光就可以。2019 年我套种了西瓜。西瓜长势很好，想着肯定能赚钱，谁知道后来天天下雨，好多都烂在地里了。2020

---

① 访谈对象：张某道（1970—），男，土家族，石堤镇村民，访谈者：侯有德、蒋欢宜，访谈时间：2021 年 4 月 16 日，访谈地点：永顺县石堤镇。
② 此资料由侯有德于 2021 年 7 月 23 日收集于保靖县林业局，感谢保靖县林业局油茶办梁某俊主任提供的材料。

年改套种紫薯。种了 300 多亩紫薯，产量 20 多万斤，但是疫情来了，销路不太好，价格太低，只卖掉了 10 万多斤，剩下的几万斤用来做紫薯粉销售。2021 年套种西瓜 140 多亩，丝瓜（育种）30 多亩，紫薯 20 来亩，其他地因为上半年收完油茶籽，所以就轮歇。在油茶地里套种作物，开支很大，土地流转费、每月一结的务工费和效益分红都让人头疼。土地流转费是 200~250 元/亩/年，移民局支付 100 元/亩/年，其他的要自己支付。请人除草、松土、育苗、施肥，要开 100~120 元一天，请人犁土、背西瓜，要开 200~250 元一天。所以这几年，在油茶林里套种，看着热热闹闹，很赚钱，但实际上纯收益少得可怜，这三年才 10 万左右的盈利。①

对油茶林的种种管护，都是围绕着油茶植株的功用。但事实上，这些管护技术不仅管护了油茶植株，而且管护了整个人工油茶森林生态系统。只要这套管护体系能长期稳定延续，就能确保人工油茶林的可持续利用，实现生态环境的秀美稳定，进而为生活其间的土家族乡民提供各式各样的生态公益服务。因而土家族文化并不只关照油茶植株本身，还与其建构的人工油茶林达成了兼容互惠、协同共生的可持续综合利用。土家族乡民在这样的生态系统中获得了多层级、多渠道的利用方法。这样的人工森林生态系统也改变了土家族地区原有的景观。双方都有所改、都有所得、耦合无间、稳定延续。

二、人工油茶林综合产品的复合经营与以用定管

茶油是一种可以跨文化、跨地域、远距离销售的大宗商品。土家族乡民培植人工油茶林的目的不仅仅是自产自食，还产出高品质商品茶油满足市场需求，因而人工油茶林产品的以用定管，其"用"即是适应消费市场。这就需要通过精良的加工技术产出高品质和消费者喜爱的茶油。一般来说，茶油加工技术包括原料处理技术、压榨技术、储运技术。三者环环相扣，缺一不可。

原料处理技术。茶油以油茶籽为原料，因此，油茶籽的采摘、晾晒技术颇为重要。"每岁于寒露前三日，收取楂子，则多油，迟则油干。收子宜晾之高处，令透风，楼上尤佳。过半月则罅发，取去斗。欲急开，则摊晒一两日，尽开矣。

---

① 访谈对象：田某堰，访谈者：侯有德、蒋欢宜，访谈时间：2021 年 7 月 23 日，访谈地点：保靖县首八峒村村部。

开后取子晒极干，入确硙中碾细，蒸熟榨油如常法。"①2018年11月27日笔者再次到长光村调研。油茶林中的茶果采摘完毕已经一个多月，村民们正准备近期榨油。在肖某柱的带领下，笔者在村中走访。路过一个坪场时，看见一大片摊晒在那儿的油茶籽。这些油茶籽大部分粒大饱满、乌黑发亮，也有一些粒小干瘪、暗淡无光的。肖某柱挑选出四类茶籽，一字排开，如图4.5所示，向笔者介绍道：

> 这些油茶籽从左往右依次是最好的、好的、一般般的、差的。这个最好的，又大又圆，颜色乌黑乌黑的，可以直接用手掐出油来。后面这两种（次要的、一般的）就要差一点，但基本上能榨出油。最后面这种不出油，还会吸油。所以，晒好了之后，要把这些差的筛出去。②

图 4.5 油茶籽质量优劣排列
（从左至右依次为最好、其次、一般和劣质油茶籽，侯有德拍摄）

说罢，肖某柱当场选了一颗品质好的油茶籽，向我们展示它的含油量。只见他捏起茶籽，去掉茶籽壳，再用指甲碾碎，在手中反复揉搓。十几秒钟后，他的掌心就变得油汪汪的了。我们很是惊奇，惊叹连连。看到这些油茶籽摊晒在地上，与笔者在文献中看到的"收子宜晾之高处，令透风，楼上尤佳"的记载有所出入，故就油茶籽的晾晒方法咨询了他。他解释道：

> 以前我们也是摊在楼上的地板上，等着慢慢晾干的。现在大家都忙得很，就不讲究那么多了。现在，我们晒在地上，不要晒得太干。反正到榨油的时候，还要炕（烘烤）一两天的，那个时候才把水分炕

---

① （明）徐光启著，朱维铮、李天纲主编：《农政全书》（徐光启全集第七卷），上海：上海古籍出版社，2010年版，第829页。
② 访谈对象：肖某柱，访谈者：侯有德、蒋欢宜，访谈时间：2018年11月27日，访谈地点：永顺县灵溪镇长光村。

干，油就出得多。

作为木本食用油原料，采摘油茶籽的最佳时间是寒露前，即每年公历十月上旬。晾晒场地以温度、湿度偏低，通风良好的楼顶为佳。与其他木本油料一样，油茶籽的含油量是不稳定的。这是因为包括油茶籽在内的木本油料只有在休眠期，才油脂含量高、品质优良。永顺土家族乡民深刻认识到这一点，并在处理油茶籽时采取了一些特殊办法。笔者在长光村调研的时候发现，有条件的村民会将油茶籽晾放在楼上阴凉通风之处，而非直接在太阳下曝晒。这是为了避免油茶籽过度脱水而导致油脂合成受阻。在条件不允许的情况下，村民们也会直接摊晒在太阳下，但不会晒得太干，会有意识地适当保留一些水分。

油茶籽晾晒如图4.6所示。

图 4.6 油茶籽晾晒
（2018年11月27日笔者在永顺县灵溪镇长光村田野调查看到的油茶籽晾晒，蒋欢宜拍摄）

已经装袋收存的油茶籽如图4.7所示。

图 4.7 已经装袋收存的油茶籽（侯有德 2018 年 11 月 27 日拍摄）

油茶籽压榨与储存技术。从茶籽中压榨出油需要经过选、炕、碾、蒸、包、榨六道工序。[①]待油茶籽晒干，永顺土家族乡民要进行焙烘、碾粉、蒸煮、压榨等操作。"用火炒，一度蒸，一度用木榨，出成油。"[②]2018年11月28日，长光村村民开始了一年一度的榨油活动。笔者有幸见证了传统木榨压榨茶油的全过程，并对它进行了深描，笔者与同行者所拍摄照片如图4.8至图4.16所示。

第一步：炕。老油坊的烘烤区有两块竹席，可以烘烤几百斤茶籽。茶籽多的村民一般单独烤；茶籽少的村民则一起烤，并用木板将每家茶籽区分开来。摊放茶籽时，不宜过厚，不能太薄。铺得太厚，茶籽不易烘干；铺得太薄，费工费柴。一般情况下，烘烤茶籽需两天，中途要翻一次面，以确保油茶籽受热均匀。烘烤那天，村民们陆陆续续将茶籽挑到村中的老油坊里，在"老把式"肖某国的安排下，将茶籽分区域摊放在竹席上，并用木板间隔开来。然后，大家又陆续挑来一些干柴，以供烘烤。据肖某国介绍，烘烤好一批茶籽一般需要几百斤干柴，参与烘烤的村民，有柴出柴，没柴则折算成钱给管事者。烘烤时宜小火慢烘，忌大火急烤。大火烘烤，油茶籽易糊易焦，榨出的茶油味苦。从点火开始一直到烘烤结束，全程需要有人看着，因此负责烘烤的村民晚上就睡在老油坊里。

---

① 侯有德：《湘西永顺土家族祭油神习俗研究》，《贵州民族研究》2020 年第 3 期。
② 汪瑀，林有年：《安溪县志卷之一地舆》，明嘉靖二十五年刻本。

图 4.8 正在烘烤的油茶籽（侯有德 2018 年 11 月 27 日拍摄）

图 4.9 经过两天烘烤后的油茶籽（蒋欢宜于 2018 年 11 月 28 日拍摄）

第二步：碾。经肖某国把关，烘烤好之后，就开始碾籽。老油坊的碾籽区很宽，由石碾和一个圆形石槽构成。碾籽时，用牛力拉动石碾，将石槽中的茶籽碾成粉末即可。碾籽时，肖某国坐在碾架上驱赶黄牛，牛绕着石槽外围走带动石碾绕圈走，石槽中的茶籽渐渐被碾碎，二三十分钟之后变成了粉末。肖某国从石槽中掏出一把茶籽粉，放在手中观察一阵，确定达到要求后，就将石槽中的茶籽粉取出。接着再倒入另一批茶籽，继续碾碎。如此反复，直到所有的茶籽都碾压完毕。

图 4.10 将烘烤好的油茶籽倒入石碾槽内（侯有德 2018 年 11 月 28 日拍摄）

图 4.11 利用畜力拉动石碾将油茶籽碾压成茶籽粉（侯有德 2018 年 11 月 28 日拍摄）

图 4.12 已经碾压好的油茶籽粉（侯有德 2018 年 11 月 28 日拍摄）

第三步：蒸。蒸茶粉的架子是一个中间高四周低的凸状铁架。蒸茶粉时，在大锅中加入水，把凸状铁架放在上面，铺上纱布，再在四周围上木板，将油茶粉一层一层地铺上去，拍严实后，盖上一层厚厚的稻草，大火蒸即可。蒸了三四十分钟后，肖某国观察了一下茶粉情况，说："可以了。大家赶紧包茶饼，准备开榨。"大家闻言，瞬间兴高采烈起来，围观的村民也兴致高昂，因为重头戏要来了。

图 4.13 在木甑上蒸煮的茶籽粉（侯有德 2018 年 11 月 28 日拍摄）

第四步：包。包茶饼是一项苦差事，也是一个技术活。蒸好的茶籽要趁热取出，放进垫有稻草的两个铁圈里。然后再用脚踩实，使它成为一个用稻草包裹着的圆饼。这个环节需要大家齐心协力，快速、高效地完成，因为一旦茶粉冷却，所含茶油就会回缩。那天，村中七八个中年男子都参加了包茶饼。只见他们先将蒸架上的稻草取下，垫在两个铁圈中间；然后，将蒸架上的油茶粉快速取出，装盆，倒进铁圈中间。再光着脚踩在稻草上，几步过后，便做出了一个圆形茶饼。

图 4.14 将茶粉倒入铺放有稻草的铁箍内并用脚踩实做油茶饼
（侯有德 2018 年 11 月 28 日拍摄）

第五步：榨。榨油是最费体力的一个环节。大家趁热把茶饼放进木闸，一个紧挨着一个竖着排过去。等到所有茶饼放完，再用木楔将油茶饼挤紧。待夯实之后，七八个乡民们抬着一根粗壮的木桩向木楔狠狠撞去，随着木楔深入，挤压油饼的力度越来越大，茶油渐渐从出油口流出。最开始，茶油像水滴一样，一滴一滴落入油桶中。随着撞击力度的增大，慢慢变成了线状。最后，在乡民们的猛烈撞击下，如流水一般哗啦啦地流进了桶里。据肖某国介绍，最开始出油时，由于挤压力度不够大，油茶只是从茶饼里一点一点往外渗，再加上木闸会自动吸收一些茶油，所以第一闸茶油肯定没有后面几闸多。压榨时，撞击木楔的时间不能间隔太长，否则随着油饼的冷却，油脂回缩，很多油就榨不出来了。当天，榨第一闸茶油时，由于木楔衔接不够紧密，不得不中途停下去邻村请木匠，耽误了四五十分钟的时间。待木匠衔接好木楔，再撞击时，油饼已经冷却，出油就很少了。①

图 4.15 茶饼上木榨，将木契装入木榨槽的另一端并整理好油茶饼
（侯有德 2018 年 11 月 28 日拍摄）

---

① 调研时间：2018 年 11 月 27 日—29 日，调研地点：永顺县长光村，调研主题：传统榨油方式。

图 4.16 四人合力冲锤撞机长木契开榨，约 2~3 分钟开始出油
（侯有德 2018 年 11 月 28 日拍摄）

通过田野调查发现,长光村至今仍在使用有两百多年历史的传统木榨榨油坊压榨茶油。在榨油的每一个环节,村民们都有自己的操作技巧和生产智慧,诸如烘烤时对火候、时间的把控,包茶饼时对速度、时间的把握,榨油时对敲击木楔力度和节奏的把握,诸如此类,不一而足。由此可见,传统榨油技艺和相关的地方性知识在永顺土家族地区依然活态传承着。

三、油茶植株产品深加工的复合经营与以用定管

茶油是土家族人工油茶林的主要产品,也是以用定管的结果。油茶植株的生物属性奇特,在其生长过程中可以出现"花果同株同季"的独特景观,故油茶树开花结实多并不等同于稳产高产。因为油茶果实的成熟期长达一年之久,期间外界任何干扰都会影响油茶果的产量和品质,故而更需以用定管。在长达一年的管护过程中,修剪、适度遮阴、管理林下动植物等活动都要在土家族人的生产智慧中逐项落实,如此才能产出高油脂、高品质的油茶果,进而榨出高品质的纯正山茶油。

乡民对油茶植株进行多层次、多渠道的利用,故而除了茶油外,人工油茶林的产品还有其他种类。修剪油茶树时砍掉的油茶树枝条可以作燃料,也可用作培植茶树菇、木耳等食用菌的菌床原料。油茶树材质坚硬、木质细腻有弹性,修剪下来的粗大枝干可以作为木雕原料和农具把柄、支架。值得注意的是,油茶植株材质优良,可作特殊用途,正如明代农学家徐光启所言:"其树易成,材亦坚韧。若修治令劲挺者,中为杠。"①因此,在管护中一直贯彻着以用定管的原则。诸如,为了储备一批优质建材,在修剪油茶植株过程中,加强对其主干的修剪和管护。在田野调查中,我们发现了油茶的其他利用价值:用油茶树干制作的榨油木楔百年不朽;油茶植株的花朵可为蜜蜂提供蜜源;油茶枯含有的毒蛋白可以配制成农药,亦可作农家肥和洗洁剂使用。诸如此类,不胜枚举。2018年11月27日,长光村村民榨油之前开始清扫老油坊,顺带清理油坊旁边的水池。村民们将一些茶枯碎扔进水池里,池面开始冒泡,二三十分钟之后,一些泥鳅、黄鳝开始浮出水面,一个村民立马把它们捞走了。榨油完毕,几位阿姨向主人家讨要新出的茶枯,以做洗头之用。50多岁的阿姨说:

---

① 朱维铮、李天纲主编:《徐光启全集》(第七卷)上海:上海古籍出版社,2010年版,第829页。

用这个茶枯洗头发特别好。把茶枯敲碎，用纱布包着，泡在开水里，等水变成黄色了，再把纱包捞出来，就可以洗头了。洗出的头发又黑又亮。我们从小就用这个洗头发。以前卫生条件差，头上经常长虱子，用茶枯洗头，那些虱子就被毒死了。①

总之，上述事实充分说明，武陵山区永顺人工油茶林传统技术体系是土家族针对特定的自然生态系统和社会需求而建构的传统生态文化。②永顺人工油茶林的管护特点是多业态复合经营。在人工油茶林中茶油生产是主业，不过这一主业的形成并不是人工油茶林本身的事情，而主要是外部市场与社会环境诱导的产物，因而其也可以根据需要进行转化，能够因外部环境改变而做出弹性应对，同样是永顺人工油茶林不容忽视的经济与社会价值，对于这种复合经营的好处已经得到国际广泛认可。永顺人工油茶林是一个复合的人工森林生态系统，生产茶油只是此项人工森林生态系统的一项职能。对土家族人而言，综合利用永顺人工森林生态系统需要不断投劳投智调整控制其物种结构、生长样态、景观呈现。不仅要确保茶油的优质、高产、稳产，还要确保人工森林生态系统生态价值的实现。从生态民族学研究角度来看，要使这样的人工森林生态系统不仅收获经济效益，还要发挥生态公益服务价值，为生态维护做出直接或间接的贡献。这同样是永顺土家族人工油茶林传统技术体系不可分割的有机构成部分。

---

① 访谈对象：陆某梅（1959—），女，土家族，长光村村民，访谈时间：2018 年 11 月 27 日，访谈者：侯有德、蒋欢宜，访谈地点：永顺县长光村老油坊。
② 罗康隆，杨庭硕：《生态文明视野下人与自然和谐关系的重建》，《原生态民族文化学刊》2020 年第 2 期。

第五章 PART FIVE

永顺油茶林复合系统的制度体系

永顺地区盛产油茶，在长期油茶林管护过程中，逐渐形成了油茶林农复合系统，也形成了一套独立的制度体系，具体包括油茶林权属制度、家族村社共管共享的管护分配制度。其中，家族村社共有的产权制度是家族村社共管的乡约制度、家族村社共享的分配制度的前提和基础。毕竟，林地的产权决定了林地由谁管理，产品如何分配。

第一节 油茶林权属制度

油茶林产权是森林资源产权的一个子系统。探讨油茶林产权制度需以了解森林资源产权及其历史沿革为前提。森林资源产权即林业产权，简称林权，主要包括森林林木和林地所有权、森林林木和林地使用权、林地承包经营权3个部分。[1]近代以来，我国森林资源产权经历了4个时期，分别是：1949年以前国有林、公有林、私有林并存阶段；1949年至1956年土改和山林私有阶段；1956年至1980年的山林集体化阶段；从20世纪80年代至今的林地权属多元化阶段。[2]作为森林系统的一个重要构成部分，永顺地区油茶林的产权制度同样经历了上述4个阶段的转变。

一、油茶林权属制度流变

根据湘西土家族苗族自治州《林业志》的记载，民国时期，州境内的山林

---

[1] 盛婉玉：《基于物权理论的森林资源产权制度研究》，哈尔滨：东北林业大学博士学位论文，2007年，第26页。
[2] 盛婉玉：《基于物权理论的森林资源产权制度研究》，哈尔滨：东北林业大学博士学位论文，2007年，第30页。

田地基本归私人所有,学校、寺庙、宗族祠堂的山林除外。中华人民共和国成立以后,经过土地改革,地主、富农的山林田土被部分征收,祠堂、庙宇、学校、团体的所有山林被征收,分给贫农、雇农。1955年开展农业合作社以来,山林田地仍归社员所有,可自行管理,也可折价入社,由合作社统一管理。1958年,实行人民公社化,除国有林之外,全州林木归人民公社所有。1961年至1962年,集体山林全部下放到生产队管理,恢复社员自留山,国家、集体、个人三者林权明晰。"文化大革命"时期,山林产权和经营体制遭到否定,生产队山林被公社、大队随意砍伐,社员自留山林被视为"资本主义尾巴"割掉。十一届三中全会以后,实行农业生产责任制,山林权属得到调整。1981年,湘西州推行"三定"即稳定山林权属、划定自留山、确定林业生产责任制,林界、林权问题得到处理,并为生产队集体及所属社员个人颁发了山林权证书。1984年州委决定将承包山、责任山划归农民作自留山,并颁发"自留山使用证",落实林业责任制,实现了生产者权、责、利统一。[①]

通过梳理,不难发现,自民国以来,我国山林产权历经了私有—公有—混合所有的转变。作为山林的一个重要组成部分,油茶林的产属同样经历了私有—公有—混合所有的变化。与油茶林集体所有制相较而言,稳定油茶林长期承包经营权更有利于保障农民的收益,提高农民的生产积极性。因为,"明晰的林地产权下,农户拥有林地的收益权,能够完整地获得林地所带来的收益,从而降低了农户失去林地预期收益的概率,有助于激励农户增加投资力度,实现外部效应的内部化。林木较长的生长周期决定了其投资回报见效慢,若产权界定不清,则农户投资所带来的收益可能无法完全收回,这会弱化农户投资积极性"[②]。可见,油茶林权属由最初的私有制,历经集体所有制,最后回归到混合所有制,是与林业经济健康、稳定、持续发展相适应的。

二、宗族所有制

土司时期(910—1727年),永顺地区的山林土地归土司所有。"改土归流"之后,永顺地区山林土地的所有权仍被彭、向等大家族把持。"改土归流"之后,彭氏、向氏家族仍然是永顺地区的名门望族,在地方社会具有很大的影响力。

[①] 湘西土家族苗族自治州地方志编撰委员会:《湘西土家族苗族自治州丛书:林业志》,长沙:湖南出版社,1994年版,第244-247页。

[②] 杨扬、李桦:《林地产权如何影响林业生产绩效》,《西北林学院学报》2019年第6期。

在永顺卧塔流传着这样一句话,"彭两千,吼一吼,塔卧抖三抖;向五百,跳一跳,房瓦要震掉"①,其大意是当地以彭、向两姓为大族,其中彭氏势力最大,族人有两千之多,足见彭、向两族在永顺地区的威慑力和影响力。许多有权有势的土司"在当地仿照汉人的宗族制度建立起了一套较为完善的宗族组织系统","从明正德年间到明万历年间,历任永顺宣慰使曾在他们的辖区内仿造内地的宗族组织形式建立起了一套较为成熟的宗族运作模式"②。从清光绪十八年(1892年)内塔卧彭氏族人重修的族谱来看,彭氏家族业已"形成了'个人—独立家庭—联合家庭—小支—大支—各房—宗族'的严密等级结构"③。土司时期,山林田地归土司统辖。改土归流以后,彭氏、向氏家族虽然在政治、社会地位上丧失了主导权,但是他们仍然占据着大量山林、田土,牢牢把控着地方社会发展的物质基础。清雍正八年(1730年)清廷开始在永顺地区开展土地重勘运动,明令"将永顺一府秋粮豁免一年,令有产之家自行开报,准其永远为业"④。可见,由于大姓家族对山林、田地的牢牢把控,土地产权问题成为清政府治理永顺地区面临的棘手问题。

民国时期,油茶林的私有制,是在不平等的社会制度下推行的,不可避免地存在地主阶级大量把控油茶林产权,普通农民没有产权,只能被雇佣的情况。中华人民共和国成立之初,通过土地改革,将包括油茶林在内的山林田土划拨给个人。20世纪50年代中期以来,相继开展农业合作社、人民公社化运动,将包括油茶林在内的山林田地收归集体所有,由集体统一管辖。十一届三中全会以后,实行农业生产责任制,油茶林产权重新回到个人手中。

值得注意的是,尽管油茶林归属家庭承包经营,但是在实际管护油茶林的过程中,往往需要借助家族或村寨集体的力量。由于油茶经济价值较高,偷盗茶籽的现象时有发生。为了解决这一问题,协调各家各户对油茶林的管护工作,一村一寨之中,往往由村长或族长等威望较高之人出面,组织全体成员制定规约,诸如开款放款封款制度、草标制度、巡山制度、禁止偷盗茶籽、禁止乱砍茶树、定期巡山等。永顺县塔窝镇瞿家寨的桐树林、茶树林面积较大,盛产桐

---

① 张凯、成臻明:《清代改土归流后地方社会控制权的交替:以湘西永顺地区为例》,《贵州民族研究》2020年第8期。
② 张凯、成臻明:《清代改土归流后地方社会控制权的交替:以湘西永顺地区为例》,《贵州民族研究》2020年第8期。
③ 张凯、成臻明:《清代改土归流后地方社会控制权的交替:以湘西永顺地区为例》,《贵州民族研究》2020年第8期。
④ (清)《清世宗实录》卷46,雍正四年七月乙卯条,卷92,雍正八年庚戌三月丙戌条。

茶油。为了有秩序地完成采收，避免纠纷，村民们自发订立了"收摘桐茶公约"。公约规定："在收摘桐茶期间，任何人不许在桐茶山寻觅桐茶果。只有收捡完毕后，才准许捡野桐茶。否则的话，一旦被看守人发现，轻者用大柴刀砍破他们的背篓，喝令其离开此地，重则处以罚款30~50元。"①

实际上，这种通过制定乡规民约来维护油茶林产权和收益的方法由来已久。在《湘西土家族苗族自治州金石通纂》收录的碑文中，有不少关于油茶林管护的内容，其中对禁止偷盗茶籽、砍伐茶树的约定进行了强调（详见本章第二节）。

三、公有共管制

湘西土家族地区油茶林的公共管护制主要表现为家族共管和村社共管两个方面，即部分油茶林划归家族或公社集体所有，由集体统一经营管理，成果由集体统一分配。

中华人民共和国成立之前，在湘西土家族地区家族式村寨中，包括油茶林在内的部分山林产权是归家族集体所有的，也就是说，包括油茶林在内的部分山林田地为大姓家族共管，由家族统一规划、统筹经营、共享收益。

1956年至1980年，我国实行山林田土集体所有。永顺地区的油茶林相继由合作社、人民公社、生产队进行经营管理。每年六七月、十一二月，在社长、队长的安排下，全体社员、队员对油茶林进行垦复，修剪树枝，铲除杂草，培兜施肥；霜降、寒露之后，全体成员在社长、队长的安排下，到油茶林采摘茶籽。可以说，集体化时期，对油茶林的管护、茶油的生产和加工都是全民参与的。

据永顺县灵溪镇长光村老油匠肖某柱（男，土家族，81岁）回忆，人民公社化时期，他家属于樟木桥大队第四生产队。当时生产队的油茶林都是大家一起垦复和修剪、培兜的，茶油也是大家一起生产加工的。年终时，生产队队长按照每家每户的工分情况来进行分配。②

据古丈县坪坝镇阿蓍山对冲村老油匠张某志（男，苗族，62岁）回忆，集体化时期，村民们在生产队队长的带领下管护油茶林、采摘油茶果，又根据队长的安排到村中的油坊中榨油。大家伙把茶籽送到油坊后，就去砍柴，以供烘

---

① 瞿州莲：《一个家族的时空域：对瞿氏宗族的个例分析》，贵阳：贵州民族出版社，2001年版，第191页。
② 访谈对象：肖某柱；访谈时间：2021年7月26日上午；访谈地点：湖南省永顺县城广场；访谈者：侯有德、蒋欢宜。

烤茶籽之用。队长一般要安排两三名"有眼力见"的、能干的社员配合老油匠榨油。茶油压榨完毕，队长安排几个人将油抬回生产队，再根据队员的工分予以分配。生产队队员参与劳动，以工分计算。一个成年男子劳动一天计 10 分，女子计 9 分，未成年人按劳动能力计 3 至 5 分不等。1972 年，张某志一家八口的工分比较多，从生产队分到了 500 多斤茶油。[①]

为了加强对油茶林的管护，防止个人偷盗茶籽、砍伐茶树等恶劣行径，保障公社的集体利益，生产队、公社还需安排专人定期到油茶林巡查，形成了巡山制度（详见本章第二节）。

第二节 油茶林管护制度

油茶具有较高的经济价值，是湘西土家族民众重要的经济来源。油茶林是经济林的重要组成部分，在湘西土家族地区有着举足轻重的地位。油茶全身是宝，老百姓视油茶林为宝库，十分重视。为了管护油茶林，防止偷盗茶籽、砍伐茶树等破坏油茶生产的恶劣行径，保障油茶生产井然有序地进行，湘西土家族乡民们自发订立了一些村规民约。村规民约条款明确规定了采摘油茶籽的具体时间、放牧禁牧的具体时间、对于偷盗油茶籽以及偷砍油茶树的具体惩罚措施、设置护林员管理油茶林等条款，涵盖了封山与开禁、巡山、惩戒等方面的内容。

一、封山与开禁

经过世世代代的繁衍生息，各族民众已经深谙"靠山吃山，吃山养山"之道。茶农常说："近河不要枉费水，靠山不要乱砍柴。"

永顺地区各族民众爱林如宝，素重护林。永顺地区各村寨有保护油茶林的民间规约，或口耳相传，或刻于石碑，或记于族谱。永顺境域各族历来有着爱林护林的传统习俗。即便在林木资源丰富的山区地带，人们也习惯有林不砍，以草代柴。对于经济林（油茶林）、炭薪林，习惯封山育林，有"封山""禁山"的护林习俗。防护林、风景林，立碑禁伐，违者重罚，亦是习以成俗。晚清民国时期，封山育林属于自发行为，封山方式主要有三种：第一，制定乡规民约，

[①] 访谈对象：张某志；访谈时间：2021 年 7 月 24 日上午；访谈地点：湖南省古丈县坪坝镇对冲村秀宝油茶合作社厂房内；访谈者：侯有德、蒋欢宜。

勒碑刻石，立于山前或路口；第二，林主请当地有威望者为其奔走，告知四邻封山日期及封山边界；第三，林主本人绕着封山育林边界，敲锣打鼓放鞭炮，一边走一边向高声宣告封禁条规，使全村皆知即可。[①]为了管护油茶林，许多村寨还专门组织"禁山会"，规定开山、封山日期，拟订防火条例，任免禁山人员。禁山人员每逢农历初一和十五日，沿村鸣锣，宣告封山公约。封山育林，代代相传，沿袭至今。

永顺地区民众深谙"青山常青，森林永森"的道理，也相信"山清水秀地方兴旺，山穷水尽地方衰败"之说，故而十分重视对山林，尤其是油茶林等特色经济林的保护。封山是当地最为普遍且行之有效的传统护林习俗，讲究的是"封山育林，世代永兴"。封山旨在育林。封山育林是利用树木的自然繁殖能力恢复森林，即封禁山林，任山上树木天然下种，成活成林。封山育林有着十分严格、具体的条款："凡封山地区，都插上禁碑或围上石墙，标明四界。封山的期限，一种是永久性的，也有封十年、二十年的。凡封山地段，自宣布之日起，公推专人看管。在封山区内禁止放牧牛羊，禁止拾柴割草，禁止扫叶烧灰，禁止铲土积肥，禁止砍伐一竹一木。"[②]如违背规约，将受到严厉的道德或经济惩罚。

封山一般分为全封、半封、季节性封山3种方式。封禁期限，有的是永久封禁，有的三五年、十年、二十年、三四十年不等，有的仅仅是林木生长期季节性封禁。对不同的山林，实行不同期限的定期封禁。永顺土家族民众根据油茶的生长习性和生命周期，实施封山制度，灵活采取全封、半封、季节性封山三种形式，对油茶林进行全方位的管护。

在油茶树苗种植的前期阶段，特别是前三年内，实行全封。因为油茶树刚种植入土，苗小且根浅不稳。同时，为了获得足够的经济收入或粮食收益，永顺土家族民众还在油茶苗地实行套种，种植一些低矮的粮食作物、经济作物，诸如红薯、辣椒、葛根、西瓜、黄花菜等。为了保证油茶苗成活成长，套种的作物取得较好收成，实现经济效益，故在油茶苗地实行全封，即严禁在油茶林中放牧、砍伐。

在种植油茶树后的五至八年内，实行半封。这一阶段油茶苗已长成油茶树，开始挂果，甚至进入了丰产期，对牲畜的撞击或踩踏有了一定的抵抗力。在油

[①] 柏贵喜等：《土家族传统知识的现代利用与保护研究》，北京：中国社会科学出版社，2015年版，第76页。

[②] 车越川等：《土家族传统生态知识多样性表达及现代价值》，《铜仁学院学报》2015年第3期。

茶林中适当放牧和饲养家畜并不会危及油茶林的生长，反而益处颇多。以在油茶林中养牛为例，"有牛的踩踏，茶籽落入土种更好地被掩埋起来，这样减少了被鸟类和老鼠吃掉的可能。牛的粪便排在林子里，随着雨水的冲刷渗入土壤中，被分解为肥料，为林子里的树木提供了养分。牛在林中行走，可以妨碍荆棘和灌木的生长，在林中吃草则可以减去农户们除草的工作，人和家畜在林中的活动频繁，鼠害也会有所减少"①。但是，这一阶段油茶林中仍然种植有其他作物。为了保障经济收益，在这些套种的经济作物、粮食作物的生长期，仍旧实行封山，其余时间则开封，即允许放牧、饲养家禽、砍伐等。一半时间开放，一半时间封禁，故称"半封"。

生长到八年以后，油茶树进入了成年期或收获期，树木已足够粗壮，已成片成林，一般的外力冲击不会影响它的存活，可实行季节性封山。在这一阶段，封山的时间段主要有两个：一是根据油茶林林下套种的经济作物或粮食作物的生长周期来确定封山时间，种植之前或收获之后均可开放，其余时间封山；二是为了保证油茶果充分成熟，在油茶果成熟后期，即茶果开始采摘前15天至30天之内，一般为霜降时节前15天至30天，实行封山。总之，为了保证油茶林的丰产丰收，保障经济效益，时令不到不开封、不采摘。这一时期的封山为必封阶段，故为季节性封山。

湘西土家族地区封山护林，多通过制定条款、订立乡规民约，借助习惯法的威力来保障。一村一寨之中，或出告示，或立禁碑，或鸣锣集会，或扎草标，或挂纸条，或种蒲竹，或竖界石，或埋石灰、木炭，公之于众。一村一寨之中设有专门的管山员巡视山林。如果"管山员在执行巡山时，若发现在禁区里放牧、背柴者，或偷砍捆有草标的数枝树干，或偷砍经济林木时，不管是谁，当场抓住，并报告村寨主持人，按照条款进行处理。轻者鸣锣认错，重者罚款、罚粮、罚栽树、罚修路等"②。此外，对特殊树种也有特殊规定，尤其是经济林木。公约规定："土家族地区的桐子树、茶子树、五倍子树、漆树、木油树等经济林木不准砍伐当柴烧。若发现谁家的柴火中有此经济林木的生树，每枝各罚款桐油、茶油、木油、五倍子油1斤，或罚漆4两（亦可按市价折钱）。"值得注意的是，公约还强调："对枯死的经济林木，也不能随意的砍伐作柴火，必须按统一规定的时间去采伐，即每年农历七月十四日、十五日、十六日三天，事先由管山员在枯枝树上做记号，再鸣锣告之，才能将枯枝树背回家，否则，

---

① 杨文君：《当代油茶产业复兴问题研究：以永顺高坪村为例》，吉首：吉首大学硕士学位论文，2020年，第61页。
② 田荆贵：《中国土家族习俗》，北京：中国文史出版社，1991年版，第247页。

也将受到惩罚。"①

湘西土家族对桐油茶林的管护历史悠久,在林业管护制度的基础上,形成了独具特色的油茶林管护制度。清乾隆二十五年(1760年),永顺知府张天如在《掘壕种树示》中明令:"凡于种植杂粮之外,所余山地及墙边园角俱须相度地利,广种树木。或恐偷砍伐,即须筑墙蓄禁。如有纵放牛马践食,以及进界偷砍者,须即报明该县,除重责外,立着赔偿,断不姑宽。尔等切勿偷安怠惰,坐失地利。"②永顺知府出告示劝诫民众广种树木,增加地利。对于封禁期间,偷砍林木、纵放牛马等恶劣行径,政府予以重罚。可见,政府官员已经认识到:在山林管护中,适当封禁是有必要的。

清光绪《古丈坪厅志》卷十五"序文"中收录的《蓄禁桐茶碑序》,详细记载了禁山公约,这是目前为止,关于永顺地区(清道光二年之前,古丈坪厅隶属于永顺府管辖)油茶林封禁制度最详细的碑文资料。原文如下:

> 吾乡之中,贫寒日甚,生产不繁,土地皆瘠。山广田少,非膏腴之地可比,所出之利,别无大宗。其五谷杂粮,不足以供地方之用,惟桐茶此地方之一大利也。奈何游手好闲之流,惰农自劳,不昏作劳,往往伐木不已而伤其财源。是以一人有饥寒之忧,众乡焉有不同者乎。
>
> 兹者公议,自今以始,当一体遵议款之条,共保地利。有私伐桐茶之木者,无论贫富,悉罚钱三串文,至于杂木、果树有砍者,罚钱一千文。其所罚之钱,充入公会,以修道路之崎岖。捡茶捡桐亦有定期,不准先后参差,若有暗行捡摘者,应罚钱二千文,与守桐茶杂木之人食用。故于桐茶将登之时,每派八人守之,一方二人以锣击之,日夜严防盗窃。摘捡之期,必过寒露之后,乃准捡摘,盖取桐茶籽内多油,故也。
>
> 此碑文甚直质,少彬彬之雅。其禁至今,民间共守奉,为世法所保全,桐茶树者若干,不可织数,民之赖以资生,亦不胜数。夫桐茶之利为苗疆各厅所习见,而不知始事者之功然,徒曰始事尤不足为至难,盖保护此树之难,保护此树之章程之能垂久而必行之难也,天兵事,因有事预防所宜先,而衣食之源,利赖之方,则尤人生一日不可

---

① 田荆贵:《中国土家族习俗》,北京:中国文史出版社,1991年版,第248页。
② (清)张天如纂修:《永顺府志》卷十一"檄示",清乾隆二十八年刻本。

阙之，端其关系之要与兵事有并重，不可以不详志之，有如此夫。①

根据序文可知，永顺地区山多田少，土地贫瘠，除了种植粮食外，油桐、油茶是十分重要的经济来源，乃"地方之一大利也"。但是，境内不乏偷伐者。因此，由官府出面，与乡民们约定：偷砍桐树、茶树者，罚款三串文；砍伐杂木、果树者，罚款一千文；寒露之后捡摘桐籽、茶籽，提前偷捡者罚款二千文，供巡山之人食用。从乡约内容来看，桐茶籽在采摘之前，乡中会派人巡山，严防偷盗。惩戒偷伐树木、偷摘油茶果者所得罚款，充入公会，用于修路、巡山开支等。

民国时期，湖南省出台了《湖南省农业改进所禁止早摘桐茶果暂行办法》，具体内容如下：

第一条：本所为提高桐油茶油产量品质起见，特制定本办法。

第二条：凡本所派有林业推广人员之各工作站均应举办本项工作，先就林业指导驻在乡镇为其中心工作，范围逐渐普及至其他各乡镇。

第三条：桐果之摘期规定不得早于霜降前两日，茶果采摘期之规定不得早于寒露前两日。

第四条：上条限制之规定由本所于每年八月呈请省政府以命令行之，并颁发布告广为晓谕。

第五条：本项工作实施之步骤于次：

1. 各工作站应商请各该驻在县之县政府布告严禁并令饬各乡镇公所切实执行本项命令。

2. 各指导员因商请各乡镇公所召开保甲长会议商讨宣传禁止方法，议定开山日期由各保甲长先期派丁鸣锣公告。

3. 各指导员应于农民集中场所从事口头宣传或制贴标语以资警惕。

第六条：桐茶果成熟时，各指导员应于寒露前十日起分赴各乡巡

---

① （清）董鸿勋纂修：（光绪）《古丈坪厅志16卷之重修古丈坪厅署碑记》古丈坪厅志卷十五，清光绪三十三年铅印本，笔者本想找到原碑刻，但多方打听无果，据考，该碑应立于古丈县楠竹山附近，1935年前后废屯升科毁坏。感谢原来在中共古丈县委办公室工作、现在中共湖南省委政策研究室综合处工作的文渊和原来在古丈团县委工作，现在湘西土家族苗族自治州粮食局工作的彭昭君、湘西土家族苗族自治州文联主席向午平等人提供的信息和帮助，特此说明和致谢。

回抽查（抽查方法见附件一），如发现有提早采摘者，由乡镇保甲长予以处罚。

第七条：本项工作结束后应将抽查结果由工作站填报统计表（附件二）三份，一份送主管场处，一份本所。

第八条：本办法如有更动，本所得随时修正通告之。

第九条：本办法自公布日施行。①

上述条款中，第三条明确规定"桐果之摘期规定不得早于霜降前两日，茶果采摘期之规定不得早于寒露前两日"，第六条明确规定"桐茶果成熟时，各指导员应于寒露前十日起分赴各乡巡回抽查（抽查方法见附件一），如发现有提早采摘者，由乡镇保甲长予以处罚"，足见政府对油桐、油茶采摘时间的严格把控。

一般来说，封禁之时，要在山林要道或村口当道之处，详细写明"禁山"规章，有禁有罚。乡规民约对封山禁林的条款制订得十分具体，立约明细，内容包括：禁止放牧牛羊、禁止拾柴割草、禁止砍伐林木、禁止落叶烧灰、禁止刨土积肥、禁止放火烧畲等。对于油茶林等经济林的保护，县域各地封山禁约除严明条款内容外，还详尽阐明保护林果的重要性和必要性。如永顺县西岐乡现存道光二年（1822年）《蓄禁碑》，碑文中言明："永邑山多田少，土瘠民贫，凡蓄有桐茶杉藟一切树木，虽属土宜之便，实为衣食之原。"②永顺县两岔乡现存清道光二十六年（1846年）《禁山碑》，碑文中即有"山多田少，全赖五谷桐茶，以济食用"③之语。

村民一旦违背，给予相应惩罚。如有将油茶树砍伐当作柴烧者；或在霜降节气之前摘茶籽者；或偷盗别家茶籽、偷砍别家油茶树者，经护林员核实，上报村寨主事长辈或"头人"（现为村支两委成员之一），主事长辈召集全体村民集会。会上，对犯事者进行批评教育。会后，犯事者要宰杀猪一头、羊一头，准备一百斤酒、一百斤米，举办酒席，宴请全村百姓，以此谢罪。永顺土家族山寨的"封山禁林公约"规定明确：如砍伐桐、茶、木（油）、倍（五倍子）、漆树等五种生树作柴者，每枝各罚桐油、茶油、木油、倍子各一斤，罚漆四两

---

① 邱人镐、周维梁、曾仲刚：《湖南省银行经济丛书：湖南之桐茶油》，湖南银行出版社，1943年版（中华民国三十二年五月初版，1-1500册），第189-190页，标点符号为引用者所加。
② 碑文由侯有德收录于永顺县西岐乡村民家中。收录时间：2021年8月18日。
③ 湘西土家族苗族自治州地方志编撰委员会：《湘西土家族苗族自治州丛书：林业志》，长沙：湖南出版社，1994年版，第70页。

（按市价折成钱币）；不遵守规定的办法和时间，擅自拾背桐、茶、木、倍、漆树干枝回家作柴者，以伐生树论处。

二、草标巡山

草标即用芭茅草打结系成的标记。草标巡山是指护林员在巡查山林时用草标来标记位置、宣示所有权的行为。这是将草标作为一种无字公约。草标是"约定俗成、具有法律性质的特殊符号语言"，它"以无字宣告的方式表达指令、归属等内容，依靠道德、舆论、法律或超自然力量，在人们内心形成强制力指导行为，保护相应权利，协调社会关系"。[①]草标具有宣示权利、提醒告诫、禁忌符号等方面的功能，在我国南方少数民族地区具有一定的影响力。草标的宣示主权功能即民众用草标来标示所有权，表示"物已有主"。一般来说，"野外发现无主之物，安放草标即可占有此物；因某种原因无法立即将砍伐后的木材带走，打个草标放在木材上，后来者即知此物已有归属"[②]。无主之物一旦被人放上草标，即意味着物品归属。若不告而取，则会被视为偷窃行为受到惩戒。草标的"提醒告诫"功能即通过放草标提醒人们注意某些事项，注意某些位置，告诫某些禁忌。在一些特殊地方，尤其是"菜地、秧田、林地或池塘等生产区域所有权人，为保持生产工作顺利进行而竖立草标，告知他人此田地忌踩、林地忌砍或池塘忌垂钓等。不听劝告而造成不良后果者，应承担相应损害赔偿责任"[③]。

在土家族地区，草标被广泛运用到生产生活的各个方面。一般来说，"在分岔路口挂一草标，说明此路有人走过，你可以放心行走，不会迷路，起指路作用；在山神土地庙前留一草标，表示对山神土地的崇敬，保佑自己或行路人一天平安；在路旁岩板上留一个草标，是一对情人幽会的记号，请不要干扰；在幽深的低谷狭窄处丢一个草标，告诉人们要提高警惕，此处常有毒蛇毒虫出没，要当心前后左右；在树枝上留一个草标，说明此树属保护之列，不能任意破坏；在进出粮食的路口留一个草标，说明此地粮食还没有收获或未收割完，千万不能去放牧；在干柴堆上放一草标，告诫别人此柴有主，他人不能去背；在丘田

[①] 张杨寒、李琴：《新时代黔东南苗族"草标"习惯法与制定法的调适》，《法制与社会》2021年第12期。

[②] 张杨寒、李琴：《新时代黔东南苗族"草标"习惯法与制定法的调适》，《法制与社会》2021年第12期。

[③] 张杨寒、李琴：《新时代黔东南苗族"草标"习惯法与制定法的调适》，《法制与社会》2021年第12期。

的缺口放有草标,说明此田要蓄水,不让别人挖缺口;在池塘边留有草标,说明该池塘里的活鱼禁止捕捉;在路边的木料上压一草标,说明此木料已有主人,别人不能运走;有人发现了一窝蜂,在其不远处放一草标,说明已有人发现,且在晚上来烧,别人就不要来烧了"①。诸如此类,不一而足。

草标巡山的习俗在永顺土家族地区较为盛行。村寨山林中,有树枯死了,主人家或巡山员就会在树上挂上草标,表示此为有主之物。在油茶林中,即使油茶树枯死了,只要主家人在油茶树上挂上草标,即告知此油茶树不能砍伐。村寨中的巡山员定期巡视油茶林,一旦发现需要修剪、培兜的地方,就放一草标标示位置,待日后再来修剪、培兜。油茶籽成熟之际,在进山之处挂上几个草标,即告知村民不能进入油茶山采摘。如有人明知故犯,将受到谴责和惩罚。遵守草标规约,成为土家族共同遵守的传统习惯。以上种种,充分发挥了草标的宣示权利和提醒告诫功能。

位于永顺县车坪乡里仁坪村的《清道光里仁坪圣谕十六条残碑》刊立于清道光十八年(1838年)。碑文中对痞棍借用"包守"之名遍插草标侵占所有权的恶劣行径进行了革禁。碑文如下:

……
正月上旬,恭讲约圣谕十六条,相为劝戒。
一、各乡五谷桐茶、田地山场,秋收时彼此当以守望相助,不许痞棍于中籍包守之名遍插草标,向乡民索费。
一、各乡每至田谷熟时,拾遗穗者不得携带小刀、筲箕,籍名偷窃。
一、各乡山多田少,全赖桐、茶二油以资生活,收子以寒露后为期,不许拾遗者于未熟窃取,各铺亦不准收买。
告示
右仰通知

道光十八年七月初九日

碑文内容透露了两方面重要信息:第一,清道光年间,五谷、桐油、茶油丰收之时,常有痞棍遍插草标,侵占物产,勒索乡民,是地方一大害,引起了

---

① 柏贵喜等:《土家族传统知识的现代利用与保护研究》,北京:中国社会科学出版社,2015年版,第74-75页。

官府的重视;第二,桐油、茶油是永顺地区乡民重要的生活来源,宜寒露后采摘,但境内存在"未熟窃取"现象,官府予以革禁。

综观而言,草标巡山习俗在湘西土家族地区十分盛行,村民们在山林中以挂草标的方式来宣示权利、标示位置、提醒告诫。草标巡山在油茶林的管护过程中发挥着重要作用。但是,与此同时,不法之徒也借助挂草标的方式来侵占山林财产,侵害民众的合法权利,对地方经济和稳定性破坏较大,引起了官府的重视。

三、惩戒制度

油茶林是永顺地区重要的经济林。永顺土家族乡民们十分重视对油茶林的管护。一村一寨,乡民们联合起来,共同制定了一些乡规民约,以约束和惩治偷盗山林资源的行为。为了广而告之,充分发挥规约的社会影响力,保障其约束功能,多将村规民约以文字的形式记录在案或刊刻在木牌、石碑上。在永顺地区,记录有关于油茶林管护内容的碑文比比皆是。诸如:

位于永顺县灵溪镇摆里村小桥边的《清乾隆摆里永远禁石碑》是清乾隆四十年(1775年)摆里村乡甲邀约众人,在庙前宰猪羊、敬神立约时立的碑。碑文中记录了十五条禁止条例,其中就包括"偷山粮田谷,除赔赃外,罚银三两""叨(盗)伐杉木、桐树者,罚银一两,□亦同"两条。①

位于永顺县车坪乡里仁坪村的《清道光里仁坪以固社仓以靖地方碑》系清道光十九年(1839年)永顺知县陈锡麟告示内容。其中有一条"又或有痞棍盗牵耕牛、强割五谷、偷摘桐茶等子者,亦许该保保约甲长等秉公具禀,以凭一并严拿究办,决不稍宽。其各凛遵勿违"②

位于永顺县西岐乡的《清道光西岐乡蓄禁碑》系清道光二年(1822年)刊立。此通碑文系笔者在田野调查时发现,暂未发现有前人摘录。故将碑文摘录如下:

> 署湖南永顺府永顺县正堂加五级记录八次成
> 为严禁不法,以靖地方事

---

① 田仁利:《湘西土家族苗族自治州金石通纂》,长沙:湖南人民出版社,2015年版,第338页。
② 田仁利:《湘西土家族苗族自治州金石通纂》,长沙:湖南人民出版社,2015年版,第343页。

照得永邑山多田少，土瘠民贫，凡蓄有桐茶杉丛一切树木，虽属土宜之便，实为衣食之原。岂容越界偷砍强伐致滋讼端。本县莅任以来，访有无耻之徒偷砍强伐私典，或偷捡桐茶子并杂粮，一经撞获，反敢肆行凶横。更有私宰耕牛，窝贼窝赌，又有乞丐三五成群讨要勒索，种种不法，实堪痛恨，除饬差查拿，合行勒石严禁，以为永远……仰保约居民人等知悉，自今以后尔等各务正业以期民俗敦厚。倘有匪徒仍蹈前辙，该保约及受害之人，立即指明，扭禀本县，以凭大法究惩，决不宽贷。该保约有稽查之责，勿得徇私，致于查出得究，各宜禀遵，勿违。①

根据碑文内容可知，桐油、茶油收入是永顺地区民众的衣食之源。清道光初期，永顺府境内砍桐茶树、偷盗桐茶果的现象颇为猖獗，引起了官府的高度重视。故道光二年（1822年）官府出面严禁，并立碑为示。永顺县现存的清道光二年所立的蓄禁碑如图5.1所示。

图 5.1 永顺县现存的清道光二年所立的蓄禁碑（侯有德 2021 年 8 月 18 日拍摄）

立于清道光二十八年（1848 年）的《清道光卡西湖示禁碑柱》中指出"永顺山多田少，土瘠民贫，端赖五谷桐茶以济食用"，然而，存在"该保境内，有等无业之徒，与外来游手好闲之辈互相明道，或荡产赌博，或酗酒许钱，籍路

---

① 侯有德于 2021 年 8 月 18 日摘录于永顺县西岐乡村民家中。

过田边窃割稻谷，或假上山扯草偷摘食粮。或放牛马猪羊践踏荞麦，或乘星月茔火偷窃资财，或畏难边盘伐桐茶。男子如此，妇女亦然，更有盘踞古庙油房、严洞深山，日则乞食，讹诈钱文，夜则弄壁，肥养身家"等问题，故出示晓谕众人"嗣后尔等须各位恒业，痛改前非。所有牧放牲畜应留心栓击，不可任意践踏；不准酗酒逞狂，更不准勾结滋扰……自示之后，倘有不遵，仍蹈前辙者，一经差拿或被告发，即尽法惩治，决不姑宽"①。

位于永顺县砂坝镇官坝村的《清同治田谷垭静地安良示禁碑》立于清同治三年（1864年）十二月。根据碑文内容，可知，清同治三年十二月初二日"据绅士保约老成禀称，缘生等田谷垭地方，山多田少，地瘠民贫，仅种桐茶树木、黍麦杂粮，稍当地利，尚可聊生。乃近有不法之徒，纵斧纵斤，树木受其戕害；放猪放牛，杂粮遭其践食，生息殆尽，人民寒心。……"等问题，故出示告诫众人："嗣后地方蓄有桐茶等树，若非己业，毋许外人盗伐；种有黍麦杂粮，亦不许纵放牲畜践食……自示之禁，倘有再犯前项不法情事，定即严拿究查，绝不宽贷。凛之慎之，毋违。"②

位于永顺县永茂镇卓福村六角庄组村口的《清同治六角庄公议条规碑》系同治七年（1868年）村民公立。碑文强调"我等地方六剖庄大垭充、小垭充，阖族公议，彼此同心，仰遵奉示：五谷桐茶树木，贼盗赔钱，宪示勒石刊碑，以垂久远。如有倘敢违者，重则送官严究，轻则公同发给。务期大小从公，风俗淳朴，以上体乎宪示焉则已耳"③，并明确提出四条条规，其中一条是"有窃伐桐茶杂木者，过信谢钱四百文；罚戏壹部"④。

位于保靖县清水坪镇魏家寨村的《民国魏家寨禁葬碑》系民国二十九年（1940年）余姓氏族刊立。碑文中刊刻了阖族公议的五条条规，其中两条分别是"二议，桐茶树木，禁止不准砍者"，"四议，或被人砍坟山树木、桐茶者，赏报口拾元"⑤。

---

① 田仁利：《湘西土家族苗族自治州金石通纂》，长沙：湖南人民出版社，2015年版，第347页。
② 田仁利：《湘西土家族苗族自治州金石通纂》，长沙：湖南人民出版社，2015年版，第348页。
③ 田仁利：《湘西土家族苗族自治州金石通纂》，长沙：湖南人民出版社，2015年版，第348页。
④ 田仁利：《湘西土家族苗族自治州金石通纂》，长沙：湖南人民出版社，2015年版，第349页。
⑤ 田仁利：《湘西土家族苗族自治州金石通纂》，长沙：湖南人民出版社，2015年版，第361-362页。

第五章　永顺油茶林复合系统的制度体系

位于龙山县石牌镇桃园村的《清嘉庆桃园永遵示禁柱碑》系清嘉庆二十四年（1819年）十二月龙山知县缴继祖给示所勒。碑文主要内容是"永禁盗贼、赌博、酗酒、打降、窝赌窝娼、盗窃桐茶树木、纵畜践踏五谷、借事需索、□坟苛诈、讼棍匪痞、强丐讹讨"。①

位于龙山县桂塘镇乌龙山村的《清道光杨柳槽示禁柱碑》系清道光二十四年（1844年）十二月遵龙山知县马炳禁令刊刻。其中包括"禁偷伐竹木，桐茶菜蔬""禁收获捡子，难拾遗""禁山林田地，越界侵占"等条款。②

位于保靖县碗米坡镇陡滩村太平组凉水井寨的《清咸丰凉水井示禁碑》系清咸丰六年（1856年）永顺府官府告示。碑文指出"保邑山多田少，地瘠民贫，所有田禾山粮、荞麦豌豆、桐茶杂木等项，实属衣食之资"，但是却"有不法之徒，盗窃偷伐，侵害良民；更有窝藏窝赌，不农不商男妇，每当山粮成熟、桐茶结实之秋，日则强抢，夜则暗窃，拿获男者，诬指磕索，拿获女者，鄙赖奸情，勾引外境痞棍，寻害兹端，篾法妄为，殊堪痛恨"，故刊刻石碑，明令"阖寨不准窝留盗匪、面生歹人；春秋禁止六畜，至十月初一日放散，二月初一日收管。如不遵者，即行共同送县，法究毋宽"。③

位于保靖县普戎镇普戎村的《清同治普戎永定章程碑》系清同治八年（1869年）彭姓氏族公立。碑文之首，言明立碑缘由是"念我一都普戎寨，田少土多，桐茶杉林之利，实居其半；地密人稠，晨行夜游之辈，闲扰其中"。为了解决这一问题，阖族约定"如有见斫伐桐茶者，无论亲疏，罚钱一千五百文，决不宽贷，除钱四百文赏给首告；倘或见而殉情，□而私□，一经闻知，反受其罚"；"每岁之交实，必俟成熟，限寒露后一日始摘茶子，寒露后十日方拾桐子。凡五谷桐茶，突窥见偷窃，罚限仿照前例"。④

位于保靖县水银乡水银村的《清光绪水银合团款碑》系清光绪五年（1879年）他普、泽岱、五里坪、小他普、李家寨五寨村民公立。碑文中有言："保邑山多田少，惟桐茶树需议定寒露方摘，先摘依众罚款。一切有用树木，是其出

---

① 田仁利：《湘西土家族苗族自治州金石通纂》，长沙：湖南人民出版社，2015年版，第366页。
② 田仁利：《湘西土家族苗族自治州金石通纂》，长沙：湖南人民出版社，2015年版，第371页。
③ 田仁利：《湘西土家族苗族自治州金石通纂》，长沙：湖南人民出版社，2015年版，第356页。
④ 田仁利：《湘西土家族苗族自治州金石通纂》，长沙：湖南人民出版社，2015年版，第356页。

产最为郑重,不许偷砍。"①

位于保靖县清水坪镇清水坪村的《清光绪清水坪禁偷桐茶碑》系清光绪二十三年(1897 年)公立。碑文中有言:"照得里耶所管之红泥田、李家洞、邓家坡、采长坡、对门坡、下码头等处地方,地非膏腴,山多田少,地瘠民贫。本县出示严禁:桐茶树木、五谷杂粮冬种,每年凡捡收之日,若有驻抢驻撒,拿获送官;若有款内先捡之人,日夜偷窃,见者罚钱四千文。"并附四条条款,其中有一条"偷砍桐茶树木,见者罚款八百文"。②

原位于龙山县石牌镇桃园村的《清道光桃园永定章程碑文》系清道光二十五年(1845 年)龙山知县李训芳颁示。碑文中颁示了七条条约,其中有两条与油茶林的管理密切相关。摘录如下:

劝广种树木。龙山人民,非种植无以为生,凡桔桐茶桑树,于土性相宜者,务多种之,以收地利。早桔限小暑,迟桔限秋分,茶子限寒露,桐子限霜降等节。

禁窃杂物、窝贼匪。窝藏匪盗者,准禀除,以靖地方四邻,不报者同罪。盗窃桔子桐茶谷粮等件,窃伐诸种树木,都随地随人皆可捉,凭团究,应给酬劳钱四百。见而不捉者,以窜窃议罚。桐茶子经山主收拼净尽后,始准静捡。惟桔子虽经山主收尽后,有敢捡取者,照偷桔公罚。③

位于龙山县三元乡南北村的《清光绪新华永定章程柱碑》系清光绪十年(1884 年)龙山知县彭飞熊颁示。碑文中对"任意获取桐茶果树,肆意砍伐"等恶习予以革禁,要求"嗣后,如有前项不法痞徒肆行妄为滋扰,即陈团拘获,捆送赴县,以凭惩办,绝不姑宽。该绅亦不得挟嫌,安拿无辜,致于咎戾"。合计四面碑文,其中第四面碑文中有一条款,明令"地方收摘桐茶,自有节候,请团议定限期,毋得违背"。④

原立于龙山县苗市镇西沙湖村的《清光绪西沙湖永培风水碑》于清光绪三

---

① 田仁利:《湘西土家族苗族自治州金石通纂》,长沙:湖南人民出版社,2015 年版,第 359 页。
② 田仁利:《湘西土家族苗族自治州金石通纂》,长沙:湖南人民出版社,2015 年版,第 360 页。
③ 田仁利:《湘西土家族苗族自治州金石通纂》,长沙:湖南人民出版社,2015 年版,第 373 页。
④ 田仁利:《湘西土家族苗族自治州金石通纂》,长沙:湖南人民出版社,2015 年版,第 376 页。

十三年（1907年）三月刊立。碑文中言明："桐茶杉树，不许妄伐。有妄伐者，查获罚钱四挂文；报口钱八百文。有不服约者，公惩！"[1]

现将上述碑文基本信息及碑文内容简要汇总，如表5.1所示。

表5.1 永顺地区禁偷桐茶碑文情况统计表

碑名	刊立时间	所在地点	性质	惩戒内容
《清乾隆摆里永远禁石碑》	清乾隆四十年（1775年）	永顺县灵溪镇摆里村	村规民约	"偷山粮田谷，除赔赃外，罚银三两。""叨（盗）伐杉木、桐树者，罚银一两，□亦同。"
《清道光西岐乡蓄禁碑》	清道光二年（1822年）	永顺县西岐乡	官府告示	对"无耻之徒偷砍强伐私典，或偷捡桐茶子并杂粮"的行为进行革禁，并强调："以凭大法究惩，决不宽贷。该约有稽查之责，勿得徇私，致于查出得究，各宜禀遵，勿违。"
《清道光里仁坪以固社仓以靖地方碑》	清道光十九年（1839年）	永顺县车坪乡里仁坪村	官府告示	"又或有痞棍盗牵耕牛、强割五谷、偷摘桐茶等子者，亦许该保约甲长秉公具禀，以凭一并严拿究办，决不稍宽。其各凛遵勿违。"
《清道光卡西湖示禁碑柱》	清道光二十八年（1848年）	永顺县盐井乡龙洞村卡西湖寨	官府告示	"有等无业之徒，与外来游手好闲之辈互相明道……或畏难边盘伐桐茶"和"盘踞古庙油房、严洞深山，日则乞食，讹诈钱文"的行为予以革禁，并重申"自示之后，倘有不遵，仍蹈前辙者，一经差拿或被告发，即尽法惩治，决不姑宽！"
《清同治田谷垭静地安良示禁碑》	清同治三年（1864年）	永顺县砂坝镇官坝村	官府告示	"嗣后地方蓄有桐茶等树，若非己业，毋许外人盗伐……自示之禁，倘有再犯前项不法情事，定即严拿究查，绝不宽贷。凛之慎之，毋违。"

---

[1] 田仁利：《湘西土家族苗族自治州金石通纂》，长沙：湖南人民出版社，2015年版，第378页。

续表

碑名	刊立时间	所在地点	性质	惩戒内容
《清同治六角庄公议条规碑》	清同治七年（1868年）	永顺县永茂镇卓福村	村规民约	"五谷桐茶树木，贼盗赔钱，宪示勒石刊碑，以垂久远。""有窃伐桐茶杂木者，过信谢钱四百文；罚戏壹部。"
《民国魏家寨禁葬碑》	民国二十九年（1940年）	保靖县清水坪镇魏家寨村	族规	"二议，桐茶树木，禁止不准砍者。""四议，或被人砍坟山树木、桐茶者，赏报口拾元。"
《清嘉庆桃园永遵示禁柱碑》	清嘉庆二十四年（1819年）	龙山县石牌镇桃园村	官府告示	"永禁盗贼、赌博、酗酒、打降、窝赌窝娼、盗窃桐茶树木、纵畜践踏五谷、借事需索、□坟苛诈、讼棍匪痞、强丐讹讨。"
《清道光杨柳槽示禁柱碑》	清道光二十四年（1844年）	龙山县桂塘镇乌龙山村	官府告示	"禁偷伐竹木，桐茶菜蔬。""禁收获捡子，□难拾遗。""禁山林田地，越界侵占。"
《清同治泽八坡封山告示碑》	清同治二年（1863年）	龙山县靛房镇中心村	官府告示	"物各有主，毋得擅行乱砍，自蹈咎戾。倘再有窃伐，一经山主捕获首禀，定即重究追赔，凛遵。"
《清咸丰凉水井示禁碑》	清咸丰六年（1856年）	保靖县碗米坡镇陡滩村	官府告示	对不法之徒"每当山粮成熟、桐茶结实之秋，日则强抢，夜则暗窃"的行为进行革禁
《清同治普戎永定章程碑》	清同治八年（1869年）	保靖县普戎镇普戎村	族规	要求家族成员监督偷盗桐茶的行为，强调"如有见斫伐桐茶者，无论亲疏，罚钱一千五百文，决不宽贷，除钱四百文赏给首告；倘或见而殉情，□而私□，一经闻知，反受其罚"
《清光绪水银合团款碑》	清光绪五年（1879年）	保靖县水银乡水银村	村规民约	"保邑山多田少，惟桐茶树需议定寒露方摘，先摘依众罚款。一切有用树木，是其出产最为郑重，不许偷砍。"

续表

碑名	刊立时间	所在地点	性质	惩戒内容
《清光绪清水坪禁偷桐茶碑》	清光绪二十三年（1897年）	保靖县清水坪镇清水坪村	村规民约	"桐茶树木、五谷杂粮冬种，每年凡掇收之日，若有驻抢驻撒，拿获送官；若有款内先捡之人，日夜偷窃，见者罚钱四千文。""偷砍桐茶树木，见者罚款八百文。"
《清道光桃园永定章程碑文》	清道光二十五年（1845年）	龙山县石牌镇桃园村	官府告示	"禁窃杂物、窝贼匪。窝藏匪盗者，准稟除，以靖地方四邻，不报者同罪。盗窃桔子桐茶谷粮等件，窃伐诸种树木，都随地随人皆可捉，凭团究，应给酬劳钱四百。见而不捉者，以窜窃议罚。桐茶子经山主收拼净尽后，始准静捡。惟桔子虽经山主收尽后，有敢捡取者，照偷桔公罚。"
《清光绪新华永定章程柱碑》	清光绪十年（1884年）	龙山县三元乡南北村	官府告示	对"任意获取桐茶果树，肆意砍伐"等恶习予以革禁，要求"嗣后，如有前项不法痞徒肆行妄为滋扰，即陈团拘获，捆送赴县，以凭惩办，绝不姑宽。该绅亦不得挟嫌，妄拿无辜，致于咎戾"，明令"地方收摘桐茶，自有节候，请团议定限期，毋得违背"
《清光绪西沙湖永培风水碑》	清光绪三十三年（1907年）	龙山县苗市镇西沙湖村	村规民约	"桐茶杉树，不许妄伐。有妄伐者，查获罚钱四挂文；报口钱八百文。有不服约者，公惩!"

永顺地区关于油桐林、油茶林管护的碑文合计有 17 通。综观表 5.1，可以发现几点重要信息：

第一，从性质来看，碑文主要有官府告示、村规民约、族规 3 种类型。其中，官府告示 10 通，村规民约 5 通，族规 2 通。由此可知，永顺地区官府和民众均十分重视桐茶林的管护问题。官府通过告示劝谕民众对桐茶林、油茶林加强管护，严禁偷砍油桐树和油茶树、偷盗桐籽和茶籽等行为。民众们则通过制定乡规民约，共同监督、防范破坏油桐和油茶林，偷盗桐籽和茶籽的恶行。毕竟，桐油收益和茶油收益是永顺地区重要的经济收益和税收来源，油桐林和油茶林是永顺地区重要的经济财产。

第二，从数量来看，属于官府告示的碑文明显多于属于村规民约和族规的碑文，前者分别是后两者的2倍、5倍。这也从侧面反映出了晚清民国时期永顺地区匪盗猖獗，不法之徒破坏桐茶林和油茶林、偷盗桐籽和茶籽的现象较为普遍，一度成为政府着力解决的棘手问题。

当然，值得注意的是，其中也不乏宗族或村民出面，请求官府出具告示革禁伐盗，惩罚匪盗的现象。诸如，原位于保靖县碗米坡镇陡滩村太平组凉水井寨的《清咸丰凉水井示禁碑》刊刻的是政府告示，但主要动因是"十六都生员刘学元、彭世臣、彭勇仁，乡约田国文，民人温永和、谭开绪、田世云、彭学银、彭天、徐文儒、彭国正、秦才科、向大光、彭启柱等前来具禀"[1]。碑文告示的条文格式十分正式：抬头言明所属官府，正文阐述宗族求助官府原因、目的及示禁的范围，最后重申违犯禁条会受到法律制裁，即"如不遵者，会同法究"[2]。

其实，在中国南方地区，宗族求助于官府保护山林的案例屡见不鲜。究其原因，村规民约是一种自发约定的规章制度，其约束性完全建立在约定者自发、自觉的基础上，其强制效果和约束范围远远不及国家法律，"单单依靠宗族势力很难约束生活在这一片的居民，要想达到预期的目的，宗族还得借助于官府的权威性"[3]。故而，宗族利用"族中有名之人，并联合一族之力，联名赴县，请求官方力量的参与，来共同维护"永顺地区经济林，尤其是油桐林和油茶林的管护。如此一来，村规民约具有了法律效力，官府也借助宗族的力量实现辖区的精细化管理。

第三，从碑文内容来看，为了加强对油茶林的管护，官府赏罚分明，兼有明晰的惩罚、奖励之法。综观而言，惩罚之法主要有经济处罚和行政处罚两种。在上述碑文中，对砍伐、偷盗行为的经济惩罚十分普遍，惩罚条款明确、细致。诸如：《清乾隆摆里永远禁石碑》中明令"砍伐杉木、桐树者，罚银一两"[4]；

---

[1] 田仁利：《湘西土家族苗族自治州金石通纂》，长沙：湖南人民出版社，2015年版，第355-356页。

[2] 田仁利：《湘西土家族苗族自治州金石通纂》，长沙：湖南人民出版社，2015年版，第356页。

[3] 卢佳林：《清代中期徽州山林保护研究》，合肥：安徽大学硕士学位论文，2017年，第31页。

[4] 田仁利：《湘西土家族苗族自治州金石通纂》，长沙：湖南人民出版社，2015年版，第338页。

《清同治六角庄公议条规碑》中明令"五谷桐茶树木,贼盗赔钱"[①];《清同治普戎永定章程碑》中明令"如有见斫伐桐茶者,无论亲疏,罚钱一千五百文"[②];《清光绪清水坪禁偷桐茶碑》中言明"若有款内先捡之人,日夜偷窃,见者罚钱四千文""偷砍桐茶树木,见者罚款八百文"[③];《清光绪西沙湖永培风水碑》中言明"桐茶杉树,不许妄伐。有妄伐者,查获罚钱四挂文;报口钱八百文"[④]。而行政处罚条文相对模糊,多用"严拿究查,绝不宽贷""尽法惩治,决不姑宽""严拿究办,决不稍宽""重究追赔"等一言蔽之。对于管护桐茶林有功者的奖励主要体现在经济方面。诸如:《清同治普戎永定章程碑》中言明,赏"钱四百文赏给首告"[⑤];《清同治六角庄公议条规碑》中言明"有窃伐桐茶杂木者,过信谢钱四百文"[⑥];《清道光桃园永定章程碑文》中言明"盗窃桔子桐茶谷粮等件,窃伐诸种树木,都随地随人皆可捉,凭团究,应给酬劳钱四百"[⑦];《民国魏家寨禁葬碑》中言明"或被人砍坟山树木、桐茶者,赏报口拾元"[⑧]。总而言之,晚清民国时期,永顺地区已经形成了关于油茶林管护的较为完备的奖惩制度。

---

① 田仁利:《湘西土家族苗族自治州金石通纂》,长沙:湖南人民出版社,2015年版,第348页。
② 田仁利:《湘西土家族苗族自治州金石通纂》,长沙:湖南人民出版社,2015年版,第356页。
③ 田仁利:《湘西土家族苗族自治州金石通纂》,长沙:湖南人民出版社,2015年版,第359页。
④ 田仁利:《湘西土家族苗族自治州金石通纂》,长沙:湖南人民出版社,2015年版,第377页。
⑤ 田仁利:《湘西土家族苗族自治州金石通纂》,长沙:湖南人民出版社,2015年版,第356页。
⑥ 田仁利:《湘西土家族苗族自治州金石通纂》,长沙:湖南人民出版社,2015年版,第348页。
⑦ 田仁利:《湘西土家族苗族自治州金石通纂》,长沙:湖南人民出版社,2015年版,第373页。
⑧ 田仁利:《湘西土家族苗族自治州金石通纂》,长沙:湖南人民出版社,2015年版,第361页。

结束语

  我国是一个有四千多年农耕传统的农业社会。大量典籍和农书的记载已经表明中华文明曾经是在土地上成长起来的百业兴旺的农耕文明。通过对油茶历史的溯源及其地理分布情况的考察，我们不难发现，传统油茶种植与综合利用的时间已上千年，是一项具有深厚历史积淀的农业文化遗产，是祖先留给我们的宝贵财富。正如习近平总书记所说："我国农耕文明源远流长、博大精深，是中华优秀传统文化的根。我国很多村庄有几百年甚至上千年的历史，至今保持完整。很多风俗习惯、村规民约等具有深厚的优秀传统文化基因，至今仍然发挥着重要作用。"①复兴油茶产业，综合创新利用油茶，在很大程度上，可以说，是在保护我们民族的优秀传统农耕文化。2017年党的十九大提出了乡村振兴战略，其总目标就是实现农业农村现代化。这就离不开对历史积淀和文化传统的发掘。

  笔者参与"湖南永顺油茶林农复合系统"申报中国重要农业文化遗产时发现，该遗产地核心区关于油茶林的种植、管护、茶油压榨等技术体系与土家族传统文化是高度耦合的。换言之，永顺地区古油茶林至今保持着盎然生机与活力，离不开土家族传统文化的指引。永顺土家族以精心管护油茶林的传统知识和技术体系为内核的物质文化，基于乡规民约的制度文化，蕴含着敬畏自然、人与自然和谐共生等思想的精神文化，都在永顺油茶林复合系统的形成与发展中发挥着重要作用。

  武陵山区位于云贵高原向江汉平原过渡地带，山高坡陡，地表崎岖不平，大部分地区不适合推广大田农业。土家族乡民依靠历史积淀的生存智慧，采取多业态复合经营的生计方式，实现了人与自然和谐共生。正如习近平总书记指出："种油茶绿色环保，一亩百斤油，这是促进经济发展、农民增收、生态良好的一条好路子。路子找到了，就要大胆去做。"②因地制宜发展人工油茶林复合产业确实是一条一举多得的绿色发展之路，因为多业态生产方式有防范生态灾

---

① 习近平：《把乡村振兴战略作为新时代"三农"工作总抓手》，《社会主义论坛》2019年第7期。

② 习近平：《路子找到了，就要大胆去做》，http://www.xinhuanet.com/politics/2019-09/18/c_1125007571.htm，2021年2月18日

变、重构人地和谐关系的综合生态服务功效。①管护、利用好人工油茶林复合系统就能实现文化适应生态环境的三大目标，即弥补自然资源结构缺环、有效防范生态环境风险、规避生态系统脆弱环节。

首先，弥补自然资源结构缺环。和世界各地一样，武陵山区的自然地理结构是地质史长期发展的综合产物。具体到特定的产业经营而言，永顺土家族乡民选择油茶作为多业态经营的主导产业后，必然会暴露出具体的自然资源结构缺环。鉴于油茶的生物属性比较稳定，诚如前文所言，油茶属于下沉小乔木或灌木，最适合定植于山麓次生土石堆积带。一旦在这样的地带从事人工油茶林生产，森林生态系统能否超长期稳定就必然成为不容忽视的自然资源结构缺环。

武陵山区坡高谷深、地形破碎，不具备连片开辟为农田和草原的环境条件。油茶是木本油料作物，根系极为发达，可以在土石堆积层牢牢扎根，从而有效抑制土石堆积层重力侵蚀和流水冲刷的移动，在一定程度上弥补了此自然结构缺环。与此同时，永顺人工油茶林还是仿生定植，除了移栽油茶植株外，还要配种高大乔木、低矮灌木、草本植物等根系发达的伴生植物，可以进一步稳定土石次生堆积层，使其达到高度稳定。

通过仿生定植，永顺人工油茶林可以实现多重生态价值。碳汇积累高效稳定延续，并能有效改变地表的小气候形成条件，使人工油茶林相伴生的动植物都各自找到其生存空间和生命延续的机遇，其保持水土的作用最为明显。因为一旦这样的次生堆积层高度稳定后，干旱季节由于人工油茶林各物种扎根很深，不会像种植草本植物那样遭逢旱灾威胁。洪水季节稳定的次生堆积层还有巨大的空间截留富余的淡水资源，稳定下游江河水位，发挥生态公益服务效益。由此看来，一个自然资源结构缺环得以补救同样可以实现多重生态价值，永顺人工油茶林也确实做到了这一点。

其次，有效防范生态环境风险。自然地理结构一旦形成，由于自然的作用依然会发生各不相同的自然演替。这就是地理学家所说的重力侵蚀、流蚀、风蚀以及偶发性的地震、火山等运动造成的可变因素。永顺所在的武陵山区同样也会面临气候变动、地质地貌移位的风险，乃至生物污染的灾害性威胁。这样的风险和威胁不仅存在于当代，在历史上也曾给土家族先民造成了难以估量的损失。永顺土家族先辈在产业选择时选中人工油茶林的培植，本身就有应对此类风险的目的。

---

① 罗康隆、吴合显：《多业态生产：人与自然关系重归和谐的可行方式》，《云南社会科学》2016年第2期。

武陵山区气候四季分明，但降雨量波动幅度大，持续干旱和持续阴雨天气时有发生。此外，季节性霜冻、倒春寒、冰雹等气象灾害对这里的农业生产的破坏性也很大。但人工油茶林的多业态复合经营模式，一定程度上可以缓解上述气象灾害带来的冲击。人工油茶林森林生态系统大多是生根性植物，季节性的干旱或水涝不会对其构成实质性的威胁。但如果改种大田草本作物，季节性的干旱或水涝就会成为久治不愈的顽疾。而且人工油茶林森林生态系统的主导作物是木本植物，遭逢冰雹后在当年就可以自我修复、自我更新，具有比草本作物更强的抗冻、抗灾能力。另外，人工油茶林森林生态系统大多为常绿阔叶树，霜冻、倒春寒一般只能伤及嫩枝，不会伤其性命。可见，人工油茶森林生态系统本身就具有防范当地长期存在的自然与生态风险的价值。

油茶植株立地环境本身为不稳定的土石次生堆积层。山高谷深的地貌结构容易造成水土流失。再加上油茶林分布带地势偏低，暴雨季节的产流面比油茶林面积还要大，因而暴雨冲刷和重力侵蚀叠加，不可避免地给这样的地质结构带来灾害隐患。如果在这样的土石次生堆积层种植木本作物，或种植多层次、多结构、多物种的木本作物和草本植物的话，就可以多层次截留急剧下降的暴雨，减缓雨滴落地的速度，从而避免对生态系统中各个物种的直接冲击。虽然地表径流冲刷力度很大，由于物种按产业结构进行调整，是多物种并存，地表有草本植物、藤本植物与之伴生，这些植物大多贴近地表生长，暴雨季节的泥石流产流都能够得到逐级减速，其能量在流经的过程中得到逐步释放，对土石堆积层的冲击力可以降到最低限度，从而确保土石堆积层高度稳定。

最后，规避生态系统脆弱环节。永顺人工油茶森林生态系统脱胎于低山丘陵亚热带常绿阔叶林森林生态系统。在人类没有介入之前，武陵山区森林生态系统凭借生物多样性水平的提升以及物种间制衡来达到生态平衡和稳定延续。土家族文化选中以油茶为主导作物后，由此建构起来的人工油茶林在性质上也就发生了改变，原有的生物物种制衡关系也就会遭到破坏，从而暴露出必须面对的生态系统中的脆弱环节。最直接、最突出的脆弱环节来自外来物种入侵和生物物种间的失衡。

人工油茶森林生态系统一旦在文化干预下形成，人与油茶的兼容互惠关系就表现为油茶植株成为当地优势物种。如此一来，油茶植株遭逢病虫害的风险就会暴露出来。永顺土家族乡民要对人工油茶林实施有效管护，既不能全部除掉伴生植物，又不能放任不管，使其过于茂盛。因为油茶植株生物属性决定了要始终保持人工油茶林通风透气、温度稳定、湿度适宜。油茶是亚热带森林生态系统的底层小乔木，若长期处于湿润、密闭的环境之中，则容易被真菌感染而生病。茶树长茶苞和木耳等菌类就是感染真菌的结果。

如果逐株清除危害，不仅劳神费时，而且采用间伐清除的方式对油茶植株造成的损伤极大。但是只要加强对伴生植物的管控，确保阳光能直射地表的底层植物，就可以有效控制真菌疾病。修剪管护过程中用刀而不轻易用锄和锯可避免伤及油茶植株，同样可以发挥阻止真菌滋蔓、补救生态系统脆弱环节的功效。

在油茶林实行仿生种植，在一定程度上可以规避外来物种入侵的风险。由于实行仿生种植，人工油茶林中的生物多样性水平较高，大大降低了外来物种入侵的风险。那些不适合在当地生态系统中生长的针叶树与落叶阔叶树的种子即使撒落到人工油茶林中，也会因这里的生物多样性水平偏高而无法发芽、无法成活。永顺人工油茶林能够稳定延续数百年，相关的历史文献记载鲜有提及油茶林的病虫害和外来物种的入侵，本身就是一个明证。

人工油茶林生态系统一旦形成并且得到稳定延续，除了可以直接发挥维护生态的功效外，还能为人类提供很多意料之外的生态公益服务效用。其一，在武陵山区文旅融合的大趋势下，永顺及周边古丈县等地的人工油茶林是很有价值的生态旅游资源，可以为都市人群休闲度假、亲近自然、愉悦身心提供秀美的旅游环境。其二，人工油茶林一经形成并延续下来，形成的碳汇只增不减。其三，木本作物能对大气污染物发挥截留作用，有毒气体、尘埃停留在植物叶面，经过暴雨淋蚀、冲刷后转化为土壤自然肥力，能够化害为利。其四，人工油茶林长期稳定存在，可以终年发挥稳定下游江河水位的生态公益服务功效。其五，人工油茶林具有更高的生物多样性水平，因而本身就可以将当下生物多样性保护目标落到实处。特别是在退耕还林背景下，大面积恢复人工油茶林，在落实政策的同时也可加强生物多样性。其六，人工油茶林是复合经营，故而可以放大该地区小气候的有利因素，缩小其不利因素，从而使得生活其间的人们不惧怕酷暑和干旱，因为人工油茶林具有遮阴和稳定地下水位的功效。这些生态公益服务是功成一时、受惠永久的。

作为单一经济作物，油茶的种植生产与综合利用已经取得很好的经济效益和社会效益，并得到了国家领导人、各级人民政府的高度重视以及广大人民群众的认可。习近平总书记说过："茶油是个好东西，我在福建时就推广过，要大力发展好油茶产业。"[①]永顺等地区的老百姓说："油茶全身是宝""油茶林就是我们的命根子"。近年来，我国食用植物油消费量持续增长，需求缺口不断扩大，对外依存度明显上升，食用植物油安全问题日益突出。[②]武陵山区发展与当地自然生态系统相契合的、与民族文化相耦合的、有历史积淀的油茶林复合经营模式，既是保障国家粮油安全，助力实现乡村全面振兴和走向共同富裕的高招良策，也是人与自然关系回归和谐共生的一种有效途径。

[①]《总书记两会上说：茶油是个好东西，我在福建时就推广过，要大力发展好油茶产业》，https://www.sohu.com/a/300907896_120102554，引用日期：2020 年 7 月 17 日。

[②] http://www.gov.cn/xinwen/2015-01/13/content_2803693.htm，引用日期：2020 年 7 月 17 日。

附 录

附录一：田野调查访谈记录选要

田野调查之制度体系访谈提纲

一、家族村社共有的产权制度

1. 新中国成立以前

新中国成立前，油茶林归谁所有？（地主？农民？）如何管理、维护？农民吃得起油茶吗？有"捞山子"的习俗吗？

2. 集体经济时代

人民公社化时期，油茶林归谁所有？怎么划分的？如何管理、维护？如何分配？有"捞山子"或相关的习俗吗？

3. 改革开放以来

油茶林归谁所有？如何管理、维护？油茶生产与加工如何组织？油茶交易如何进行？（价格、品质判定、市场行情等）

二、家族村社共管的乡约制度

1. 封山与开禁

什么是封山与开禁？封山与开禁制度是从什么时候开始形成的？封山的目的是什么？何时封山，何时开禁？封山与开禁制度运行的保障有哪些（比如村规民约、定期巡山、惩戒措施等）？

2. 草标巡山

草标巡山怎么进行？草标巡山是从什么时候开始形成的？草标巡山目的是什么？主要为了巡防哪些情况？发现问题了如何处理？如何选定巡山员？巡山员的报酬有多少？村里有谁当过巡山员？（对其进行口述史资料整理）

3. 惩戒制度

破坏油茶林、偷盗油茶籽、弄脏榨油坊等行为分别要受到哪些惩戒？惩戒如何实施？有哪些制度保障？村民们对于破坏者是什么态度？有没有相关的家庭教育？

4. 舆论监督

村民们对破坏油茶林行为的谴责和监督有哪些？对偷盗油茶籽行为的谴责和监督有哪些？对弄脏榨油坊行为的谴责和监督（具体到村民们怎么说？怎

做?)有哪些?相关的家庭教育有哪些?

三、家族村社共享的分配制度

集体化时期,油茶林怎么管理?由谁修剪、看护油茶林?

集体经济时期,公社与公社之间如何协调关系?有没有关于油茶生产的合作与竞争?比如:比较哪个公社的油茶产量高,品质好等;从其他公社借油、还油的情况。

集体经济时期,油茶籽由谁保管?怎么保管?榨油由谁组织?怎么进行?油茶由谁保管?怎么分配?茶枯怎么处理?

公社化时期,油茶怎么分配?按劳分配还是按人口分配?有茶油票吗?

油茶林中的附属产品有哪些?怎么分配?诸如:柴火、鸡、羊等。

"捞山子"的习俗大概是什么时候开始有的?集体经济时,"捞山子"如何进行?

家庭联产承包责任制实行以后,油茶林如何分配?如何管理?村寨榨油活动如何进行?

大概从什么时候开始出现售卖油茶的现象?怎么交易?如何定价?村民之间有没有竞争?

如何提高油茶的产量和品质?如何判断谁家的油茶品质好?(村民之间有没有约定俗成的判断标准)

2018年9月4日上午访谈彭某记录

访谈人:侯有德。

访谈对象:彭某,土家族,时任湘西州林业勘测设计院副院长,现在为湘西州林业林业局干部。

访谈时间:2018年9月4日9:30—11:30。

访谈地点:湘西州林业勘测设计院。

问:请问彭院长作为林业专业人员和林业勘测设计院的领导,与油茶打交道有多长时间了?

答:我接触油茶有16年了,从2003年开始就与油茶打交道,我不仅参与永顺的新造油茶林,2006年自己也在永顺老家新造油茶林50多亩。

问:请问从您的实际经验来看,油茶产业发展情况如何?

答:发展情况不尽如人意,挂果情况不好。

问:为什么会出现这种情况?

答:一方面是因为品种问题,我们这一批的品种主要是湖南省林科院培育研发的"湘林系列"品种，这个品种有两个优势：一是嫁接苗，有优先生长的优势，二是挂果早，这个品种两三年就开始挂果，三到五年挂果就比较多了。该品种同时有两个缺点，一是生长周期相对要短些，二是生命力不强，抵御干旱与严寒的能力较弱。另一方面是前期管护不到位，油茶产业是一个劳动力密集型的产业。

问：林业勘测部门对新造油茶林合格验收的标准是什么？

答：油茶植株成活率要达到85%以上才算合格，在永顺等地的验收中，很多新造油茶林第一次验收只能达到35%到40%，要靠补种一次或多次才能达到验收标准。

问：请问湘西州油茶产业发展的优势在哪里？

答：一是历史上湘西州盛产茶油，永顺是湘西州茶油生产第一县，二是发展油茶不与粮争地，是合理利用武陵山区土地资源的有效方式，三是湘西本地油茶种子资源丰富，可以就地培育适应性品种。

问：如何改造现有低产油茶林？

答：一是修剪清冠；二是垦复除草亮蔸。

2021年7月24日下午访谈张某记录

访谈人：侯有德、蒋欢宜。

访谈对象：张某，1987年生，苗族，湖南省古丈县坪坝镇阿菩山对冲村（原旦武营村）人，秀宝油茶专业合作社负责人，2020年湖南省劳动模范。

访谈时间：2021年7月24日12：30—14：00。

访谈地点：古丈县坪坝镇曹家村阿菩山秀宝油茶专业合作社。

问：请问阿菩山秀宝油茶专业合作社近几年的经营情况是怎样的？

答：从收入来说，有3个方面。第一个方面的收入是油茶生产，由茶油、茶枯、茶壳3部分组成。2018年茶油销售收入200万元；2019年生产5万斤茶油，销售收入300万元，茶油售价60元每斤；2020年生产茶油8万多斤，茶枯300多吨，茶枯售价3000元/吨，茶枯售价90多万元；茶壳售价0.8元每斤，有15万元左右收入，产值600多万元；2021年产值保持600万元。第二个方面的收入是菜籽油，第三个方面的收入是大米。

问：您的茶籽从哪里收购过来、价格怎样？

答：整个古丈县、吉首市、永顺县、怀化溆浦县等地，每年要收购几十万斤油茶籽。鲜果收购价格2元/斤，干果（茶籽）平均10元/斤，毛油50元/斤。

问：合作社的投入有多少？

答：一是原材料投入，2020年原材料投入300万元；二是劳务支出，去年（2020年）人工工资投入100多万元，因为每斤茶油平均要2元的人工压榨费用；三是包装、运输、销售支出；四是各种损耗和亏损，收过来的毛油经过过滤有5斤的杂质，另外去年投资了90亩烟叶生产，亏了11万元。

问：去年纯利润有多少？

答：50万元。

问：还有哪些支出？

答：一是返还集体经济，每年18万元；二是还贷款利息，现在有170万元贷款，每年8万多元利息；三是古丈县城店面人工工资，店面雇工2人，主要职责是销售、办公，每人每年4万元，共计8万元；四是2017年开辟了700亩新造油茶林，雇了2人管理，每人每年支付2万元工资。

问：集体经济返还给谁？

答：阿菩山的4个村。

问：分别返还多少？

答：返还对冲村（1700多人）10万元，曹家村（1700多人）3万元，亚家村（700多人）3万元，喇叭村（1400多人）2万元。

问：为什么要返还村集体？

答：因为我们合作社由中国光大集团支持厂房建设80万元，需要每年按6%比例返还集体经济，这样每年需要返还村集体经济4.8万元；山东济南高新区东西部协作支持设备135万元，需要每年按8%比例返还集体经济，这样每年需要返还村集体经济10.8万元；常德援建支持设备50万元，需要每年按6%比例返还集体经济，这样每年需要返还村集体经济3万元。

问：谁来决定给4个村返还多少？

答：由我们合作社来决定怎么分配返还资金，曹家村和喇叭村是中国光大集团的厂房援建返还资金；对冲村是山东济南高新区的设备协作返还资金；亚家村是常德支持的设备协作返还资金。

问：新造油茶林每亩种植多少株？成活率如何？

答：每亩70株，成活率为85%左右。

问：新造林政府有补助吗？

答：2020年有10万元，2021年有3万元。

问：新造油茶林什么时候才能产生效益？

答：2025年才能产生经济效益。

问：新造油茶林在哪里？有没有套种？

答：新造油茶林在亚家村。2018年新造油茶林套种300亩辣椒，亏损了20多万元，当时没有现钱发工资，就贷款50万元来发工资；2019年套种200亩青皮豆（黄豆的一个品种），亏损了10多万元。因为连续两年亏损，所以2020年和2021年就没有套种了。

问：为什么会亏损？

答：一是交通不便；二是劳动力成本高，农作物生产周期长，人工投入量太大了，2019年以前雇工每人每天90元，2020年雇工每人每天100元；三是2018年7月发生了一场暴雨，一半的辣椒树被冲倒了；四是疏于管理，两年的套种都是请管工在管理，管工照顾当地人，请本村的人做工，有些人做事比较慢，2~3亩地除草工作雇请20个人，这样怠工导致老板亏损。

问：套种产品怎么销售？

答：销售不成问题，因为是订单式销售，还有定金打过来。

问：现在是怎么管护油茶林？

答：原来是想通过套种节约管护成本，因亏损，这两年每年就花费几万块钱进行修剪管护，最初的两年有时候干旱要从山脚的河里背水灌溉。

问：油茶林的朝向是怎么样的？

答：坐北朝南。

问：油茶林种植在哪一面？

答：栽在北面，夏季（三伏天）下午干旱得很厉害，当西晒。

问：合作社下一步有什么打算？

答：一是厂房升级，建设无尘车间。二是申请到流通执照（SC许可证号），现在委托沃康加工后才能进入市场流通。三是需要加强资金周转。每年原材料的收购需要200到300万元流动资金。四是销售市场有待进一步扩充。

2021年6月3日上午和2021年7月24日上午访谈张某志记录

访谈人：侯有德、蒋欢宜。

访谈对象：张某志，1959年2月生，苗族，湖南省古丈县坪坝镇阿菩山对冲村（原旦武营村）人，老油匠，秀宝油茶专业合作社张某的父亲。

访谈时间：2021年6月3日9：00—11：00；2021年7月24日10：00—12：00。

访谈地点：古丈县坪坝镇曹家村阿菩山秀宝油茶专业合作社。

问："阿菩山"是苗语地名吗，在苗语中表达的是什么含义？

答：是苗语，"阿菩"是"爷爷"的意思，"阿菩山"包括曹家、对冲、旦武 3 个村，这 3 个村海拔相对要高一点，大约在 700 米。

问：您是什么时候开始从事茶油生产活动的？

答：我从小就了解油茶，12 岁就从事茶油生产等农事生产。集体经济时代，我在油坊帮着生产队抬茶枯，这样可以记工分。1981 年包产到户后，我就在吉首机床厂花 960 元人民币买了一台卧式液压榨油机来压榨茶油。

问：当时使用卧式液压榨油机的人多吗？能压榨多少个茶饼？

答：不多，我是第一个。一次能够压榨 23 个茶饼。

问：这台机器还在吗？

答：机器不在了，当废铁卖掉了，打粉机还在，那个时候没有电，我们用柴油机做动力。

问：您对培植油茶熟悉吗？阿菩山上万亩的老油茶林是什么时候种植的？

答：我儿子比我更熟悉新造油茶林，阿菩山的油茶树不是种植的，是野生的，是老辈人管护后给我们留下来的。

问：那你们怎么管护这片古油茶林的？

答：我们就是每年修剪两道。

问：你们是什么时间修剪，用刀还是用锄头，怎么修剪的？

答：我们在每年的六七月和采摘油茶籽前后各修剪一次，修完茶树打谷子（我们只种一季水稻），我们用刀修剪（现场展示了修剪动作），不用锄头，要将油茶林中的杂木和茅草修剪掉，在采摘茶籽前要修剪茶树，这样方便采摘。

问：修剪完的油茶枯枝归谁？

答：死了的油茶枯枝可以砍，谁砍就归谁，没死的油茶树不能砍。

问：一般什么时间采摘油茶籽？

答：一般在寒露当天或之后三五天，这样油茶籽的含油率要高些，采摘茶籽很辛苦的，每天早早就出去了。

问：用什么工具采摘茶籽？

答：用背篓、袋子装油茶籽，大小两个篓子，小篓子绑在腰间，手够得着的地方直接采摘，放在小篓子里面，手够不着的地方用钩子勾到手边采摘，先放在小篓子里，满了就倒在大背篓或袋子里面。

问：有没有偷摘油茶籽的？

答：在集体化时期社会风气很好，没有人偷摘油茶籽，因为都是集体的。包产到户后，一般也没有人偷摘油茶籽，因为每家每户都有油茶林。

问：老人家平时会教育小孩保护油茶林吗？

答：大人们都知道油茶、油桐是经济林，一般都很自觉地保护，不会砍伐，砍柴时都只砍腐烂的，不砍活着的油茶树。教育小孩方面，就说我们吃油靠这些油茶树，不要去破坏它们，大家都有保护油茶林的观念，形成了一种风气。

问：一户有多少面积油茶林，一般能打多少斤茶油？

答：生产队（现在的村民小组）的时候，我家可以分到500多斤茶油。后来包产到户后，我们家分到了20多亩油茶林，现在老百姓舍不得修剪油茶林，导致油茶林越来越密，不怎么结油茶籽了。

问：哪一年分到500多斤茶油？

答：1972年。

问：当时您家有多少人？

答：我们家当时有8口人。

问：为什么印象这么深刻？

答：因为那一年大旱，上面派工作队到我们这里，我们这里缺少米饭吃，当时流行用"油糊糊、荞糊糊、麦糊糊"俗语来描述这一场景。那时候茶油卖不出去，就用茶油榨荞麦做粑粑吃。分配油茶是按工分来的，男的一天记10个工分，女的一天记9个工分，我家里有四个人记工分，我的父亲一天记10个工分，母亲记9个工分，我哥哥一天记5个工分，我一天记4个工分，我们四个人一年的工分分到500多斤茶油。

问：你们是怎么处理这500多斤茶油的，自己吃，还是卖给别人？

答：自己吃和分一些给亲戚，那时候茶油不好卖，卖不出去。

问：你们阿菩山当时一共有多少面积的油茶林？

答：一万多亩。1972年油茶籽结得非常好。

问：有没有盗伐油茶林的，有什么惩罚？

答：不允许砍伐油茶树的，如果发现就要扣工分的，因为当时没钱不能罚款。

问：那时候榨油也是集体一起？

答：是的。那时候就是听从队长安排。比如说，队长安排两个人，说"你和他两个人到油坊打油去"，那两个人就去打油。打完油之后，通知哪天去抬油，就那天派几个人去分油和抬油。

问：也就是说，那时候生产队是没有自己的榨油坊的？

答：是的，没有的，几个村才有一个榨油坊。榨油的时候生产队派一两个人过去就行了。送茶籽的时候全生产队人都去，送到油坊后，就去砍柴火。

问：选人的时候怎么选？对技术有没有要求？

答：一般要选勤快点的，老手（里手、在行）一点的。对技术嘛，没什么特别要求。一般人都会搞。以前用老式的木榨榨油的方法,没有机械。

问:那怎么算报酬的?

答:本地人算工分,外村人给钱。

问:那茶籽碾得怎么样、蒸得怎么样,由谁来把关呢?这些不是都会影响茶油品质吗?

答:这些由油匠来把关。技术方面不用管,油匠怎么和你说,你就怎么做就行了。

问:那阿菩山当时是在哪里榨油呢?

答:在曹家村和对冲村有木榨和石碾。在河边就靠水碾。

问:有没有用牛来碾油茶籽的?

答:我们没用牛碾油茶籽。我们这里依山傍水,水位好,用牛碾要慢一点,用水碾要快一点。

问:要给油匠报酬吗?

答:要给钱的,本生产队的就给算工分,外村的就给钱。每天记工分,男的一般是记10分,女的记9分,小孩记4/5分。我刚开始干活的时候(12岁)锄头都拿不起,一天给我计4分。那时候10分算两毛钱,我一天赚4分也就是8分钱。那时候我也去摘茶籽,茶籽多得很。

问:怎么样才能成为油匠?

答:油匠是每个生产队队长安排的,油匠天天在油坊里打油,打完茶油打桐油,打完桐油打菜籽油。

问:那时候对茶油的质量有没有讲究?

答:没有讲究,打得很毛糙,只要能打出油就行,那时候茶籽结得多,油也多,比现在结得多。

问:生产队的时候茶油对外销售吗?

答:卖得很少,也很便宜,包产到户以前,那时茶油卖7~8角钱一斤,桐油一块钱一斤,菜籽油3~4角钱一斤。

问:卖给谁,谁去卖,收入怎么分配?

答:生产队(相当于现在的村民小组)卖油是有指标任务的,统一卖给粮油站,因为是统购统销,比如说我们坪坝的茶油收购指标完成了,就不再收购了。油茶收入归公、归集体,由生产队统一管理和支配,这些收入用于买耕牛、农药化肥、农具等生产开支和放电影的支出等。

问:生产队除了茶油收入还有其他收入吗?

答:主要靠卖些木材、茶油、桐油等经济林收入,其他收入很少。

问：茶油除了吃，还有其他用途吗，比如说用来点灯？

答：茶油主要用来吃，点灯用桐油，我们曹家村村民食用油以茶油为主，旁边的河边村以菜籽油为主，他们没有茶油，我们茶油多，我们不种菜籽油。

问：曹家村现在种油菜、吃菜籽油吗？

答：现在种啊！现在是将茶油卖掉，吃菜籽油，因为茶油贵、菜籽油便宜，旁边的乡民到我这里打茶油，我可以负责给他们卖掉，自己没有种油菜的，又拿卖茶油的钱去买菜籽油吃。

问：你们现在收购他们的茶油多少钱一斤？

答：收50元一斤，卖60元一斤，我们还要包装费、工时费等，就赚几块钱差价，靠薄利多销。

问：近几年的茶油价格如何？

答：2016年30元一斤，2017年35元一斤，2018年40元一斤，2019年45元一斤，2020年50元一斤，2021年60元一斤。

问：主要销往哪里？

答：全国各地，我们现在可以在网上销售。

问：你们会看茶油的品质吗？怎么看？

答：会看啊！我们既会看油的品质，还会看茶籽的品种。本地老品种茶油压榨的有颜色偏红、似板栗的颜色，色泽清香，香味更醇厚，杂交品种的茶油，油脂浓度大，香味不及老品种。我们现在以卖老品种的新鲜茶油为主，一般不卖杂交品种的茶油。

问：您家现在有多少面积油茶林？

答：我家现在有10亩油茶林。

问：你们是什么时间分到户的？怎么分的？

答：我们是1980年分产到户的，当时按照人口来分山头，生产队（现在的村民小组）有底数，丰产区的面积就稍微分少一点，其他区的面积就多分一点，生产队长很清楚，然后抓阄决定每户分到哪一块山林，分田、分土、分地都是这样来决定的。我当时没有结婚，全家分到30~40亩油茶林，后来三兄弟分家，就分到了现在的10亩油茶林。

问：你们当时分产到户是怎么管护油茶林的？

答：我们每年都修剪油茶林，山上光溜溜（指油茶林的灌木被修剪干净了）的。

问：那您家现在一年能够采摘多少油茶籽？

答：因为疏于管护和修剪，有的油茶树不结油茶了，现在10亩油茶林只能收 500 斤茶籽，卖给儿子的合作社，每年得 4 000 多元。

问：现在还在修建管护油茶林？

答：很多人现在都不修剪油茶林了，让油茶林自然生长，长多少是多少，前两天政府有关部门的人员带着技术员来看，准备组织出工、出钱来修剪、砍伐过密的油茶树和杂木、松土、施肥，有些人也不愿意，思想工作做不通，老乡们不愿意砍伐掉过密的油茶树，现在还不明白其中的科学道理，他们不愿意，我计划先带个头将我和我兄弟的油茶林进行统一修剪。

问：他们为什么不愿意修剪呢？

答：他们担心砍掉油茶树可惜啊，因为自古就不砍伐只是修剪油茶林，导致大家认为油茶林长得越密越好！但是现在油茶林越来越密，有些已经枯死，有些有病虫害，这些都影响到油茶林的挂果结实。

问：油茶林中有哪些野生动物？

答：油茶林中野猪多得不得了，还有野山羊，这几年荒山之后，我们那边野猪都开始进村了，但又不允许打，只能放鞭炮吓一吓，开始吓一吓还可以，后来时间一长，野猪也不怎么怕了。

问：实行封山育林吗？

答：有啊！油茶是经济林，不准在茶林烧火、不准砍伐油茶树、在封山期间不准进山修剪，以前没有化肥，要到油茶林中捞渣渣烧成灰做肥料，然后交给生产队，肥料要分等级、算工分。

问：为什么要到油茶林中捞肥料？

答：一是因为村中两边是油茶林，中间是田，运输方便；二是油茶林中芭茅草、枯枝多（修剪完的结果），容易生成肥料，其他地方的肥料太远了。

问：茶油除了吃，还能做什么？

答：我小时候放学后到油坊里拿茶枯放（毒）泥鳅，放在水田杀虫肥田，秧田围好之后，甩茶枯，等待秧田里面害虫杀死后，再撒播谷种。还可以用茶枯洗头、洗澡、洗衣服、洗被子等，或者用来熏腊肉。

问：用茶枯洗头发有什么不一样的效果吗？

答：用茶枯洗头不长虫，头皮屑也少。妇女还用茶油抹头发，头发湿润发光。茶油还可以用来作药，给小孩治疗癞头。

问：吃茶油和用茶油有什么讲究吗？

答：使用茶油炒菜时，一定要将油放老（烧久一些，快冒烟时）再放菜进锅炒。我们这里有妇女生完孩子坐月子期间，必须吃茶油，不吃其他油。

问：这个习俗是什么时候形成的？

答：这个传统习俗有很久了，记得从我爷爷那一代就开始了，我母亲也是这样的。

问：您家庭中还有谁懂传统木榨压榨茶油工艺？

答：我父亲是老油匠，我母亲是一个油茶种植采摘的劳动能手。

问：方便简单介绍一下他们的情况吗？

答：我父亲名叫张世龙，1937年生，现在84岁，这段时间住在古丈县城。他是20世纪50年代的老油匠，当时在古丈县城榨油，本来有机会进城到机械厂当工人的，1958年跑回来当农民。我母亲那个时候当别人一天采摘100斤茶籽时，她一天能采摘200多斤茶籽，速度是别人的两倍，当时全生产队没有人能赶得上她。

2021年7月26日上午访谈肖某柱记录

访谈人：侯有德、蒋欢宜。

访谈对象：肖某柱，1940年生，土家族，湖南省永顺县灵溪镇长光村（原樟木桥村）人，老油匠，第五批中国重要农业文化遗产"湖南永顺油茶林复合系统"核心区600年古油茶树所有者。

访谈时间：2021年7月26日10：00—12：00。

访谈地点：永顺县城广场。

问：请问我们长光村的古油茶林是怎么管理的？

答：从我记事开始就是集体化时期，我们属于樟木桥大队第四生产队。我们生产大队原来有三个像现在这样的木榨榨油坊，1958年"大跃进"时毁坏了。油茶树是我们的"宝中之宝"，不准砍伐，抓到砍伐的要罚款。油茶树必须修剪，修剪得越好，油茶树长得越好，茶籽结得越多，每年要修剪两次，五六月要修剪一次，冬天腊月要修剪一次。那个时候油茶树所结茶籽多，多到必须给油茶树枝丫树立叉子，以防止油茶树被压垮。我记得有一年樟木桥大队第二生产队陈某兴家打有700多斤茶油、陈某堂家640多斤茶油、肖某涛家500多斤茶油、肖某红家500多斤茶油、肖某全家400多斤茶油、肖某启家500多斤茶油，其他每户300多斤茶油的多得很，最少的也有100多斤茶油。吃不完就卖，打油都要打一个多月。

问：具体是什么时候？

答：实行包产到户的时候。

问：也就是20世纪80年代左右。

答：是的。那时候每家每户随随便便就打七八十斤甚至一两百斤茶油。我家那年就收了两百多斤油。

问：收了那么多油，是吃还是卖？

答：主要是吃。那时候一个合作组打油就要打一两个月。像那种收两百斤的，一家就要打两三天呢！

问：那时候会封山吗？

答：封呢！任何人都不能砍的。油茶树是"宝中之宝"。

问：我们村的油茶树是野生的还是种的？

答：原来老辈人栽的！好多代了，一代一代传下来的。

问：平常如何修剪呢？

答：拿锄头挖，把那些草兜兜挖掉，杂树枝砍掉！修剪得越好，挂果越多，油也越多。现在都不修剪了，越来越不挂果了。

问：一般什么时候修剪？

答：冬天和五六月。油打得多的人，光捡籽就要捡几百斤。

问：请问油茶林管护制度过程中的"开款""放款""封款"分别有什么含义？具体操作过程是怎么样的？

答："开款"是指允许采摘茶籽，一般在"寒露"节气的前三天开始。

"放款"是指自家的茶籽采摘完毕，可能还有剩余或者未采摘干净的油茶籽，可以让别人来采摘。

"封款"是指将油茶籽采摘完了，不允许人进山砍柴火，将油茶林封闭起来。

问：要派专人巡山吗？

答：摘茶籽的时候要派人巡山，我们称巡山人为"款头"，一般一个大队有一个"款头"，负责所辖的生产大队的巡山工作。"款头"的工作程序可以分为三个步骤：首先是"开款"，即打锣通知大家可以采摘茶籽，时间一般在"寒露"节气前三日；其次是寒露之后半个月，就可以"放款"了，其他人就可以去摘了，"放款"之前去油茶林，就是去偷茶籽；最后是"封款"，就是封山育林，所有人都不准进入油茶林。

问："款头"是怎样产生的？

答："款头"是推荐出来的，要为人忠实可靠的、经过大家挑选的人来担任。生产队要给计算工分，巡山工作做得好、茶籽保管得好的，还要给他些工钱。

问：油茶林中有哪些野生动物？放养什么家禽畜牧吗？

答：油茶林中有野山羊（麂子）、松鼠、飞鼠、野猫等，老乡也在油茶林放养牛羊和鸡鸭等。

问：传统木榨榨油工艺是如何传承的，有些什么讲究和禁忌？

答：都是老油匠一代一代传下来的，很容易学。油坊一般不准小孩去，像石碾子、油榨都很危险，存在一定的安全隐患。

2021年7月26日访谈肖某国记录

访谈人：侯有德、蒋欢宜。

访谈对象：肖某国，1964年生，土家族，湖南永顺县灵溪镇长光村人，高中文化，曾经担任未合村的樟木桥村村委会主任，湘西土家族苗族自治州油茶古法压榨工艺州级非物质文化遗产传承人。

访谈时间：2021年7月26日20：00—22：00。

访谈地点：永顺县城肖某国家中。

问：您现在是湘西土家族苗族自治州油茶古法压榨工艺州级非物质文化遗产传承人，每个月有多少补助？

答：每个月补助1 000元，一年12 000元。

问：以前和现在油茶林分别是怎么管护的，有无盗伐油茶林、偷摘油茶籽等行为？

答：以前（分山到户之前）村里有林业员巡山，如盗伐油茶林、偷摘油茶籽会受到公社（相当于现在的乡镇政府）林业站罚款惩罚，具体程序是林业员发现上述行为或者村民发现并将盗伐油茶林、偷摘油茶籽等行为告诉巡山林业员，村民与盗伐（采）者之间不能私了。1981年分山到户之后都是以家户为单位，自己管好自己家的油茶林。

问：您作为油茶古法压榨工艺州级非物质文化遗产传承人，专门拜过师父吗？

答：不需要，就是平时在油坊帮忙和油茶生产活动中学会的，自己家的油茶生产、修剪管护、榨油都需要弄，跟着上辈人学就会了。

问：您是哪一年开始学习传统木榨榨油的？

答：我从1981年包产到户后开始学习榨油。在包产分山到户之前，生产队要把油茶籽收回，集中统一榨油后，按每户人口和工分分油到户，如果帮着集体榨油就由油匠记工分。

问：请问包产分山到户之前压榨的茶油会对外销售吗？

答：那个时候卖得少，因为都没怎么种菜籽油，所以茶油主要是自己吃。国家有茶油产量指标要完成，由生产队交给公社，公社卖给国家，价格为8角钱每斤。在完成国家茶油指标任务后，平均每户可以分到200~300斤茶油。那个时候普遍经济困难，如果在完成国家任务后茶油还有剩余，就省着吃，等需要钱用时，也进行一些茶油贸易，主要是卖给粮油站，1982—1983 年私人对外卖茶油先是 2 元钱每斤，后面涨到 5 元到 8 元钱每斤。当时还有很多油桐林，生产队的时候以桐油收入为主，一年整个长光村生产队可以压榨 10 000 多斤桐油，从我记事起，当时桐油价格为 8 角钱每斤，后来有所降价，到 1980 年桐油价格为 4~5 角钱每斤，再到后来国家不收购桐油了。改革开放后，大家都外出打工，没人管油桐林，油桐林就荒废了，因为油桐林和油茶林一样都需要修剪，如果三年不修剪就不挂果了。现在古油茶林都普遍不挂果了，不知道是不是气候变暖的原因。

问：请问长光村的古油茶林是野生的还是种植的？

问：我们长光村的古油茶林是上两代的老辈人种植的，碗口大的油茶树都有上百年，上两辈人结婚成家时就栽种油茶树，茶树长得慢，很少施肥，主要靠自然生长。

答：您家现在有多少油茶林？古油茶树多不多？

答：我有 3~4 亩油茶林，因为主要在县城务工，疏于管理，已经几年没去采摘油茶了。我家的油茶林是我爷爷那辈人移栽的，古油茶树很多，大约 200 株，都有一百多年了。

问：去年（2020 年），我们长光村木榨榨油坊压榨了多少斤茶油，多少钱一斤？

答：去年整个木榨榨油坊才压榨 500 斤左右茶油，三四天就完工了，卖 80 元每斤。

问：包产到户时，油茶林是怎么分的？

答：一般是按人口分油茶林，另外根据油茶林挂果优劣、多少，好一点的油茶林面积就分得少一些，差一点的油茶林面积就多分一些，最后大家由抓阄来决定分到的油茶林。

问：油茶林中有哪些野生动物？

答：现在油茶林中的野生动物较多，以前相对少一点，主要有野猪、野兔、飞鼠和一些不知道名字的小动物，野猪是最近几年才有的，我们小时候很少看到野猪。

问：大人们平时会教育小孩怎么保护和管理油茶林、榨油坊吗？

答：一般都会。主要是教育小孩在砍柴时不要砍伐油茶树和到榨油坊去玩时要注意安全。冬天榨油时，先将油坊的卫生清理好，待榨油时，小孩喜欢坐在碾压油茶籽的石碾上面，这个地方是很不安全的，因为是靠赶牛拉动石碾来碾压茶籽的，稍不注意就很容易出现安全事故，小孩去的时候都是由大人带着去的，油坊不榨油时很少有人去。

问：榨油后的茶枯是怎么分的？

答：集体经济时代，生产队不分油茶枯，统一用来做肥料，现在是各家各户自己处理。

问：现在老百姓还修剪油茶林吗？地方政府和林业部门有没有组织修剪管护油茶林？

答：现在村上乡民主要在外面务工，基本不管油茶林，任其自生自灭，现在修剪了也不挂果。去年冬季政府组织了一次修剪抚育，但今年春季其他灌木和杂草又长起来了。

问：刚分产到户这几年油茶树修剪后也不挂果吗？

答：不是，那个时候挂果很多。集体化时代，当5月份插完秧，农事忙完后，男的翻土，女的砍草，那个时候油茶树肯挂果（挂果多）。刚包产到户那几年油茶树挂果也可以，一般每户打300斤茶油，人口最少的（1~2人）都打100~200斤茶油，最多的一户打700多斤茶油，现在都没有那么多了，一般一户就打几十斤茶油。现在弄不清楚为什么不挂果，有些油茶林地里种了苞谷等作物也不挂果。

问：以前有没有打草标巡山，是标志什么？

答：有。茶树快要死了，巡山人在树上投一个草标，表示这棵油茶树他号了（标记了），只能归他砍，其他人不能砍，是老百姓的土办法。

问：作为非遗传承人，您如何判断油茶籽质量优劣、利用传统木榨榨油方法压榨出好的茶油？杂交油茶林与老油茶林相比，哪个产量更高、品质更好？

问：一般修剪得好的油茶树和时间在寒露之后采摘的油茶籽会好些，茶籽发光饱满的是好油茶籽。以前一棵茶籽树就可以采摘两挑（担）茶果，现在老油茶树不怎么挂果的问题不知道怎么解决。现在杂交品种盛果期挂果也多，但远不及老油茶林的盛果期多，品质和出油率也不及老油茶树的茶籽，现在的关键问题是如何解决老油茶树重新挂果问题。我现在没有压榨过杂交油茶树，但听说新品种要在霜降之后采摘，杂交品种100斤油茶籽利用传统木榨只能打出10~12斤茶油，远不及老油茶树，老油茶树100斤油茶籽可以打出20~25斤茶油，原因之一是杂交品种采摘早了。传统木榨榨油质量，跟人工操作有很大的关系，一般来说，我们的油坊炕上6担（约700~800斤）茶籽需要轮番烘烤两天两夜才行，烘烤得好的茶油色泽清亮，烘烤得不好的茶油浑浊。

2021年7月23日上午访谈梁某俊记录

访谈人：侯有德、蒋欢宜。

访谈对象：梁某俊，1970年生，苗族，湖南省保靖县林业局油茶产业办公室主任。

访谈时间：2021年7月23日10：00—11：30。

访谈地点：湖南省保靖县林业局。

问：请问保靖县一共有多少面积的油茶林，新老油茶林各有多少面积？

答：保靖县现有近10万亩油茶林，其中老油茶林1.76万亩，新造油茶林8.2万亩。

问：分别分布在哪些地方？

答：老油茶林分布在12个乡镇。

问：各级政府有哪些政策支持老油茶林改造？

答：中央财政补助低改油茶林每亩500元，要求地方进行配套。

问：老油茶林改造面临哪些问题？

答：主要有3个方面的问题。一是成本高。老油茶林中乔木、灌木过多，20世纪70—90年代油茶林管护不到位，导致油茶林荒废，经过普查之后发现，改造老油茶林工程很大。按照油茶林生物属性和技术规程，每亩油茶林高大乔木最好不超过10株，我们已经改造老油茶林6 000多亩，还有10 000多亩老油茶林比较棘手，无法处理。二是财政投入困难，因县里财政困难，低改林改造地方无法配套。三是观念问题。已经低改的油茶林多为30~40年树龄，按照标准每亩油茶树上限为100株每亩，但实际上有300~400株/亩，老百姓不愿意砍伐和修剪过密的油茶树，因为他看不到低改林的成效。

问：那低改林应该采取什么更好的方式？

答：一是采取替换老油茶林，采取低冠嫁接，改造需要2 000元/亩的成本；二是依据地形采取带状更新、块状更新，改为新造林，更新成本至少1 500元/亩。

问：新造油茶林的情况是怎么样的？

答：2010—2018年发展的新油茶林有4 400多亩，但当时品种选育还未定型，品种不太适合在湖南发展，多为老百姓自发种植。由于品种不行和管护不到位，现在油茶产量偏低，亩产茶油不到30斤，每亩产茶油多数为十几斤，管护修剪不到位体现在老百姓只留主干、不留旁枝的错误操作，要知道，油茶不剪枝就不结果，针对上述情况，我们林业局油茶办组织逐村进行管护修剪技术要点培训。我们到邵阳县万亩油茶林考察学习时，得知他们的油茶单株可得50斤鲜果，一般20斤鲜果可以出一斤油，他们油茶单株就可以压榨2斤茶油，他们修剪的树形为伞形（开心形），而我们有的油茶林修剪形状为塔形，实际上不科学。

问：2018年到现在的新造油茶林情况如何？

答：2018年，县里确定茶叶（黄金茶）、油茶、椪柑（俗称"两茶一果"）为三大扶贫产业。推广速度很快，2018—2020年，每年推广2万亩，现在一共有10万亩。因贫困户发展产业要有直接收入，给老百姓每亩直接补助400~600元，其中贫困户每亩601元，非贫困户每亩488元。

问：油茶幼苗来自哪里？

答：苗木由县林业局集中采购后免费发放给老百姓，苗木主要从省林业局定点的茶陵、攸县、湘潭、娄底等地采购，品种主要是"湘林1号""湘林63号""湘林97号""湘林210号"。

问：这么快速地新造油茶林会有哪些问题？

答：主要存在以下三个方面的问题。一是注重种植数量、轻品质和挂果的情况。因此每年组织两次培训，即5—6月组织一次，8—9月组织一次，追肥两次，春季一次，冬季一次。二是观念问题。重补贴、轻产业长远发展，有些合作社和老百姓种完油茶树后就出去打工，后续管护不到位。我们今年7月对全县12个乡镇油茶林管护情况进行了抽查调研，经过调查发现，公司、合作社、农户自己投入较多的油茶林管护修剪比较到位，有些油茶合作社是"空壳"，因为他们就是为了拿到当时的财政补助资金，80%以上的散户是放任不管的。三是技术培训不到位。有些老百姓基本不知道怎么管护，包括修剪、病虫害防治。虽然我们印制了1万份资料发放给老百姓，但现场指导培植、修剪技术不够。

问：脱贫之后，油茶产业后续如何发展，林业部门有什么打算？

答：脱贫之后（2020年以后），油茶产业由林业局牵头主抓，我们林业主管部门正在订方案，提出油茶产业健康发展的优化意见，县委、县政府、县纪委已经决定，作为产业发展的牵头部门必须拿出切实可行的整改方案，大力发展油茶产业，我们的方案主要内容有三：一是请求政府加大产业投资与补助；二是对于那些不愿意、没能力的油茶种植合作社由政府协调给那些愿意和有能力种植的合作社、农户，或者村级组织接盘；三是进行精心管理，改变"撒胡椒面"的粗放管理模式，加大技术培训力度、种苗供应，兑现补助资金；四是制定油茶产业发展十年规划，采取更适应市场需求的项目管理模式，建立长效机制，验收合格后再给补助，让油茶产业发展起来获得收益，将责任压到村支两委，这样让产业发展主体确立起来。

问：验收标准是什么？

答：每亩油茶植株74株（3米×3米），考虑到天气和施工等因素，我们配苗放宽到每亩84株，我们的验收标准主要是看油茶树成活率和死亡率、抚育的情况。

2021年7月23日下午访谈田某偃记录

访谈人：侯有德、蒋欢宜。

访谈对象：田某偃，1993年生，土家族，大专学历，退伍军人，八峒村村委会副主任兼新铭生态种养殖专业合作社负责人。

访谈时间：2021年7月23日15：00—17：30。

访谈地点：湖南省保靖县碗米坡镇首八峒村。

问：请您简单介绍一下首八峒村和合作社的基本情况。

答：首八峒村系碗米坡电站移民村，地处酉水河沿岸，我村现有1 224人，7个村民小组，面积10.12平方公里。保靖县新铭生态种养殖专业合作社成立于2018年12月，由我与另外五名有志青年（均为建档立卡户）共同创建，合作社集发展生态种养殖产业、农业观光产业等为一体，注册资金100万元。合作社位于保靖县碗米坡镇碗米坡电站上游的首八峒村，合作社以"劳动光荣，共同致富"为宗旨，以"因地制宜，发展地方特色产业"为目标，以"安置本村剩余劳动力就业"为己任。

问：什么时候开始种植油茶？

答：2018年底，新铭生态种养殖合作社因地制宜，流转土地400余亩，2019年年初全部种上了油茶树。

问：一共有多少油茶植株？

答：32 000多株。

问：油茶幼苗是谁提供的？

答：移民局免费提供的。

问：成活率怎么样？

答：成活率在90%左右。

问：油茶林中主要套种什么？

答：以西瓜、油菜为主，兼有紫薯、凉薯、辣椒、甜瓜、丝瓜（育种）。

问：为什么要在油茶林中套种这些作物？

答：因为新造油茶林前5年没有收益，希望套种作物收入和管护支出保持收支平衡，实现以短养长。

问：效益如何？

答：2019年套种的西瓜长得非常好，但是卖瓜的时候天气不好，西瓜成熟的时候持续下雨，所以收益不太好，保持收支平衡。2020年种植了300多亩紫薯，产量 20 多万斤，销路不太好，价格太低，卖掉 10 多万斤，还有几万斤用来做紫薯粉销售，还种植了 50 多亩西瓜，因为卖瓜的时候天气不好，收益不太好。2021 年套种西瓜 140 多亩，丝瓜（育种）30 多亩，紫薯 20 多亩，其他地因为上半年收完油茶籽，所以就轮歇。

问：收了多少油菜籽？

答：1 500 多斤油茶籽。

问：油茶籽是卖菜籽还是卖油？

答：卖油。

问：能有多少斤菜油？卖多少钱一斤？

答：可得菜油 500 多斤，每斤卖 12~13 元。

问：紫薯种从哪里买回来的？

答：从茶市、茶峒、秀山、松桃等地买回来。

问：紫薯种多少钱一斤？

答：一块多。

问：有哪些投入和支出？

答：每年人工费支出 20 万元左右，修路等基础设施建设一共投入 60 多万元，自己先投入 10 多万元修毛路，后面移民局投钱进行路面硬化。

问：雇请的劳动力一般是什么年龄段的？

答：40~50 岁左右的本村村民，季节性农忙时也从外面雇请劳动力。

问：村民能从合作社得到哪些收益？

答：主要是土地流转费、每月一结的务工费和效益分红。土地流转费 200~250 元/亩/年（其中移民局支付 100 元/亩/年），除草、松土、育苗、施肥的劳务费为 100~120 元/天，犁土、背西瓜的劳务费为 200~250 元/天。

问：一年要用多少个工？

答：没有计算过，应该有 2 000~3 000 个工，从年头到年尾都有工可做，年初要育苗、栽苗，夏季要除草、松土、施肥等。

问：肥料是自己买还是移民局提供？

答：移民局提供。

问：您怎么看待合作社现在的经营方式？

答：我们这种山区经营，大型机器进不去，人工成本太高了。去年西瓜卖五六毛钱一斤，卖瓜还不能支付工钱，我就整片瓜地按 500~1 000 元不等让卖瓜商人（商贩）直接去摘。我这种油茶林套种，主要是考虑油茶林本身需要管护才会好一些。

附录二：油茶产业发展指南

油茶产业发展指南

(国家林业和草原局办公室以便函改〔2020〕496号印发)

油茶是我国特有的木本油料树种，已有2300多年的栽培和利用历史。油茶籽可以加工优质食用油，还可广泛用于日用化工、制染、造纸、化学纤维、纺织、农药等领域。

2006年国家林业局出台关于发展油茶产业的意见以来，油茶种植业迅速发展。党的十八大以来，以习近平同志为核心的党中央对发展油茶产业高度重视，党和国家领导人多次就油茶产业发展做出重要批示指示，推动油茶产业新一轮的快速发展。2019年全国油茶产业总产值达到1160亿元，油茶种植面积达到6800万亩，全国参与油茶产业发展的企业达2523家、油茶专业合作社5400个、种植大户1.88万个，带动173万贫困人口通过油茶产业增收。

茶油是我国南方地区传统植物食用油。茶油脂肪酸结构合理，不饱和脂肪酸含量高达90%以上，油酸含量80%以上，亚油酸含量达到7-13%，不仅有利于身体健康，而且适合中国传统高温烹饪，社会认可度高。目前，我国的高产油茶园每亩可产茶油40公斤以上，综合利用效益可以达到数千元。在我国食用植物油自给严重不足的情况下，利用南方适宜地区的丘陵山地资源发展油茶产业，通过改造、提升老油茶园，高标准建设新油茶园，是提升山地综合效益、解决林农就业和增收、保障粮油安全、推进生态建设、巩固脱贫成果、促进乡村振兴的当务之急、重中之重。

一、油茶适生区及种植区划

油茶是山茶科山茶属植物中种子富含油脂的物种的统称，为常绿小乔木或灌木。我国油茶资源极为丰富，主要分布在长江流域及以南的中亚热带地区和部分热带及北亚热带地区，大面积栽培的有20多种。主要包括普通油茶、小果油茶、越南油茶、浙江红花油茶、腾冲红花油茶、攸县油茶等。

《全国油茶产业发展规划（2009—2020年）》对全国油茶产区进行了种植区规划，分为最适宜栽培区、适宜栽培区和较适宜栽培区3个栽培区。其中，最适宜栽培区包括湖南、江西、广西、浙江、福建、广东、湖北、安徽8省（区）的292个县（市、区）的丘陵山区；适宜栽培区包括湖南、广西、浙江、福建、湖北、贵州、重庆、四川8省（区、市）的157个县（市、区）的低山丘陵区；较适宜栽培区包括广西、福建、广东、湖北、安徽、云南、河南、四川、陕西9省（区）的183个县（市、区）的部分地区。详见附录1。

我国将油茶产业发展布局确定为核心发展区、积极发展区和一般发展区三个产业发展区。其中：核心发展区涉及湖南、江西、广西3省（区）的271个县（市、区），其中最适宜栽培县（市、区）211个、适宜栽培县（市、区）60个。积极发展区涉及浙江、福建、广东、湖北、贵州、安徽、广西（部分）7省（区）的248个县（市、区），其中最适宜栽培县（市、区）81个、适宜栽培县（市、区）81个、较适宜栽培县（市、区）86个；一般发展区涉及云南、重庆、河南、四川、陕西5省（市）的123个县（市、区），其中适宜栽培县（市、区）26个、较适宜栽培县（市、区）97个。

根据近十年来最新研究与品种实验，我国具有较上述规划更丰富的多样性物种和多样化适宜发展立地。如海南省油茶产业近年来迅速发展，完成了资源调查和良种选育，已成为油茶新兴发展区，初步确定琼海、澄迈、定安、屯昌、琼中和五指山等主产区。

二、油茶基地建设

（一）立地条件

油茶生长喜温喜光不耐寒，对土壤条件要求不苛刻，在红壤、黄壤，以及pH值为4.0~6.5之间的酸性、微酸性的土壤上均可正常生长发育，适合在长江流域及以南多个省份的丘陵山地培育发展。

油茶基地建设，应选择海拔低于800m的丘陵山地，云贵高原在海拔1000-1950m也可种植，坡度小于25度斜坡或缓坡地，土层厚度应在40cm以上，酸性壤土、轻壤土或轻黏土，且排水良好，坡向应为南向、东向或东南向，丰产林要求土层在60cm以上。切忌在土地整理过程中将底层土壤翻至表层。

（二）主栽品种

良种是油茶产业高质量发展的基础和前提。经过多年的研究，油茶在良种选育方面取得诸多进展，2017年原国家林业局印发了《全国油茶主推品种目录》（林场发〔2017〕64号），包含国家审定良种73个、地方审定良种87个。此外，各地还有众多的地方审定、认定品种，特别是湖南、广西、湖北、云南等省（区）。具备条件的地方应该根据周边地区测产结果确定主栽品种。

（三）种苗培育

良种壮苗培育是油茶产业发展的基础，核心要求是品种准确、纯净和壮苗。油茶育苗可采用播种、插条、嫁接和插叶等方式，其中芽苗砧嫁接是当前最有效和广泛应用的育苗技术，亩产优质苗木可达6万株以上。省、市级保障性定点苗圃可以作为良种基地，保障品种和接穗，通过工厂化容器苗基地实现壮苗培育。

（四）高产油茶林营造与建园

油茶林营造包括新造林和低产林改造两种方式，关键环节是建园、品种选择、品种配置和造林技术。

建园主要是在选定的造林地上合理规划道路和排水系统，并在造林前 3-4 个月进行造林整地。整地方式包括全垦整地、梯带状整地、穴状整地。

根据适地适树原则，选择最适合种植地条件的品种。选择花期吻合且坐果亲和力好的品种进行配置栽培，提高授粉率和坐果率。

新造林的关键是挖大穴、施足基肥。油茶是主根发达的深根性植物，新造林应该按照 60cm×60cm×60cm 规格挖大穴，同时需要施足量基肥。管理水平较高的油茶林早期可按 $2\times3.5m$ 的密度造林。

低产林改造的关键是要改种，仅采用除灌、清杂、施肥等抚育措施对低产林增产作用不大。低产林改造主要有两种方法。一是实行带状更新改造。二是高接换优，即选择林分结构合理、立地条件好并有一定结果量的低产油茶林分为对象，通过林地清理、垦复和水肥管理提高原有林生长状态，再通过高接换种来实现高产林营造。

（五）抚育管理

油茶林幼林抚育主要包括施肥、培兜、定干、修剪、摘花等，促进树体营养生长形成合理冠层和发达根系。成林抚育主要包括间作施肥、除草垦复、控形修剪、密度调整等，平衡树体营养生长和生殖生长，实现高产、稳产。适当引进授粉媒介昆虫也是成林抚育的重要措施。

（六）病虫害防控

油茶病虫害主要有油茶炭疽病、软腐病、根腐病等50余种病害，以及油茶织蛾、蓝翅天牛、油茶叶甲、茶蚕等多种害虫。通常情况下，病虫害会造成10-25%的减产，严重时高达45%。必须高度重视油茶的病虫害防治，贯彻防重于治的方针，采取以营林技术为基础，综合集成物理、生物和绿色药剂等多种防治技术。

（七）采收与采后处理

油茶成熟期因品种而异，早采会显著降低出油率，必须区分品种适时采摘。采摘后的茶果应妥善处理，提倡鲜果脱壳、及时烘干，防止发热霉烂或出芽。处理好的油茶籽应放在通风干燥处储藏。

三、油茶产品开发利用

（一）茶油

加工工艺是茶油获得率和产品质量的关键环节，具体技术可参考相关专利技术，目前授权油茶籽加工相关专利200余项。具体可登录国家专利局查询。

（二）油茶资源高值利用及副产品加工

除加工作为食用油外，茶油还可通过精炼用于医药、化妆品及改性油脂等领域，实现高值利用。

油茶籽加工剩余物饼粕，可进一步加工提取茶皂素、茶饼肥、茶籽蛋白、茶籽多糖等产品，用于日用化工、制染、造纸、化学纤维、纺织、农药等领域。

四、产业扶持政策

规划到2025年，全国油茶种植面积达到9000万亩，其中包括低产低效油茶林改造2000万亩，茶油年产量达到200万吨，产值达到4000亿元。为达到这一目标，国家鼓励油茶经营主体通过合作社、土地流转、林权转让等形式，整合资源，提升规模经营，鼓励社会资本通过土地或林权流转等形式投资建设油茶资源基地。培育具有影响力的油茶知名品牌，强化流通市场建设与监管，建立专业市场体系和流通渠道，提升油茶产品社会认知，提高油茶产品品质安全管理和风险防范体系水平，推进油茶产品进入千家万户。

自2006年起，中央、行业部门及地方政府陆续出台了一系列产业政策，支持建立和完善油茶产业技术体系，支持和扶持产业发展。相关主要政策文件有：

（一）《国务院办公厅关于促进油料生产发展的意见》（国办发〔2007〕59号）

（二）《国务院关于促进食用植物油产业健康发展保障供给安全的意见》（国发〔2008〕36号）

（三）《国务院办公厅关于加快木本油料产业发展的意见》（国办发〔2014〕68号）

（四）《国家林业局关于发展油茶产业的意见》（林造发〔2006〕274号）

（五）国家发展改革委、国家林业局《关于运用政府和社会资本合作模式推进林业建设的指导意见》（发改农经〔2016〕2455号）

（六）《全国油茶产业发展规划（2009-2020年）》（发改农经〔2009〕2812号）

（七）《全国优势特色经济林发展布局规划（2013—2020年）》（林函规字〔2014〕60号）

此外，油茶产区各级地方政府也相继出台一系列因地制宜、各具特色的油茶产业扶持政策。

五、社会服务

油茶产业发展离不开科技支撑与技术服务，目前国内各主要产区重点科技支撑与服务机构有：中国林科院亚热带林业研究所，中南林业科技大学，江西省林业科学院，湖南省林业科学院，广西区林业科学研究院，华南农业大学林学院，江西农业大学林学院，云南省林业和草原科学院，湖北省林科院以及贵州、福建、广东、安徽、浙江等省林科院。

附录1
油茶适宜栽培区域

一、最适宜栽培区：包括湖南、江西、广西、浙江、福建、广东、湖北、安徽八省（区）的292个县（市、区）。

湖南省（96个县、市、区）：长沙市（岳麓区、雨花区、天心区、开福区、芙蓉、望城县、宁乡县、长沙县、浏阳市），株洲市（荷塘区、天元区、石峰区、芦淞区、醴陵市、株洲县、攸县、茶陵县、炎陵县），湘潭市（岳塘区、雨湖区、湘乡市、韶山市、湘潭县），衡阳市（南岳区、珠晖区、蒸湘区、雁峰区、石鼓区、祁东县、耒阳市、常宁市、衡东县、衡阳县、衡南县、衡山县），邵阳市（洞口县、武冈市、新邵县、双清区、大祥区、北塔区、隆回县、城步县、邵东市县、新宁县、绥宁县、邵阳县），岳阳市（临湘市、华容县、云溪区、岳阳楼区、湘阴县、岳阳县、汨罗市、平江县），常德市（澧县、武陵区、津市市、石门县、桃源县、鼎城县、临澧县、汉寿县），益阳市（南县、沅江县、资阳区、赫山区、安化县、桃江县），郴州市（桂东县、临武县、嘉禾县、汝城县、宜章县、资兴市、桂阳县、永兴县、安仁县、苏仙区、北湖区），永州市（新田县、双牌县、祁阳县、东安县、宁远县、蓝山县、道县、江华县、江永县、零陵区、冷水滩区），娄底市（冷水江市、涟源市、娄星区、新化县、双峰县）。

江西省（100个县、市、区）：南昌市（红谷滩区、南昌县、湾里区、昌北区、安义县、进贤县、新建县），九江市（九江开发区、共青城、庐山区、湖口县、星子县、瑞昌市、德安县、九江县、永修县、都昌县、修水县、武宁县），景德镇市（昌江区、乐平市、浮梁县），萍乡市（萍乡市开发区、安源区、上栗县、莲花县、芦溪县、湘东区），新余市（仙女湖区、新余市开发区、渝水区、分宜县），鹰潭市（龙虎山、余江县、贵溪市），赣州市（章贡区、大余县、定南县、全南县、寻乌县管委会、信丰县、龙南县、宁都县、石城县、赣县、南康市、上犹县、崇义县、兴国县、会昌县、安远县、于都县、瑞金市），宜春市

（奉新县、铜鼓县、靖安县、袁州区、高安市、万载县、丰城市、上高县、樟树市、宜丰县），上饶市（鄱阳县、余干县、三清山管委会、信州区、万年县、上饶县、广丰县、玉山县、铅山县、横峰县、德兴市、婺源县、弋阳县），吉安市（吉州区、青原区、吉安县、永丰县、泰和县、万安县、遂川县、永新县、峡江县、安福县、吉水县、井冈山市、新干县），抚州市（南城区、黎川县、南丰县、金溪县、东乡县、崇仁县、广昌县、资溪县、乐安县、宜黄县、临川区）。

广西自治区（15个县）：柳州市（三江县、融水县、融安县、柳江县、柳城县、鹿寨县），桂林市（资源县、灌阳县、阳朔县、全州县、永福县、荔浦县、恭城县、龙胜县、平乐县）。

浙江省（15个县、市、区）：衢州市（柯城区、龙游县、衢江区、江山市、常山县、开化县），丽水市（景宁县、庆元县、缙云县、龙泉市、松阳县、云和县、青田县、遂昌县、莲都区）。

福建省（29个县、市、区）：南平市（政和县、松溪县、武夷山市、建瓯市、建阳市、邵武市、光泽县、延平区、顺昌县、浦城县），三明市（明溪县、梅列区、三元区、泰宁县、永安市、将乐县、建宁县、清流县、大田县、宁化县、沙县、尤溪县），龙岩市（武平县、新罗区、永定县、连城县、长汀县、上杭县、漳平市）。

广东省（5个县、市）：韶关市（始兴县、南雄市），清远市（阳山县、连南县、连州县）。

湖北省（12个县、市、区）：黄石市（大冶市、阳新县），黄冈市（武穴市、黄梅县、浠水县、蕲春县），咸宁市（赤壁市、嘉鱼县、咸安区、崇阳县、通城县、通山县）。

安徽省（20个县、市、区）：黄山市（黄山区、徽州区、黟县、歙县、祁门县、休宁县），宣城市（郎溪县、绩溪县、泾县、旌德县、广德县、宣州区、宁国市），安庆市（枞阳县、宿松县、岳西县、桐城市、怀宁县、潜山县、太湖县）。

二、适宜栽培区：包括湖南、广西、浙江、福建、湖北、贵州、重庆、四川等省（区、市）共157个县（市、区）。

湖南省（25个县、市、区）：怀化市（新晃县、洪江区、通道县、靖州县、芷江县、会同县、麻阳县、溆浦县、辰溪县、中方县、沅陵县、鹤城区、洪江市），张家界（武陵源区、永定区、桑植县、慈利县），湘西州（龙山县、吉首市、保靖县、凤凰县、永顺县、古丈县、泸溪县、花垣县）。

广西自治区（35个县、市、区）：百色市（乐业县、靖西县、德保县、田东县、西林县、右江区、凌云县、田林县、隆林县、那坡县、田阳县），河池市（环江县、罗城县、宜州市、金城江区、都安县、天峨县、南丹县、东兰县、巴马县、凤山县），贺州市（钟山县、昭平县、八步区、富川县、平桂区），梧州市（万秀区、藤县、苍梧县、岑溪市、蒙山县），来宾市（兴宾区、武宣县、象州县、金秀县）。

浙江省（48个县、市、区）：杭州市（西湖区、富阳市、建德市、桐庐县、临安市、淳安县），金华市（兰溪市、永康市、义乌市、金东区、婺城区、磐安县、武义县），台州市（天台县、温岭市、黄岩区、椒江区、三门县、临海市、仙居县），舟山市（定海区、普陀区），宁波市（镇海区、慈溪市、余姚市、北仑区、奉化市、宁海县、鄞州区、江北区、象山县），绍兴市（上虞市、诸暨市、绍兴县、嵊州市、新昌县），湖州市（吴兴区、德清县、安吉县、长兴县），温州市（文成县、苍南县、瓯海区、瑞安县、乐清市、永嘉县、平阳县、泰顺县）。

福建省（17个县、市、区）：福州市（连江县、罗源县、长乐市、晋安区、福清市、永泰县、闽清县），宁德市（福鼎市、霞浦县、蕉城区、周宁县、屏南县、古田县、寿宁县、柘荣县、福安市）。

湖北省（4个县、市、区）：恩施州（恩施市、建始县、宣恩县、咸丰县）。

贵州省（12个县、市、区）：黔东南（榕江县、岑巩县、锦屏县、天柱县、黎平县、从江县），铜仁（铜仁市、万山特区、松桃县、玉屏县），黔西南（望谟县、册亨县）。

重庆市（15个县、区）：武隆县、垫江县、忠县、巫山县、开县、巫溪县、奉节县、云阳县、合川区、城口县、梁平县、彭水县、黔江区、秀山县、酉阳县。

四川省（1个县、市、区）：南充市（嘉陵区、高坪区、顺庆区、阆中市、蓬安县、营山县、南部县、仪陇县），广安市（邻水县、华蓥山市、广安区）。

三、较适宜栽培区：包括广西、福建、广东、湖北、安徽、云南、河南、四川、陕西九省（区）183个县（市、区）。

广西自治区（11个县、市、区）：贺州市（钟山县、昭平县、八步区、富川县、平桂区），崇左市（大新县、龙州县、宁明县），钦州市（钦地区、钦北区、灵山县），南宁市（横县、上林县、宾阳县），梧州市（万秀区、藤县、苍梧县、岑溪市、蒙山县），防城港（上思县、防城区），来宾市（兴宾区、武宣县、象州县、金秀县）。

福建省（17个县、市、区）：漳州市（漳浦县、云霄县、龙海市、诏安县、长泰县、平和县、南靖县、华安县），泉州市（南安市、惠安县、泉港区、安溪县、永春县、德化县、洛江区），莆田市（涵江区、仙游县）。

广东省（13个县、市、区）：河源市（连平县、东源县、龙川县、和平县、紫金县），梅州市（蕉岭县、五华县、丰顺县、梅县、平远县、兴宁县），云浮市（新兴县），肇庆市（广宁县）。

湖北省（30个县、市、区）：武汉市（江夏区、黄陂区、新洲区），鄂州市（鄂城区），黄冈市（英山县、罗田县、团风县、红安县、麻城市），随州市（曾都区、广水市），宜昌市（当阳市、远安县、兴山县、长阳县、五峰县），荆门市（京山县、钟祥市、东宝区、松滋市），襄樊市（枣阳市、宜城市、谷城县），神农架林区，十堰市（丹江口市、郧县、茅箭区），孝感市（孝昌县、安陆市、大悟县）

安徽省（15个县、市、区）：池州市（贵池区、石台县、青阳县、东至县），六安市（金安区、裕安区、金寨县、舒城县、霍山县），巢湖市（居巢区、庐江县、含山县），芜湖市（芜湖县、南陵县、繁昌县）。

云南省（47个县、市、区）：文山州（文山县、砚山县、西畴县、丘北县、富宁、麻栗坡县、马关、广南县），保山市（腾冲县），大理州（弥渡县、大理市、漾濞县、永平县、南涧县），普洱市（宁洱县、思茅区），曲靖市（陆良县、师宗县、马龙县、沾益县、宣威市、富源县、罗平县），红河市（泸西县、弥勒县、开远市、石屏县、建水县、绿春县、屏边县、红河县、元阳县、金平县），昆明市（宜良县、石林县），玉溪市（元江县、通海县、峨山县、江川县、澄江县、新平县），楚雄州（禄丰县、大姚县、姚安县、双柏县），德宏州（陇川县），昭通市（大关县）。

河南省（5个县、市、区）：信阳市（固始县、光山县、罗山县、商城县、新县）。

四川省（32个县、市、区）：泸州市（纳溪区、叙水县、泸县），达州市（宣汉县、达县、万源市），宜宾市（屏山县、南溪县、江安县、高县、翠屏区、宜宾县），凉山州（德昌县），绵阳市（平武县、安县），广元市（剑阁县、元坝区、朝天区、青川县、旺苍县、利州区、苍溪县），内江市（隆昌县、威远县），巴中市（巴州区、通江县、平昌县、南源县），眉山市（仁寿县、丹棱县、青神县），自贡市（荣县）。

陕西省（13个县、市、区）：汉中市（勉县、城固县、镇巴县、西乡县、宁强县、南郑县），安康市（石泉县、汉阴县、紫阳县、汉滨区、平利县、白河县），商洛市（商洛县）。

附录 2

现行主要油茶产业国家及行业标准

1. GB/T 28991-2012 油茶良种选育技术
2. GB/T 26907-2011 油茶苗木质量分级
3. GB/T 37917-2019 油茶籽
4. GB/T 1765-2018 油茶籽油
5. LY/T 2955-2018 油茶主要性状调查测定规范
6. LY/T 2305-2014 油茶品种微卫星标记鉴别技术规程
7. LY/T 1730.1-2008 油茶第 1 部分：优树选择和优良无性系选育技术规程
8. LY/T 1730.2-2008 油茶第 2 部分：优良家系和优良杂交组合选育技术规程
9. LY/T 1936-2011 油茶采穗圃营建技术
10. LY/T 2117-2013 油茶无性系芽苗砧嫁接技术规程
11. LY/T 2314-2014 油茶容器育苗技术规程
12. LY/T 2447-2015 油茶播种育苗技术规程
13. LY/T 1730.3-2008 油茶第 3 部分：育苗技术及苗木质量分级
14. LY/T 2348—2014 油茶苗木产地检疫规程
15. LY/T 2329-2014 油茶嫁接技术规程
16. LY/T 2204-2013 油茶高干嫁接技术规程
17. LY/T 2679-2016 油茶高接换冠技术规程
18. LY/T 1328-2015 油茶栽培技术规程
19. LY/T 2678-2016 油茶栽培品种配置技术规程
20. LY/T 1935-2011 油茶低产林改造
21. LY/T 2677-2016 油茶整形修剪技术规程
22. LY/T 2750-2016 油茶施肥技术规程
23. LY/T 2116-2013 油茶林产量测定方法
24. LY/T 3046-2018 油茶林下经济作物种植技术规程
25. LY/T 2680—2016 油茶主要有害生物综合防治技术规程
26. LY/T 2034-2012 油茶果采后处理技术规程
27. LY/T 2033-2012 油茶籽
28. CAS：225233-97-6 美国食品化学法典 FCC-油茶籽油

附录三：湘西自治州人民政府办公室关于进一步加快油茶产业发展的意见

油茶产业是我州重点传统特色产业，加快推进油茶产业高质量发展，对巩固脱贫攻坚成果、促进农民增收、实现乡村振兴具有十分重要的意义。现就加快我州油茶产业发展，提出如下意见。

一、总体要求

（一）指导思想。以习近平新时代中国特色社会主义思想为指导，深入贯彻"创新、协调、绿色、开放、共享"和"绿水山就是金山银山"的发展理念，以调整优化农村产业结构为主线，以促进农民持续增收、巩固脱贫攻坚成果、实现乡村振兴为目标，以科技创新、经营创新、机制创新为依托，加大油茶产业扶持力度，提升油茶产业发展水平，使油茶产业成为具有湘西地域特色的优势产业和富民强州的农村支柱产业。

（二）发展目标。到"十四五"末，全州优质高产油茶面积稳定在150万亩以上，油茶年综合产值达到100亿元以上。

（三）发展原则。坚持政府引导，市场主导，社会参与，多元投入，示范引领；坚持生态优先，绿色发展；坚持合理布局，因地制宜，以短养长，长短结合；坚持新造扩面，改造提质，培管并举；坚持巩固脱贫成果，促进农民增收，培育发展村集体经济；坚持科技创新，延伸产业链条，突出品牌建设。

二、突出油茶产业发展重点

（一）突出巩固脱贫攻坚成果。优先将适宜发展油茶产业的贫困乡村纳入州、县市油茶产业发展规划，予以重点支持。支持新型经营主体通过土地流转、入股分红、雇工等方式与农户建立油茶产业利益联结机制，使油茶产业成为巩固脱贫成果、促进乡村振兴的重要力量。

（二）突出发展油茶专业合作组织。引导林农按照依法、自愿原则，参加油茶专业合作社，积极推广龙山县以村为单位，建立油茶合作社（村社合一），实行"合作社+基地+农户"的组织模式和"五统一"（统一规划、统一整地、统一购苗、统一栽植和培管、统一销售）的产业经营机制，提高油茶林生产组织化程度，增强规避市场风险能力。

（三）突出培育油茶大户和龙头企业。充分发挥种植大户在油茶产业基地建设方面的辐射、示范和带动作用，引导建立"大户+农户+基地"利益联结机制。支持企业依法依规按"企业+基地+农户"的经营模式建立油茶林基地、油茶农庄、茶旅综合体，与农户共建利益共享、风险共担的经济利益共同体。

（四）突出抓好低产林改造。根据《湖南省油茶低产林改造三年行动方案（2020-2022）》（湘林产〔2020〕7号）要求，按照"因地制宜、因树制宜、分类施策"的思路，综合采取"更新改造""抚育改造"和"品种改造"等3种模式，稳步推进全州油茶低产林改造工作，并在办点示范的基础上，支持以整村、整乡、整县推进方式推动油茶低产林改造。

（五）突出管好油茶种苗质量。各县市要认真落实《湖南省油茶种苗质量管理办法》（湘林种〔2018〕8号）有关规定，全面加强油茶种苗质量管理，严格落实油茶种苗生产供应"三证一签"制度（油茶良种生产经营许可证、苗木质量检验证、良种证、苗木标签）。根据国家和省林业部门推荐的油茶良种名录，参考各油茶良种在我州生长情况，推荐栽植华硕、华金、华鑫、湘林1号、湘林63号、湘林97号、湘林210号等7个油茶品种。积极在全州推广3年生以上轻基质容器油茶良种大苗造林，提高造林成活率及缩短油茶产业建设周期，保障油茶林培育质量。

（六）突出落实后期培管机制。各县市人民政府要积极探索并建立油茶造林后期培管机制，细化考核指标，明确管护和监督工作职责，建立年度考评和问责制度，确保造林一片成活一片，管护一片优产一片。探索推广凤凰县"油茶＋迷迭香＋板蓝根"以药材培管代替油茶培管的机制和方法。探索推广永顺县鼓励农户在新栽油茶林套种洋芋、黄豆等粮食和矮秆经济作物的奖补机制，实现油茶产业"以短养长"，提升油茶林地综合效益。

（七）突出发挥市场导向作用。充分发挥市场机制在油茶苗木供应、产品销售、产品定价等方面的基础作用，培育建设油茶产业发展要素市场和信息网络市场，积极为林农、油茶加工企业和消费者提供信息、技术、资金等方面的优质服务。

三、加大油茶产业发展扶持力度

（一）扶持油茶合作社（大户）发展。对成片油茶新造和低产改造面积达到1000亩、带动农户30户以上，油茶基地建设达到省、州标准的油茶合作社和大户，在中央和省州油茶项目资金安排上优先支持或奖励。

（二）支持油茶低质低效林改造。鼓励村集体在依法、村民自愿的前提下，将油茶低产林通过出租、联营、股份合作等方式实行流转，发展适度规模经营。鼓励扶持以"家庭林场""公司+基地+农户"等经营模式开展油茶低产林改造经营。对成片油茶低产林改造规模在1000亩以上的乡镇和村，在省州财政相关项目资金安排上给予优先支持或奖励。

（三）支持茶油加工小作坊改造升级。鼓励小型茶油加工作坊通过不断提升标准,达到食品生产许可条件,支持办理食品生产许可证。对茶油小作坊升级改造达到省标准的企业,在省州财政相关项目资金安排上给予优先支持或奖励。

(四)支持油茶龙头企业发展。支持企业研发新工艺,开发新产品,申报新成果,延伸油茶精深加工和副产品开发利用等产业链条。对新经省级专业机构评审认定达到国际或国内领先水平的自主知识产权成果,以及获得国家地理标志油茶产品,按《湘西自治州人民政府关于印发〈培育壮大实体经济推动高质量发展的若干政策〉的通知》(州政发〔2018〕1号)有关规定给予奖励。支持企业拓宽茶油及油茶副产品销售渠道,构建"互联网+"继续深化电商合作,加大线上推广销售力度,并从扶持政策、项目资金安排、龙头企业申报等方面上给予支持和倾斜。

(五)积极拓宽投入渠道。各级财政要建立"政府奖补、部门项目支撑、社会投资投劳"的多元化投融资渠道,鼓励和引导多方资本参与油茶产业建设。积极争取中央和省财政支持。金融机构要建立面向林农等生产经营者的小额贷款扶持机制,简化贷款手续,扩大信贷规模,开展包括林权抵押贷款在内的符合油茶产业特点的多种信贷模式融资业务。加大招商引资力度,改善投资环境,吸引州内外资金从事油茶产业。

(六)加大资金投入。各县市政府从整合产业发展资金和财政预算资金中,对新造油茶林和改造低产林的,给予资金支持,每亩分别不低于1200元和1000元。州财政每年预算安排油茶产业专项经费和奖励资金500万元,其中工作经费100万元,奖励经费400万元。主要用于油茶项目申报、规划设计、新品种推介、技术指导,以及对做出突出贡献的县市和乡镇、合作社及个人给予奖励等。州发改委、州农业农村局、州工信局、州林业局、州自然资源和规划局、州商务局、州文旅广电局、州粮食和物资储备局等单位,结合乡村振兴等政策,积极为油茶生产、销售、茶旅融合等申报项目。各县市要按照"统筹规划、相对集中、用途不变、渠道不乱、各负其责、各记其功"的原则,统筹整合各类涉农资金和政策性资金(项目),建立油茶新造、低改、套种、培管等奖补机制。

四、保障措施

(一)加强组织领导。州人民政府成立油茶产业发展领导小组,州人民政府州长任组长,分管副州长任副组长,分管副秘书长;州林业局、州财政局、州发改委、州农业农村局、州自然资源和规划局、州扶贫办、州商务局、州政府督查室等单位主要负责人为成员,领导小组办公室设在州林业局,州林业局局长兼任办公室主任。各县市人民政府要高度重视油茶产业发展,把油茶产业发展列入重要议事日程，迅速成立组织领导机构，组建工作专班，制定实施方案，细化目标任务，压实工作责任，办点示范，以点带面，统筹推进油茶产业发展。

（二）突出产业规划引领。州直有关部门要将油茶产业作为全州农业特色产业的重点主导产业，纳入全州农业产业化建设总体规划。各县市要将油茶产业纳入当地重要经济社会发展规划布局，组织编制油茶产业高质量发展规划（2021-2025年）和各年度实施计划，并采取有效措施，狠抓规划任务落实落地。

（三）强化行业服务。建立健全油茶产业监管指导机制，防止盲目冒进和形象工程。林业、农业农村、发改、财政、公安、自然资源和规划、市场监管等相关部门要各尽其责，协调配合，依法保护油茶林资源和经营者的合法权益，防止油茶林抛荒和乱征滥占油茶林地，要积极预油茶林森林火灾和病虫害，维护油茶果采摘秩序，加强产业基地水利灌溉、产业道路等基础设施建设，共同维护油茶产业经营发展秩序，促进油茶稳产高产。

（四）加强产业宣传。发挥先进模范引领示范作用，大力宣传发展油茶先进单位和先进个人。支持企业参加国内有影响力的产品博览会和展示展销会，提升湘西茶油的影响力。结合全域旅游和美丽乡村建设，支持企业举办"油茶博览会"和"油茶文化节"，营造良好的油茶文化氛围。充分利用电视、报纸、网络、油茶文化节、各类节会等，加大湘西油茶品牌市场宣传力度，为油茶产业发展创造良好的舆论氛围。

（五）加强督查考核。将油茶产业发展工作纳入对县市人民政府年度目标管理考核重要内容。州油茶产业发展领导小组办公室和州政府督查室要结合油茶产业发展规律，在重要培育生产时节，实行"一月一调度、一季一督办、年度一考核"。要加强考核结果运用，对油茶产业发展成绩突出的单位、组织和个人予以表彰奖励，并将其作为领导班子工作评价的重要依据。同时对工作推诿、弄虚作假、虚报瞒报相关产业信息，以及在产业发展过程中出现的渎职、失职人员，按照有关规定追究相关人员责任。

附件：1.2021-2025年湘西自治州各县市油茶新造、低改任务分配表
2.湘西自治州油茶产业发展工作责任分解表。

附件1

2021-2025年湘西自治州各县市油茶新造、低改任务分配表

单位：万亩

县市	2021-2025年油茶新造任务						2021-2025年油茶低改任务					
	新造合计	2021	2022	2023	2024	2025	低改合计	2021	2022	2023	2024	2025
湘西州	46	10.4	8.6	9.1	9.2	8.7	50	10	10	10	10	10
吉首市	0.5	0.2	0.1	0.1	0.1		0.3	0.1		0.1	0.1	
泸溪县	7	2	1.5	1.5	1	1	5.5	1	1.5	1	1	1
凤凰县	5.5	2.5	1	0.5	0.5	1	3.5	1	1	0.5	0.5	0.5
古丈县	4	0.5	1	1	1	0.5	7	0.5	0.5	2	2	2
花垣县	7	1.2	1.5	1.5	1.6	1.2	5.5	1.5	1.5	0.8	0.8	0.9
保靖县	6	2	1	1	1	1	2	0.5	0.3	0.4	0.4	0.4
永顺县	8	1	2	2	2	2	16.8	3.4	3.2	3.4	3.4	3.4
龙山县	8	1	1.5	1.5	2	2	9.4	2	2	1.8	1.8	1.8

附件 2

湘西自治州油茶产业发展工作责任分解表

序号	工作任务	主要建设内容	牵头单位	责任单位
1	基地建设	完成省州下达的年度生产任务	州油茶产业发展领导小组办公室	县市人民政府
2	政策支持	出台支持油茶产业发展政策文件，成立领导小组和工作专班	州油茶产业发展领导小组办公室	县市人民政府
3	资金支持	科学整合涉农项目资金，科学制定产业奖补政策	州财政局、州发改委	县市人民政府
4	金融支持	加大金融信贷支持，落实贷款贴息优惠政策	州财政局、州扶贫办、州金融办	县市财政部门
5	项目支撑	组织产业项目资金申报，争取国家和省支持	州发改委	县市发改、财政、自然资源和规划、林业部门
6	招商引资	加强油茶产业项目包装、宣传、推介和招商引资	州商务局	县市人民政府
7	资源调查	开展油茶资源调查，及时掌握油茶产业建设情况	州林业局、州自然资源和规划局	县市林业部门
8	产业用地	协调落实油茶新造扩面和产业公路建设等用地计划	州自然资源和规划局	各级自然资源和规划部门
9	规划设计	科学编制县市"十四五"油茶产业发展规划及各年度作业设计	州林业局	县市林业部门、自然资源和规划部门
10	油茶品牌建设	打造湘西茶油区域性公共品牌，注册地理标志商标	州市场监管局	县市人民政府、州商务局，各级市场监管部门

续表

序号	工作任务	主要建设内容	牵头单位	责任单位
11	油茶小镇建设	探索油茶产业融合发展，每个县市打造一个以上油茶特色小镇	州文旅广电局	县市人民政府，各级文旅广电、农业农村部门
12	产业扶贫	实现油茶产业与脱贫攻坚有效对接，建立油茶产业与新型村集体经济共同发展的联结机制，落实产业扶贫相关政策	州扶贫办、州农业农村局	各县市人民政府，各级扶贫办
13	产品销售	深化电商合作，加大线上线下推广、销售力度，与大企业、大型超市建立稳定合作关系	州商务局、州农业农村局	各县市人民政府、州扶贫办，各级商务、扶贫部门
14	培训指导	通过多种有效途径加强油茶经营主体和从业人员培训，以油茶重点乡镇为单位举办油茶实用技术培训班	州林业局州人社局	县市林业、人社部门
15	产业宣传	组织开展油茶产业宣传报道活动，形成良好社会舆论氛围	州政府新闻办	各县市宣传部门
16	督查考核	将油茶产业发展纳入州和县市人民政府重点工作计划，在重点季节实行"一月一调度""一季一通报""半年一考评"	州油茶产业发展领导小组办公室、州政府督查室	州林业局，各县市人民政府
17	市场监管	加强茶油市场食品安全监管，做好茶油生产加工企业和小作坊行政许可和食品安全监督管理工作	州市场监管局	县市市场监管部门

续表

序号	工作任务	主要建设内容	牵头单位	责任单位
18	企业提质	开展全州茶油生产加工小作坊调查摸底工作，督促企业按国家和省油茶行业标准进行改造升级，依法核发茶油生产经营许可证	州市场监管局	县市市场监管、林业部门
19	产业统计	科学统计各年度油茶基地面积、油茶加工企业、油茶产量、油茶产值等全产业产值	州林业局、州统计局	各县市林业局、自然资源局、统计局
20	企业创新	组织开展油茶加工企业技术改造和技术创新工作	州工信局、州科技局	县市工信局、科技局
21	科技创新	组织开展油茶产业科技示范园创建及企业科技创新工作	州科技局	县市科技部门
22	环境保护	开展油茶生产区大气和土壤环境监测保护	州生态环境局	县市生态环境部门

附录四：湘西土家族苗族自治州油茶产业合作社一览表

湘西土家族苗族自治州油茶产业合作社一览表

序号	合作社名称	基地/亩	社员/人	带动/户
1	龙山县联山种养专业合作社	135.7	5	41
2	龙山县冲天油茶种植专业合作社	193.7	5	120
3	龙山县酉水源种植专业合作社	151.1	5	74
4	龙山县将军岩油茶开发专业合作社	259.6	5	23
5	龙山县泓运种植农民专业合作社	91.8	5	72
6	龙山县车格油茶种植农民专业合作社	335.1	6	93
7	龙山县雨露油茶种植专业合作社	728.5	6	248
8	龙山县农湘源油茶种植专业合作社	814.6	5	175
9	龙山县红石鑫蔬菜专业合作社	371.9	6	129
10	龙山县滕龙种植专业合作社	747	7	151
11	龙山县农腾种养农民专业合作社	1 121.7	6	380
12	龙山县正旺油茶种植专业合作社	913.6	6	302
13	龙山县丫口种养专业合作社	736.4	7	233
14	龙山县惠群油茶种植专业合作社	1 315.5	7	269
15	龙山县安塘油茶种植专业合作社	1 282.5	6	196
16	龙山县黑洞沟油茶种植专业合作社	618.8	5	299
17	龙山县方坡油茶种植农民专业合作社	456.8	7	218
18	龙山县明春油茶种植农民专业合作社	1 105.8	6	359
19	龙山县旧寨种养农民专业合作社	656.4	5	192
20	龙山县丰达油茶种植专业合作社	441.2	6	74
21	龙山县乐园油茶种植专业合作社	751.5	6	81
22	龙山县穗丰油茶种植农民专业合作社	559.9	5	180
23	龙山县排沙坪油茶种植专业合作社	319.7	7	127

续表

序号	合作社名称	基地/亩	社员/人	带动/户
24	龙山县大枫树油茶专业合作社	1 241.1	5	320
25	龙山县前卫油茶种植农民专业合作社	302.6	6	279
26	龙山县山堡油茶种植专业合作社	929.1	7	256
27	龙山县神州合心种养专业合作社	1 051	6	418
28	龙山县双进油茶种植农民专业合作社	989	5	396
29	龙山县正农油茶专业合作社	412.9	7	88
30	龙山县明鑫果蔬种植专业合作社	1 637	5	333
31	龙山县白岩洞油茶种植专业合作社	292.4	6	94
32	龙山县丰登油茶种植专业合作社	809.6	5	267
33	龙山县顺祥油茶种植专业合作社	59.8	6	9
34	龙山县岩门口特色种植专业合作社	788.9	7	181
35	龙山县岩门坡村油茶种植专业合作社	1 057.2	7	170
36	龙山县雨泽油茶种植专业合作社	1 767.2	5	230
37	龙山县源泉油茶种植农民专业合作社	428.4	5	97
38	龙山县凉风洞种养殖农民专业合作社	81.3	5	35
39	龙山惠农农业开发专业合作社	384.1	5	80
40	龙山县金撮箕油茶农民专业合作社	326.4	5	72
41	龙山县金茶果种植专业合作社	185.3	5	48
42	龙山县红岩溪丰盈种植养殖专业合作社	85.1	5	0
43	龙山县红岩溪种养殖农民专业合作社	257.2	5	75
44	龙山县坎西湖农作物种植专业合作社	382.4	6	107
45	龙山县马石种植养殖专业合作社	691.3	5	139
46	龙山县猫儿洞种养殖农民专业合作社	223	5	19
47	龙山县尧城种植养殖农民专业合作社	487.4	7	146
48	龙山县功达油茶种植专业合作社	1 204.1	5	166

续表

序号	合作社名称	基地/亩	社员/人	带动/户
49	龙山县仕启种养农民专业合作社	427.9	7	97
50	龙山县飞翔油茶种植专业合作社	1 091.7	5	77
51	龙山县枫顺种养农民专业合作社	396.6	6	117
52	龙山县双锋油茶种植农民专业合作社	677	6	87
53	龙山县澧源油茶开发专业合作社	623.9	5	117
54	龙山县龙猛油茶专业合作社	442.3	5	219
55	龙山县仁和种养农民专业合作社	293.8	7	67
56	龙山县江家垭种养农民专业合作社	1 314.1	7	203
57	龙山县水田坝油茶种植专业合作社	3 046.4	5	704
58	龙山天蓝种植养殖农民专业合作社	347.7	5	118
59	龙山县下比种植养殖农民专业合作社	469.8	7	166
60	龙山县辉煌种养农民专业合作社	1 506.4	5	237
61	龙山县岩洞油茶开发专业合作社	457.4	6	94
62	龙山县卡那科油茶农民专业合作社	610.7	6	95
63	龙山县前丰油茶种植农民专业合作社	613.8	5	94
64	龙山县发西种植专业合作社	187	5	78
65	龙山县古道溪军胜生猪养殖专业合作社	289	7	88
66	龙山县团山堡油茶种植农民专业合作社	1 088.5	5	206
67	龙山桂塘茶蜂蜜蜂养殖农民专业合作社	129.9	5	82
68	龙山县志兴油茶专业合作社	166.1	6	0
69	龙山县龙祥油茶专业合作社	853.4	6	143
70	龙山县浩天油茶专业合作社	622.2	7	175
71	龙山县桂塘镇高山种养农民专业合作社	2 176.8	6	252
72	龙山县四坝油茶种植专业合作社	997	5	283
73	龙山县桂塘桃子村种养农民专业合作社	371.3	5	43

续表

序号	合作社名称	基地/亩	社员/人	带动/户
74	龙山县兴坝村油茶农民专业合作社	346.8	5	123
75	龙山县老油坊油茶种植专业合作社	136.7	5	35
76	龙山县八吉护农油茶种植农民专业合作社	336	5	85
77	龙山县众诚油茶种植专业合作社	288.9	5	135
78	龙山县官坪油茶种植农民专业合作社	242	5	68
79	龙山县民裕油茶种植农民专业合作社	122.2	6	4
80	龙山县民爱油茶种植农民专业合作社	840.5	5	196
81	龙山县润丰油茶专业合作社	268.9	6	143
82	龙山县高庆油茶农民专业合作社	573.5	5	0
83	龙山县西坪油茶种植农民专业合作社	151.6	5	56
84	龙山县溪山油茶种植农民专业合作社	380.5	5	94
85	龙山县跑马坪油茶种植农民专业合作社	273.6	7	80
86	龙山县民富油茶种植农民专业合作社	1 121.9	5	250
87	龙山县茄佗养殖专业合作社	149.1	5	52
88	龙山县茨岩树溪油茶种植农民专业合作社	391.5	6	75
89	龙山县双新核桃种植农民专业合作社	920.7	6	190
90	湘西乡土情生态农业专业合作社	900.2	7	280
91	龙山县家家发油茶种植农民专业合作社	1 237.5	7	193
92	龙山县官腾油茶种植农民专业合作社	2 287.5	5	344
93	龙山县金林油茶农民专业合作社	316.4	5	65
94	龙山县人众油茶种植农民专业合作社	307.6	5	104
95	龙山县彭沈种养专业合作社	439.8	5	135
96	龙山县达康油茶专业合作社	477.7	5	91
97	龙山县民意种养农民专业合作社	191.2	6	36
98	龙山县吉旺种养专业合作社	567.1	5	103

续表

序号	合作社名称	基地/亩	社员/人	带动/户
99	龙山县塔泥湖油茶种植农民专业合作社	278.5	6	121
100	湖南龙山县庙堂堡油茶农民专业合作社	222.5	6	39
101	龙山县木栏沟油茶种植专业合作社	550.5	6	92
102	龙山县正河种植养殖专业合作社	735	5	180
103	龙山县样潭油茶种植专业合作社	346.3	5	70
104	龙山县比寨油茶种植专业合作社	460.1	5	115
105	龙山县吾拉油茶种植专业合作社	107.9	7	26
106	龙山县百型油茶种植专业合作社	1 342.6	5	237
107	龙山县村富油茶种植专业合作社	493.3	7	158
108	龙山县报格油茶专业合作社	1 744.9	6	229
109	龙山县名和种养专业合作社	522.7	6	153
110	龙山县宏发油茶种植农民专业合作社	514	5	94
111	龙山县阿寨油茶种植农民专业合作社	378.5	7	144
112	龙山县冉家寨油茶种植专业合作社	1 116	6	275
113	龙山县福来油茶专业合作社	577.4	6	149
114	龙山县石堤新起点种养殖专业合作社	528.1	5	101
115	龙山县信地油茶种植专业合作社	369.4	5	121
116	龙山县岩红潭油茶种植专业合作社	427.9	5	75
117	龙山县张程种养农民专业合作社	465	5	100
118	龙山县岔堤油茶种植专业合作社	366.7	5	53
119	龙山干溪柑桔种植农民专业合作社	55.3	5	37
120	龙山鑫好腊制品加工农民专业合作社	70.3	5	12
121	龙山县木油油茶种植专业合作社	378.3	5	46
122	龙山县三个堡种植专业合作社	114.5	5	71
123	龙山县建丰现代农机农民专业合作社	185.4	5	42

续表

序号	合作社名称	基地/亩	社员/人	带动/户
124	龙山县稀有油茶种植农民专业合作社	318.1	5	35
125	龙山县华发黄桃种植专业合作社	174.5	5	66
126	龙山牙龙油茶种植农民专业合作社	85.4	5	23
127	龙山县牙头油茶种植农民专业合作社	111.2	7	18
128	龙山白崖峒农业农民专业合作社	1 362.5	7	537
129	龙山县益心百合专业合作社	835.6	7	290
130	龙山县古秋枫油茶农民专业合作社	1 027.8	5	154
131	龙山县常青油茶开发农民专业合作社	332.9	5	85
132	龙山县连界脐橙种植专业合作社	176.3	5	76
133	龙山县共赢油茶种植农民专业合作社	240.9	5	64
134	龙山县烈坝富兴种养农民专业合作社	271.4	7	166
135	龙山县祥丰油茶种植专业合作社	1 402.6	5	130
136	龙山县兴瑞生态农业专业合作社	320.8	5	52
137	龙山县盛发油茶专业合作社	229.6	6	21
138	龙山县里耶镇农林村经济合作社	651.3	5	159
139	龙山县裴家堡中际种养专业合作社	487	5	114
140	龙山县普车柑橘种植专业合作社	89.1	5	16
141	龙山县兔吐油茶种植专业合作社	247.8	5	118
142	龙山县向堡生态农业综合开发专业合作社	297.2	5	73
143	龙山县双溪油茶专业合作社	379.9	5	61
144	龙山县元达种养殖专业合作社	137.1	5	13
145	龙山县华鑫油茶专业合作社	342.7	5	67
146	龙山县长潭生态油茶专业合作社	82.7	5	8
147	龙山县坡松油茶种植专业合作社	289.1	5	133
148	龙山县西眉油茶种植专业合作社	181.1	7	52

续表

序号	合作社名称	基地/亩	社员/人	带动/户
149	龙山县桃子坪种养农民专业合作社	1 185.2	7	87
150	龙山县绿盟种养农民专业合作社	1 073.9	6	160
151	龙山县兴望种养专业合作社	809.3	5	170
152	龙山县天宏油茶农民专业合作社	311	4	38
153	永顺县大坝乡沐浴油茶专业合作社	120	512	25
154	永顺县芙蓉镇列夕宏辉油茶专业合作社	280	180	56
155	永顺县孔军油茶专业合作社	560	330	80
156	永顺县四军油茶专业合作社	200	120	32
157	永顺县焕红油茶种植专业合作社	2 000	100	20
158	永顺县猫山油茶种植专业合作社	178	135	35
159	永顺县刘万油茶种植专业合作社	200	105	27
160	永顺县明屿油茶种植专业合作社	160	156	50
161	永顺县灵溪镇泽树英立油茶种植专业合作社	1 500	1 201	328
162	永顺县云合油茶种植专业合作社	990	247	60
163	永顺县灵溪镇万合油茶种植专业合作社	1 250	426	100
164	永顺县太康油茶种植专业合作社	2 910	803	200
165	永顺县顺民油茶种植专业合作社	500	102	23
166	永顺县纯兵油茶种植专业合作社	190	120	35
167	永顺县康顺油茶种植专业合作社	742	208	56
168	永顺县人和油茶种植专业合作社	200	167	40
169	湖南林之神猛洞河油茶开发有限公司	4 000	128	32
170	永顺县灵溪镇合兴村经济合作社	1 300	1 539	390
171	永顺县猛岗存兵油茶种植专业合作社	400	130	26
172	永顺县桃子溪和顺油茶专业合作社	50	4	1
173	永顺县康富油茶种植专业合作社	280	120	20

续表

序号	合作社名称	基地/亩	社员/人	带动/户
174	永顺县十三洞种养专业合作社	917	300	75
175	亚峰油茶种植专业合作社	557.1	160	35
176	永顺县仙鹅峪油茶种植专业合作社	460	121	38
177	永顺县兴祥油茶种植专业合作社	483	61	21
178	永顺县松柏文哥油茶种植专业合作社	2 000	336	80
179	永顺县宿氏油茶种植专业合作社	200	162	40
180	永顺县松柏兴隆油茶种植专业合作社	2 500	1 395	351
181	永顺县官坊湾精品油茶种植专业合作社	992.5	1 103	319
182	永顺县大成油茶种植专业合作社	400	428	141
183	永顺县明森油茶种植专业合作社	570	134	40
184	永顺县永昌油茶种植专业合作社	1 000	786	200
185	永顺县苍龙油茶种植专业合作社	200	475	156
186	永顺县五伦油茶种植专业合作社	420	230	60
187	永顺县杉木村丰林油茶专业合作社	2 047	1 780	439
188	永顺县国益油茶产业发展专业合作社	1 753	801	105
189	永顺县名果油茶种植专业合作社	300	93	22
190	永顺县永茂镇土墙坡油茶种植专业合作社	658.3	380	97
191	永顺县团结油茶种植专业合作社	3 075	798	198
192	永顺县德隆油茶种植专业合作社	600	1 060	232
193	永顺县河边油茶种植专业合作社	1 180	1 571	318
194	永顺县青坪兴农油茶种植专业合作社	200	210	40
195	永顺县农芝茶油种植专业合作社	400	76	20
196	永顺县丰润永盈油茶种植专业合作社	2 040	2 553	556
197	永顺县立烈种养专业合作社	1 245	485	150
198	永顺县凤奇延油茶种植专业合作社	510	1 328	238

续表

序号	合作社名称	基地/亩	社员/人	带动/户
199	永顺县诚信油茶种植专业合作社	2 500	1 584	328
200	永顺县梭塔湖油茶种植专业合作社	568	2 568	586
201	永顺县唐珠种养专业合作社	2 021	1 031	265
202	永顺县便民油茶种植专业合作社	2 200	1 629	389
203	永顺县湘馨油茶种植专业合作社	133	273	65
204	永顺县发哥油茶种植专业合作社	456	51	12
205	永顺县拔古油茶种植专业合作社	525	98	26
206	永顺县泽家镇沙湾油茶种植专业合作社	650	82	21
207	永顺县富海油茶种植专业合作社	418	25	109
208	永顺县顺辉油茶种植专业合作社	3 000	325	1 450
209	永顺县山民油茶种植专业合作社	3 000	487	2 000
210	永顺县自强油茶种植专业合作社	1 037	217	862
211	永顺县石堤五里村玉油油茶种植专业合作社	1 100	98	400
212	永顺县胡甲油茶种植专业合作社	1 257	520	1 866
213	永顺县湘耀油茶种植专业合作社	300	10	45
214	永顺县云群油茶种植专业合作社	2 500	362	1 598
215	永顺县大山油茶种植专业合作社	2 400	395	1 338
216	永顺县沃康油业科技有限公司	15 000	35	2 128
217	永顺县石堤镇解文油茶种植专业合作社	5 200	506	2 332
218	永顺县猛彪油茶种植专业合作	2 000	340	1 070
219	永顺县石堤镇焕平油茶种植专业合作社	5 000	720	2 600
220	永顺县春炎油茶种植专业合作社	2 280	403	1 707
221	永顺县石堤镇忠波油茶种植专业合作	1 276	233	950
222	永顺县在兵油茶种植专业合作社	1 385	188	650
223	永顺县永花油茶种植专业合作社	2 351	200	450

续表

序号	合作社名称	基地/亩	社员/人	带动/户
224	永顺县湘萍油茶种植专业合作社	2 300	5	200
225	永顺县天运油茶种植专业合作社	1 963	286	1 208
226	永顺县宏春油茶种植专业合作社	700	50	207
227	永顺县胡家油茶种植专业合作社	1 200	108	300
228	永顺县仕海油茶种植专业合作社	50	5	20
229	永顺县麻岔冬春油茶种植专业合作社	2 700	346	1 246
230	永顺县园滋油茶种植专业合作社	2 900	342	1 348
231	永顺县华春生油茶种植专业合作社	105	9	30
232	永顺县大云富硒油茶种植专业合作	2 020	102	428
233	永顺县丰庆祥油茶种植专业合作社	3 000	56	210
234	保靖县大白岩油茶种植专业合作社	594.2	101	52
235	保靖涂乍老兵油茶专业合作社	1 139.9	194	105
236	保靖县长潭河乡官庄村油茶种植专业合作社	2 214.7	435	320
237	保靖县启航油茶种植专业合作社	290.5	93	10
238	保靖县马路村油茶种植专业合作社	1 489.8	214	150
239	保靖县长潭河乡水银村油茶种植专业合作社	873.1	202	140
240	保靖县长潭河乡花桥村油茶种植专业合作社	1 904	394	200
241	保靖县长潭河乡车湖村油茶种植专业合作社	782.7	152	83
242	保靖县马湖兴达种植专业合作社	609.6	165	102
243	保靖县丰宏油茶专业合作社	2 600	120	25
244	保靖县吉铁超然油茶种植专业合作社	1 400	350	120
245	保靖县苗乡缘油茶专业合作社	400	100	20
246	保靖县湾湾油茶产业专业合作社	800	205	50
247	保靖县天富木本油料种植专业合作社	900	300	100
248	保靖县道农山茶油专业合作社	1 000	180	30

续表

序号	合作社名称	基地/亩	社员/人	带动/户
249	保靖县富安油茶种植专业合作社	250	250	100
250	保靖县五牙油茶种植专业合作社	600	200	125
251	保靖县裕丰油茶专业合作社	800	5	120
252	保靖县汇丰农业科技有限公司	1 700	15	120
253	马蹄库生态油茶种植专业合作社	717.1	5	113
254	保靖县孝辉油茶专业合作社	770	6	70
255	保靖县磋比村油茶种植专业合作社	1 000	5	200
256	湘西自治州新铭生态种养殖专业合作社	400	86	57
257	保靖县椒兴鱼顺产销专业合作社	580	5	30
258	保靖县民峰专业油茶合作社	1 200	12	328
259	保靖县阳朝乡阿不其油茶产销专业合作社	50	7	30
260	保靖县泽客湾油茶种植专业合作社	100	6	20
261	保靖县军浩油茶种植专业合作社	1 000	5	50
262	保靖县金山野生山油茶产销专业合作社	500	128	300
263	保靖县会溪茶油专业合作社		10	
264	保靖县庙包岭油茶种植专业合作社	1 600	41	500
265	保靖县吉发油茶种植专业合作社	350	38	200
266	保靖县永鸿油茶产销专业合作社	390	32	140
267	保靖县献忠油茶产销专业合作社	150	9	160
268	保靖县田冲油茶农民专业合作社	550	40	30
269	保靖县阿扎河国禄油茶专业合作社	800	88	300
270	保靖县深山山茶油专业合作社	600	60	280
271	保靖县新民村湘凌油茶种植专业合作社	1 000	84	300
272	保靖县翁科种植专业合作社	200	8	50
273	保靖县且科油茶产销专业合作社	800	7	30

续表

序号	合作社名称	基地/亩	社员/人	带动/户
274	花垣县长乐乡鸭八溪村经济联合社	4 710	281	108
275	花垣县伍龙冲油茶种植专业合作社	3 900	183	76
276	花垣县务哨种养专业合作社	500	87	69
277	花垣县名优林果木专业合作社	1 453	348	334
278	花垣县兄弟河库区移民油茶开发专业合作社	387	116	78
279	花垣县志丰种植农民专业合作社	200	48	48
280	花垣县辉耀油茶开发专业合作社	600	60	89
281	花垣县苗岭优质油茶种植专业合作社	2 000	34	27
282	古丈县岩头寨镇蒿根坪村昌辉生态养殖合作社	216.8	20	0
283	古丈县岩头寨镇磨子村大坪生态发展合作社	400	5	30
284	古丈县飞翔生态农牧专业合作社	1 116	46	202
285	古丈县古阳镇凤鸣种植养殖专业合作社	382	30	0
286	古丈县生岩界金田园生态种植养殖专业合作社	200	6	8
287	古丈县鲁家林务油茶专业合作社	179.8	9	20
288	古丈县坪坝乡曹家村龙口福油茶专业合作社	400	38	38
289	古丈县岩头寨镇千金现代农机合作社	100	2	5
290	古丈县全海林业专业合作社	1 100	83	75
291	古丈县沙溪油茶开发专业合作社	500	6	21
292	古丈县古阳镇石碧观景台种植养殖专业合作社	1 850	5	120
293	古丈县田银油茶种植专业合作社	310	5	0
294	古丈县岩头寨镇祥云生态农业专业合作社	500	7	1
295	古丈县坪坝镇秀宝油茶专业合作社	1 050	39	280
296	古丈县阳光农业科技发展有限公司	400	7	48
297	古丈县益发农林开发专业合作社	357	40	0
298	古丈县益康源种植专业合作社	2 060	50	400

续表

序号	合作社名称	基地/亩	社员/人	带动/户
299	古丈县宏旺农业综合开发有限公司	290	2	
300	古丈县默戎镇盘草福祥生态农贸专业合作社	300	6	
301	古丈县宏祥农业综合开发有限公司	400	2	
302	古丈县绿韵民族农林合作社	2 700	140	140
303	古丈县花兰生态旅游开发专业合作社	300	7	40
304	古丈县阳光种植养殖综合开发专业合作社	1 200	15	790
305	古丈县仁农种植养殖农民专业合作社	300	16	350
306	古丈县岩头寨镇康泰油菜专业合作社	200	5	0
307	古丈县默戎镇李家村世祥油茶专业合作社	2 000	16	1 000
308	古丈县高望界乡高望界村凉山油茶专业合作社	200	5	0
309	古丈县岩头寨镇鲇溪油茶种植专业合作社	500	7	0
310	古丈县宏瑧种植养殖专业合作社	500	5	200
311	古丈星龙油茶专业合作社	50	6	120
312	古丈示必生态种植养殖专业合作社	200	6	11
313	古丈县鲁家林务油茶专业合作社	179.8	9	9
314	古丈县杨锋绿野家庭农场	350.6	4	24
315	古丈金茶山农业科技有限公司	200	2	0
316	古丈县毛溪农牧专业合作社	1 210	350	126
317	湘西红石林建鑫农业开发有限公司	795	42	212
318	凤凰县宏森种养专业合作社	500	114	215
319	凤凰县瑞雪种植专业合作社	300	251	232
320	凤凰县长车油茶农民专业合作社	2 500	782	231
321	凤凰县平星种养农民专业合作社	2 000	864	216
322	凤凰县新场镇木根塘经济合作社	3 000	681	205
323	凤凰县振村种养专业合作社	3 500	916	334

续表

序号	合作社名称	基地/亩	社员/人	带动/户
324	凤凰县兴苗果种养专业合作社	230	241	81
325	湖南青康生态农业科技发展有限公司	800	415	116
326	凤凰县凤竹种养专业合作社	130	132	38
327	泸溪县荣泰油茶农民专业合作社	6 000	534	3 812
328	泸溪县国富油茶开发专业合作社	1 500	1 725	3 519
329	泸溪县金冲龙油茶开发农民专业合作社	400	15	235
330	泸溪县君如生态种养殖专业合作社	381	5	14
331	泸溪县六里村种养殖农民专业合作社	2 000	5	60
332	泸溪县悦民种养农民专业合作社	103	5	75
333	泸溪县龙达油茶农民专业合作社	260	5	18
334	泸溪县果润生态种养殖专业合作社	400	5	30
335	泸溪县沐圆现代农机专业合作社	300	5	30
336	泸溪县德信利油茶种植有限责任公司	300	5	30
337	泸溪县永兴油茶专业合作社	300	5	5
338	泸溪县棋盘山种植专业合作社	800	5	18
339	泸溪县千丘田生态种养殖农民专业合作社	100	5	30
340	泸溪县富美种养殖专业合作社	50	5	10
341	泸溪县解放岩乡场上村经济联合社	381	5	500
342	泸溪县解放岩乡己用村经济联合社	59	5	200
343	泸溪县兴鑫种养专业合作社	103	5	75
344	泸溪县茂潇种养殖专业合作社	260	5	18
345	泸溪县李家田种养殖农民专业合作社	380	5	30
346	泸溪县自仁种养农民专业合作社	140	5	30
347	泸溪县元龙生态种养殖农民专业合作社	300	5	30
348	泸溪县永发生态种养殖农民专业合作社	50	5	50

续表

序号	合作社名称	基地/亩	社员/人	带动/户
349	泸溪县黑竹坳种养殖农民专业合作社	100	5	18
350	泸溪县金色生态油茶种植农民专业合作社	2 200	5	300
351	泸溪县绿色生态油茶种植农民专业合作社	3 000	5	263
352	泸溪县伯润种养殖农民专业合作社	25	5	26
353	泸溪县万丰油茶农民专业合作社	500	5	220
354	泸溪县民生果蔬农民专业合作社	80	5	60
355	泸溪县农开生态油茶种植农民专业合作社	80	6	26
356	泸溪县官湘油茶种植农民专业合作社	500	6	103
357	泸溪县仁爱种植农民专业合作社	220	5	191
358	泸溪县农林油茶农民专业合作社	500	5	0
359	泸溪县三农生态种养殖农民专业合作社	230	6	421
360	泸溪县鸿运牧业有限公司	500	0	450
361	泸溪县山鹰椪柑有限责任公司	300	0	564
362	泸溪县达利种养专业合作社	370	6	620
363	泸溪县长伟生态种养殖农民专业合作社	500	6	325
364	泸溪县胜鑫种养殖农民专业合作社	300	7	235
365	泸溪县盛农种养殖农民专业合作社	500	8	267
366	泸溪金诚生态农业开发专业合作社		5	28
367	泸溪县荣光种养殖农民专业合作社	500	5	80
368	泸溪县强盛生态种养殖农民专业合作社	125	5	98
369	泸溪县创业养殖农民专业合作社	50	3	30
370	泸溪县惠弘油茶农民专业合作社	50	25	128
371	泸溪县官湘生态农业发展有限责任公司	0	5	0
372	泸溪县鑫泉油茶农民专业合作社	80	5	25

续表

序号	合作社名称	基地/亩	社员/人	带动/户
373	湘西倍康农业开发有限责任公司	3 000	20	200
374	吉首市亿利德中药材种植专业合作社	500	101	38
375	吉首市金鑫油茶种植专业合作社	500	30	80
376	吉首市茶民油茶种植专业合作社	400	5	80
377	吉首市旺源种养合作社	300	5	100
378	吉首市多除溪顺旺种养专业合作社	500	16	30
379	吉首市己略乡龙舞村经济合作社	450	5	62
380	吉首市荣玉农业开发有限公司	400	5	70
	合计	50 067		76 593

附录五：湖南永顺油茶林复合系统动植物多样性名录

植物物种多样性名录

一、被子植物（106科、379属、596种）

芭蕉科	Musaceae	芭蕉	Musa basjoo Siebold et Zuccarini
菝葜科	Smilacaceae	马甲菝葜	Smilax lanceifolia Roxburgh
		白背牛尾菜	Smilax nipponica Miquel
		菝葜	Smilax china Linnaeus
		牛尾菜	Smilax riparia A. de Candolle
百合科	Liliaceae	百合	Lilium brownii F. E. Brown ex Miellez var. viridulum Baker
		卷丹	Lilium tigrinum Ker Gawler
报春花科	Primulaceae	点地梅	Androsace umbellata（Loureiro）Merrill
		朱砂根	Ardisia crenata Sims
		展枝过路黄	Lysimachia brittenii R. Knuth
		泽珍珠菜	Lysimachia candida Lindley
		细梗香草	Lysimachia capillipes Hemsley
		过路黄	Lysimachia christiniae Hance
		露珠珍珠菜	Lysimachia circaeoides Hemsley
		临时救	Lysimachia congestiflora Hemsley
		灵香草	Lysimachia foenum-graecum Hance
		落地梅	Lysimachia paridiformis Franchet
		鄂报春	Primula obconica Hance
菖蒲科	Acoraceae	金钱蒲	Acorus gramineus Solander ex Aiton
		菖蒲	Acorus calamus Linnaeus Sp.
车前科	Plantaginaceae	车前	Plantago asiatica Linnaeus
		疏花车前	Plantago asiatica Linnaeus subsp. erosa（Wallich）Z. Yu Li

续表

科		中文名	学名
车前科	Plantaginaceae	华中婆婆纳	Veronica henryi T. Yamazaki
		阿拉伯婆婆纳	Veronica persica Poiret
		婆婆纳	Veronica polita Fries
		华中婆婆纳	Veronica henryi T. Yamazaki
唇形科	Lamiaceae	风轮菜	Clinopodium chinense (Bentham) Kuntze
		细风轮踩	Clinopodium gracile (Bentham) Matsumura
		野芝麻	Lamium barbatum Siebold et Zuccarini
		益母草	Leonurus japonicus Houttuyn
		硬毛地笋	Lycopus lucidus Turczaninow ex Bentham var. hirtus Regel
		小鱼荠苎	Mosla dianthera (Buchanan-Hamilton ex Roxburgh) Maximowicz
		石荠苎	Mosla scabra (Thunberg) C. Y. Wu et H. W. Li
		紫苏	Perilla frutescens (Linn.) Britton
		回回苏	Perilla frutescens (Linnaeus) Britton var. crispa (Bentham) Deane ex Bailey
		贵州鼠尾草	Salvia cavaleriei H. Leveille
		华鼠尾草	Salvia chinensis Bentham
		半枝莲	Scutellaria barbata D. Don
酢浆草科	Oxalidaceae	酢浆草	Oxalis corniculata Linnaeus
大戟科	Euphorbiaceae	毛丹麻秆	Discocleidion rufescens (Franchet) Pax et K. Hoffmann
		泽漆	Euphorbia helioscopia Linnaeus
		粗糠柴	Mallotus philippensis (Lamarck) Muller Argoviensis
		石岩枫	Mallotus repandus (Willdenow) Müller Argoviensis
		杠香藤	Mallotus repandus (Willdenow) Muller Argoviensis var. chrysocarpus (Pampanini) S. M. Hwang

续表

大戟科	Euphorbiaceae	野桐	Mallotus tenuifolius Pax
		白背叶	Mallotus apelta（Loureiro）Müller Argoviensis
		广东地构叶	Speranskia cantonensis（Hance）Pax et K. Hoffmann
		乌桕	Triadica sebifera（Linn.）Small
		油桐	Vernicia fordii（Hemsley）Airy Shaw
		木油桐	Vernicia montana Loureiro
大麻科	Cannabaceae	珊瑚朴	Celtis julianae C. K. Schneider
		葎草	Humulus scandens（Loureiro）Merrill
		啤酒花	Humulus lupulus Linnaeus
		山油麻	Trema cannabina Loureiro var. dielsiana（Handel-Mazzetti）C. J. Chen
大风子科	Flacourtiaceae	柞木	Xylosma congesta（Loureiro）Merrill
灯芯草科	Juncaceae	翅茎灯芯草	Juncus alatus Franchet et Savatier
		野灯芯草	Juncus setchuensis Buchenau ex Diels
		羽毛地杨梅	Luzula plumosa E. Meyer
豆科	Fabaceae	合萌	Aeschynomene indica Linnaeus
		山槐	Albizia kalkora（Roxburgh）Prain
		两型豆	Amphicarpaea edgeworthii Bentham
		落花生	Arachis hypogaea Linnaeus
		紫云英	Astragalus sinicus Linnaeus
		香花鸡血藤	Callerya dielsiana（Harms）P. K. Loc ex Z. Wei et Pedley
		刀豆	Canavalia gladiata（Jacquin）Candolle
		锦鸡儿	Caragana sinica（Buc'hoz）Rehder
		藤黄檀	Dalbergia hancei Bentham
		黄檀	Dalbergia hupeana Hance

续表

豆科	Fabaceae	山黑豆	Dumasia truncata Siebold et Zuccarini
		野扁豆	Dunbaria villosa（Thunberg）Makino
		大豆	Glycine max（Linn.）Merrill
		野大豆	Glycine soja Siebold et Zuccarini
		河北木蓝	Indigofera bungeana Walpers
		鸡眼草	Kummerowia striata（Thunberg）Schindler
		扁豆	Lablab purpureus（Linn.）Sweet
		胡枝子	Lespedeza bicolor Turczaninow
		铁马鞭	Lespedeza pilosa（Thunberg）Siebold et Zuccarini
		天蓝苜蓿	Medicago lupulina Linnaeus
		草木樨	Melilotus officinalis（Linn.）Lamarck
		小槐花	Ohwia caudata（Thunberg）H. Ohashi
		豆薯	Pachyrhizus erosus（Linn.）Urban
		菜豆	Phaseolus vulgaris Linnaeus
		豌豆	Pisum sativum Linnaeus
		葛麻姆	Pueraria montana（Loureiro）Merrill var. lobata（Willdenow）Maesen et S. M. Almeida ex Sanjappa et Predeep
		鹿藿	Rhynchosia volubilis Loureiro
		刺槐	Robinia pseudoacacia Linnaeus
		白车轴草	Trifolium repens Linnaeus
		小巢菜	Vicia hirsuta（Linn.）Gray
		救荒野豌豆	Vicia sativa Linnaeus
		绿豆	Vigna radiata（Linn.）R. Wilczek
		豇豆	Vigna unguiculata（Linn.）Walpers
		长豇豆	Vigna unguiculata（Linnaeus）Walpers subsp. sesquipedalis（Linnaeus）Verd-court
		野豇豆	Vigna vexillata（Linn.）A. Richard

续表

杜英科	Elaeocarpaceae	秃瓣杜英	Elaeocarpus glabripetalus Merrill
		薯豆	Elaeocarpus japonicus Siebold et Zuccarini
		仿栗	Sloanea hemsleyana（T. Ito）Rehder et E. H. Wilson
杜仲科	Eucommiaceae	杜仲	Eucommia ulmoides Oliver
杜鹃花科	Ericaceae	映山红	Rhododendron simsii Planch.
		南烛	Vaccinium bracteatum Thunberg
凤仙花科	Balsaminaceae	黄金凤	Impatiens siculifer J. D. Hooker
海桐科	Pittosporaceae	海金子	Pittosporum illicioides Makino
禾本科	Poaceae	华北剪股颖	Agrostis clavata Trinius
		看麦娘	Alopecurus aequalis Sobolewski
		荩草	Arthraxon hispidus（Thunberg）Makino
		毛秆野古草	Arundinella hirta（Thunberg）Tanaka
		芦竹	Arundo donax Linnaeus
		光稃野燕麦	Avena fatua Linnaeus var. glabrata Petermann
		慈竹	Bambusa emeiensis L. C. Chia et H. L. Fung
		凤尾竹	Bambusa multiplex f. fernleaf（R. A. Young）T. P. Yi
		菵草	Beckmannia syzigachne（Steudel）Fernald
		疏花雀麦	Bromus remotiflorus（Steudel）Ohwi
		拂子茅	Calamagrostis epigeios（Linn.）Roth
		硬秆子草	Capillipedium assimile（Steudel）A. Camus
		薏苡	Coix lacryma-jobi Linnaeus
		狗牙根	Cynodon dactylon（Linn.）Persoon
		大叶慈	Dendrocalamus farinosus（Keng et P. C. Keng）L. C. Chia et H. L. Fung
		疏穗野青茅	Deyeuxia effusiflora Rendle

续表

禾本科	Poaceae	野青茅	Deyeuxia pyramidalis (Host) Veldkamp
		止血马唐	Digitaria ischaemum (Schreber) Muhlenberg
		马唐	Digitaria sanguinalis (Linn.) Scopoli
		紫马唐	Digitaria violascens Link
		稗	Echinochloa crusgalli (Linn.) P. Beauvois
		牛筋草	Eleusine indica (Linn.) Gaertner
		柯孟披碱草	Elymus kamoji (Ohwi) S. L. Chen
		乱草	Eragrostis japonica (Thunberg) Trinius
		画眉草	Eragrostis pilosa (Linn.) P. Beauvois
		假俭草	Eremochloa ophiuroides (Munro) Hackel
		甜茅	Glyceria acutiflora Torrey subsp. japonica (Steudel) T. Koyama et Kawano
		黄茅	Heteropogon contortus (Linn.) P. Beauvois ex Roemer et Schultes
		箬竹	Indocalamus tessellatus (Munro) P. C. Keng
		柳叶箬	Isachne globosa (Thunberg) Kuntze
		矮小柳叶箬	Isachne pulchella Roth
		淡竹叶	Lophatherum gracile Brongniart
		柔枝莠竹	Microstegium vimineum (Trinius) A. Camus
		粟草	Milium effusum Linnaeus
		五节芒	Miscanthus floridulus (Labillardiere) Warburg ex K. Schu-mann et Lauterbach
		芒	Miscanthus sinensis Andersson
		多枝乱子草	Muhlenbergia ramosa (Hackel ex Matsumura) Makino
		求米草	Oplismenus undulatifolius (Arduino) Roemer et Schultes
		水稻	Oryza sativa L
		糠稷	Panicum bisulcatum Thunberg

续表

禾本科	Poaceae	双穗雀稗	Paspalum distichum Linnaeus
		雀稗	Paspalum thunbergii Kunth ex Steudel
		狼尾草	Pennisetum alopecuroides（Linn.）Sprengel
		显子草	Phaenosperma globosa Munro ex Bentham
		芦苇	Phragmites australis（Cavanilles）Trinius ex Steudel
		毛竹	Phyllostachys edulis（Carriere）J. Houzeau
		水竹	Phyllostachys heteroclada Oliver
		篌竹	Phyllostachys nidularia Munro
		苦竹	Pleioblastus amarus（Keng）P. C. Keng
		白顶早熟禾	Poa acroleuca Steudel
		早熟禾	Poa annua Linnaeus
		金发草	Pogonatherum paniceum（Lamarck）Hackel
		棒头草	Polypogon fugax Nees ex Steudel
		斑茅	Saccharum arundinaceum Retzius
		囊颖草	Sacciolepis indica（Linn.）Chase
		莩草	Setaria chondrachne（Steudel）Honda
		棕叶狗尾草	Setaria palmifolia（J. Konig）Stapf
		皱叶狗尾草	Setaria plicata（Lamarck）T. Cooke
		金色狗尾草	Setaria pumila（Poiret）Roemer et Schultes
		狗尾草	Setaria viridis（Linn.）P. Beauvois
		高粱	Sorghum bicolor（Linn.）Moench
		油芒	Spodiopogon cotulifer（Thunberg）Hackel
		鼠尾粟	Sporobolus fertilis（Steudel）Clayton
		菅	Themeda villosa（Poiret）A. Camus
		玉米	Zea mays L
		菰	Zizania latifolia（Grisebach）Turczaninow ex Stapf

续表

虎耳草科	Saxifragaceae	虎耳草	Saxifraga stolonifera Curtis
胡桃科	Juglandaceae	枫杨	Pterocarya stenoptera C. de Candolle
		胡桃	Juglans regia Linnaeus
胡颓子科	Elaeagnaceae	胡颓子	Elaeagnus pungens Thunberg
		星毛羊奶子	Elaeagnus stellipila Rehder
葫芦科	Cucurbitaceae	冬瓜	Benincasa hispida (Thunberg) Cogniaux
		西瓜	Citrullus lanatus (Thunberg) Matsumura et Nakai
		甜瓜	Cucumis melo Linnaeus
		菜瓜	Cucumis melo Linnaeus subsp. agrestis (Naudin) Pangalo
		黄瓜	Cucumis sativus Linnaeus
		笋瓜	Cucurbita maxima Duchesne
		南瓜	Cucurbita moschata Duchesne
		西葫芦	Cucurbita pepo Linnaeus
		光叶绞股蓝	Gynostemma laxum (Wallich) Cogniaux
		五柱绞股蓝	Gynostemma pentagynum Z. P. Wang
		绞股蓝	Gynostemma pentaphyllum (Thunberg) Makino
		葫芦	Lagenaria siceraria (Molina) Standley
		丝瓜	Luffa aegyptiaca Miller
		苦瓜	Momordica charantia Linnaeus
		木鳖子	Momordica cochinchinensis (Loureiro) Sprengel
		佛手瓜	Sechium edule (Jacquin) Swartz
		中华栝楼	Trichosanthes rosthornii Harms
姜科	Zingiberaceae	山姜	Alpinia japonica (Thunberg) Miquel
		蘘荷	Zingiber mioga (Thunberg) Roscoe

续表

姜科	Zingiberaceae	姜	Zingiber officinale Roscoe
		阳荷	Zingiber striolatum Diels
金缕梅科	Hamamelidaceae	檵木	Loropetalum chinense（R. Brown）Oliver
金丝桃科	Hypericaceae	地耳草	Hypericum japonicum Thunberg
		贯叶连翘	Hypericum perforatum Linnaeus
		元宝草	Hypericum sampsonii Hance
金粟兰科	Chloranthaceae	及已	Chloranthus serratus（Thunb.）Roem et Schult var. serratus
堇菜科	Violaceae	深圆齿堇菜	Viola davidii Franchet
		七星莲	Viola diffusa Gingins
		三色堇	Viola tricolor Linnaeus
锦葵科	Malvaceae	梧桐	Firmiana simplex（Linn.）W. Wight
		木芙蓉	Hibiscus mutabilis Linnaeus
		木槿	Hibiscus syriacus Linnaeus
景天科	Crassulaceae	珠芽景天	Sedum bulbiferum Makino
		凹叶景天	Sedum emarginatum Migo
桔梗科	Campanulaceae	杏叶沙参	Adenophora petiolata Pax et K. Hoffmann subsp. hunanensis（Nannfeldt）D. Y. Hong et S. Ge
		长叶轮钟草	Campanumoea lancifolia（Roxb.）Merr.
		大花金钱豹	Campanumoea javanica Bl
		兰花参	Wahlenbergia marginata（Thunb.）A. DC
菊科	Asteraceae	珠光香青	Anaphalis margaritacea（Linn.）Bentham et J. D. Hooker
		香青	Anaphalis sinica Hance
		黄花蒿	Artemisia annua Linnaeus
		艾	Artemisia argyi H. Leveille et Vaniot
		茵陈蒿	Artemisia capillaris Thunberg

续表

菊科	Asteraceae	青蒿	Artemisia caruifolia Buchanan-Hamilton ex Roxburgh
		五月艾	Artemisia indica Willdenow
		野艾蒿	Artemisia lavandulifolia Candolle
		魁蒿	Artemisia princeps Pampanini
		毛枝三脉紫菀	Aster ageratoides var. lasiocladus（Hayata）Handel-Mazzetti
		宽伞三脉紫菀	Aster ageratoides var. laticorymbus（Vaniot）Handel-Mazzetti
		微糙三脉紫菀	Aster ageratoides var. scaberulus（Miquel）Y. Ling
		马兰	Aster indicus Linnaeus
		三脉紫菀	Aster trinervius Roxburgh ex D. Don subsp. ageratoides（Turczaninow）Grierson
		大狼杷草	Bidens frondosa Linnaeus
		台北艾纳香	Blumea formosana Kitamura
		天名精	Carpesium abrotanoides Linnaeus
		烟管头草	Carpesium cernuum Linnaeus
		刺儿菜	Cirsium arvense var. integrifolium Wimmer & Grabowski
		野菊	Chrysanthemum indicum Linnaeus
		蓟	Cirsium japonicum Candolle
		野茼蒿	Crassocephalum crepidioides（Bentham）S. Moore
		黄瓜假还阳参	Crepidiastrum denticulatum（Houttuyn）Pak et Kawano
		一年蓬	Erigeron annuus（Linn.）Persoon
		白酒草	Eschenbachia japonica（Thunberg）J. Koster
		佩兰	Eupatorium fortunei Turczaninow
		茼蒿	Glebionis coronaria（Linn.）Cassini ex Spach

续表

菊科	Asteraceae	向日葵	Helianthus annuus Linnaeus
		菊芋	Helianthus tuberosus Linnaeus
		泥胡菜	Hemisteptia lyrata（Bunge）Fischer & C. A. Meyer
		苦荬菜	Ixeris polycephala Cassini ex Candolle
		台湾翅果菊	Lactuca formosana Maximowicz
		翅果菊	Lactuca indica Linnaeus
		莴苣	Lactuca sativa Linnaeus
		稻槎菜	Lapsanastrum apogonoides（Maximowicz）Pak et K. Bremer
		大丁草	Leibnitzia anandria（Linn.）Turczaninow
		黑花紫菊	Notoseris melanantha（Franchet）C. Shih
		拟鼠麹草	Pseudognaphalium affine（D. Don）Anderberg
		华漏芦	Rhaponticum chinense（S. Moore）L. Martins et Hidalgo
		千里光	Senecio scandens Buchanan-Hamilton ex D. Don
		毛梗豨莶	Sigesbeckia glabrescens（Makino）Makino
		豨莶	Sigesbeckia orientalis Linnaeus
		腺梗豨莶	Sigesbeckia pubescens（Makino）Makino
		蒲儿根	Sinosenecio oldhamianus（Maximowicz）B. Nordenstam
		苦苣菜	Sonchus oleraceus Linnaeus
		万寿菊	Tagetes erecta Linnaeus
		蒙古蒲公英	Taraxacum mongolicum Handel-Mazzetti
		夜香牛	Vernonia cinerea（Linn.）Lessing
		苍耳	Xanthium strumarium Linnaeus
		红果黄鹌菜	Youngia erythrocarpa（Vaniot）Babcock et Stebbins

续表

菊科	Asteraceae	异叶黄鹌菜	Youngia heterophylla（Hemsley）Babcock et Stebbins
		黄鹌菜	Youngia japonica（Linn.）Candolle
壳斗科	Fagaceae	锥栗	Castanea henryi（Skan）Rehder et E. H. Wilson
		板栗	Castanea mollissima Blume
		钩栲	Castanopsis tibetana Hance
苦苣苔科	Gesneriaceae	降龙草	Hemiboea subcapitata C. B. Clarke
		半蒴苣苔	Hemiboea subcapitata Clarke var. subcapitata
		吊石苣苔	Lysionotus pauciflorus Maximowicz
		长瓣马铃苣苔	Oreocharis auricula（S. Moore）C. B. Clarke
苦木科	Simaroubaceae	苦树	Picrasma quassioides（D. Don）Bennett
蜡梅科	Calycanthaceae	蜡梅	Chimonanthus praecox（Linn.）Link
莲科	Nelumbonaceae	莲	Nelumbo nucifera Gaertner
楝科	Meliaceae	楝	Melia azedarach Linnaeus
		香椿	Toona sinensis（A. Jussieu）M. Roemer
蓼科	Polygonaceae	金线草	Antenoron filiforme（Thunberg）Roberty et Vautier
		短毛金线草	Antenoron filiforme（Thunberg）Roberty et Vautier var. neofiliforme（Nakai）A. J. Li
		金荞	Fagopyrum dibotrys（D. Don）H. Hara
		荞麦	Fagopyrum esculentum Moench
		何首乌	Fallopia multiflora（Thunberg）Haraldson
		萹蓄	Polygonum aviculare Linn. var. aviculare
		辣蓼	Polygonum hydropiper Linnaeus
		愉悦蓼	Polygonum jucundum Meisner
		尼泊尔蓼	Polygonum nepalense Meisner
		杠板归	Polygonum perfoliatum Linnaeus

续表

蓼科	Polygonaceae	丛枝蓼	Polygonum posumbu Buchanan-Hamilton ex D. Don
		羽叶蓼	Polygonum runcinatum Buch. -Ham. ex D. Don var. runcinatum
		赤胫散	Polygonum runcinatum Buchanan-Hamilton ex D. Don var. sinense Hemsley
		虎杖	Reynoutria japonica Houttuyn
		酸模	Rumex acetosa Linnaeus
		齿果酸模	Rumex dentatus Linnaeus
		羊蹄	Rumex japonicus Houttuyn
		尼泊尔酸模	Rumex nepalensis Spreng. var. nepalensis
列当科	Orobanchaceae	野菰	Aeginetia indica Linnaeus
玄参科	Scrophulariaceae	泡桐	Paulownia fortunei（Seem.）Hemsl.
		阴行草	Siphonostegia chinensis Bentham
		腹水草	Veronicastrum axillare（Sieb. et Zucc.）Yamazaki
柳叶菜科	Onagraceae	柳叶菜	Epilobium hirsutum Linnaeus
		待霄草	Oenothera stricta Ledebour ex Link
落葵科	Basellaceae	落葵	Basella alba Linnaeus
马鞭草科	Verbenaceae	臭牡丹	Clerodendrum bungei Steudel
		豆腐柴	Premna microphylla Turcz
		马鞭草	Verbena officinalis Linnaeus
马兜铃科	Aristolochiaceae	尾花细辛	Asarum caudigerum Hance
马桑科	Coriariaceae	马桑	Coriaria nepalensis Wallich
牻牛儿苗科	Geraniaceae	尼泊尔老鹳草	Geranium nepalense Sweet
		鼠掌老鹳草	Geranium sibiricum Linnaeus
毛茛科	Ranunculaceae	打破碗花花	Anemone hupehensis（Lemoine）Lemoine

续表

毛茛科	Ranunculaceae	钝齿铁线莲	Clematis apiifolia de Candolle var. argentilucida (H. Leveille et Vaniot) W. T. Wang
		威灵仙	Clematis chinensis Osbeck var. chinensis
		还亮草	Delphinium anthriscifolium Hance var. anthriscifolium
		卵瓣还亮草	Delphinium anthriscifolium Hance var. savatieri (Franchet) Munz
		人字果	Dichocarpum sutchuenense (Franchet) W. T. Wang et P. K. Hsiao
		禺毛茛	Ranunculus cantoniensis de Candolle
		毛茛	Ranunculus japonicus Thunb. var. japonicus
		扬子毛茛	Ranunculus sieboldii Miquel
		猫爪草	Ranunculus ternatus Thunb. var. ternatus
		天葵	Semiaquilegia adoxoides(de Candolle)Makino
		爪哇唐松草	Thalictrum javanicum Bl. var. javanicum
美人蕉科	Cannaceae	美人蕉	Canna indica Linnaeus
猕猴桃科	Actinidiaceae	中华猕猴桃	Actinidia chinensis Planchon
		美味猕猴桃	Actinidia chinensis var. deliciosa (A. Chevalier) A. Chevalier
		京梨猕猴桃	Actinidia callosa var. henryi Maximowicz
母草科	Linderniaceae	长蒴母草	Lindernia anagallis (N. L. Burman) Pennell
		泥花草	Lindernia antipoda (Linn.) Alston
		宽叶母草	Lindernia nummulariifolia (D. Don) Wettstein
		陌上菜	Lindernia procumbens (Krocker) Borbas
木兰科	Magnoliaceae	厚朴	Houpoea officinalis (Rehder et E. H. Wilson) N. H. Xia et C. Y. Wu
		荷花木兰	Magnolia grandiflora Linnaeus
		紫玉兰	Yulania liliiflora (Desrousseaux) D. L. Fu

续表

木通科	Lardizabalaceae	三叶木通	Akebia trifoliata（Thunb.）Koidz. subsp. trifoliata
		白木通	Akebia trifoliata（Thunberg）Koidzumi subsp. australis（Diels）T. Shimizu
木樨科	Oleaceae	北清香藤	Jasminum lanceolarium Roxb
		迎春花	Jasminum nudiflorum Lindl.
		女贞	Ligustrum lucidum L.
		小蜡	Ligustrum sinense Loureiro
		桂花	Osmanthus fragrans（Thunb.）Lour.
葡萄科	Vitaceae	蓝果蛇葡萄	Ampelopsis bodinieri（H. Leveille et Vaniot）Rehder
		白蔹	Ampelopsis japonica（Thunberg）Makino
		白毛乌蔹莓	Cayratia albifolia C. L. Li
		乌蔹莓	Cayratia japonica（Thunberg）Gagnepain
		绿叶地锦	Parthenocissus laetevirens Rehder
		三叶崖爬藤	Tetrastigma hemsleyanum Diels et Gilg
		华南美丽葡萄	Vitis bellula（Rehder）W. T. Wang var. pubigera C. L. Li
		葡萄	Vitis vinifera Linnaeus
漆树科	Anacardiaceae	南酸枣	Choerospondias axillaris（Roxburgh）B. L. Burtt et A. W. Hill
	Anacardiaceae	盐麸木	Rhus chinensis Miller
		红麸杨	Rhus punjabensis J. L. Stewart ex Brandis var. sinica（Diels）Rehder et E. H. Wilson
		野漆	Toxicodendron succedaneum（Linn.）Kuntze
千屈菜科	Lythraceae	紫薇	Lagerstroemia indica Linnaeus
		南紫薇	Lagerstroemia subcostata Koehne
		石榴	Punica granatum Linnaeus

续表

科		中文名	学名
茜草科	Rubiaceae	水团花	Adina pilulifera (Lam.) Franch.
		四叶葎	Galium bungei Steudel
		六叶葎	Galium hoffmeisteri (Klotzsch) Ehrendorfer et Schon-beck-Temesy ex R. R. Mill
		猪殃殃	Galium spurium Linnaeus
		栀子	Gardenia jasminoides J. Ellis
		大叶白纸扇	Mussaenda shikokiana Makino
		日本蛇根草	Ophiorrhiza japonica Blume
		鸡矢藤	Paederia foetida Linnaeus
		金剑草	Rubia alata Wallich
		茜草	Rubia cordifolia Linnaeus Syst.
		卵叶茜草	Rubia ovatifolia Z. Ying Zhang ex Q. Lin
		六月雪	Serissa japonica (Thunberg) Thunberg Nov. Gen.
		钩藤	Uncaria rhynchophylla (Miq.) Miq. ex Havil.
蔷薇科	Rosaceae	龙芽草	Agrimonia pilosa Ldb. var. pilosa
		桃	Amygdalus persica Linnaeus
		梅	Armeniaca mume Sieb. var. mume
		日本晚樱	Cerasus serrulata (Lindley) Loudon var. lannesiana (Carriere) T. T. Yu et C. L. Li
		皱皮木瓜	Chaenomeles speciosa (Sweet) Nakai
		蛇莓	Duchesnea indica (Andr.) Focke var. indica
		枇杷	Eriobotrya japonica (Thunberg) Lindley
		草莓	Fragaria x ananassa (Weston) Duchesne
		柔毛路边青	Geum japonicum Thunberg var. chinense F. Bolle
		中华绣线梅	Neillia sinensis Oliv. var. sinensis

续表

蔷薇科	Rosaceae	蛇含委陵菜	Potentilla kleiniana Wight et Arnott
		李	Prunus salicina Lindley
		火棘	Pyracantha fortuneana（Maximowicz）H. L. Li
		豆梨	Pyrus calleryana Decaisne
		月季花	Rosa chinensis Jacquin
		小果蔷薇	Rosa cymosa Trattinnick
		软条七蔷薇	Rosa henryi Boulenger
		金樱子	Rosa laevigata Michaux
		周毛悬钩子	Rubus amphidasys Focke
		山莓	Rubus corchorifolius Linn. f.
		插田泡	Rubus coreanus Miquel
		高粱泡	Rubus lambertianus Seringe
		灰白毛莓	Rubus tephrodes Hance
		中华绣线菊	Spiraea chinensis Maximowicz
茄科	Solanaceae	枸杞	Lycium chinense Miller
		假酸浆	Nicandra physalodes（Linn.）Gaertner
		烟草	Nicotiana tabacum Linnaeus
		酸浆	Physalis alkekengi Linnaeus
		苦蓈	Physalis angulata Linnaeus
		白英	Solanum lyratum Thunberg
		龙葵	Solanum nigrum Linnaeus
		茄	Solanum melongena Linnaeus
		马铃薯	Solanum tuberosum L.
		辣椒	Capsicum annuum Linnaeus
		龙珠	Tubocapsicum anomalum（Franchet et Savatier）Makino

续表

忍冬科	Caprifoliaceae	忍冬	Lonicera japonica Thunberg
		墓回头	Patrinia heterophylla Bunge
		败酱	Patrinia scabiosifolia Link
		攀倒甑	Patrinia villosa（Thunberg）Dufresne
瑞香科	Thymelaeaceae	结香	Edgeworthia chrysantha Lindley
三白草科	Saururaceae	蕺菜	Houttuynia cordata Thunberg
伞形科	Apiaceae	积雪草	Centella asiatica（Linn.）Urban
		天胡荽	Hydrocotyle sibthorpioides Lamarck
		细叶芹	Chaerophyllum villosum de Candolle
		野胡萝卜	Daucus carota Linnaeus
		胡萝卜	Daucus carota var. sativa Hoffmann
		芫荽	Coriandrum sativum Linnaeus
		变豆菜	Sanicula chinensis Bunge
		水芹	Oenanthe javanica（Blume）de Candolle
		野鹅脚板	Sanicula orthacantha S. Moore
		窃衣	Torilis scabra（Thunberg）de Candolle
桑科	Moraceae	藤构	Broussonetia kaempferi Siebold var. australis Suzuki
		楮	Broussonetia kazinoki Siebold
		构树	Broussonetia papyrifera（Linn.）L'Heritier ex Ventenat
		地果	Ficus tikoua Bureau
		桑	Morus alba Linn.
莎草科	Cyperaceae	十字薹草	Carex cruciata Wahlenberg
		舌叶薹草	Carex ligulata Nees
		条穗薹草	Carex nemostachys Steudel

续表

莎草科	Cyperaceae	藏薹草	Carex thibetica Franchet
		扁穗莎草	Cyperus compressus Linnaeus
		砖子苗	Cyperus cyperoides（Linn.）Kuntze
		异型莎草	Cyperus difformis Linnaeus
		碎米莎草	Cyperus iria Linnaeus
		香附子	Cyperus rotundus Linnaeus
		丛毛羊胡子草	Eriophorum comosum（Wallich）Nees
		短叶水蜈蚣	Kyllinga brevifolia Rottboll
山茶科	Theaceae	连蕊茶	Camellia cuspidata（Kochs）H. J. Veitch
		山茶	Camellia japonica Linnaeus
		油茶	Camellia oleifera C. Abel
		多变西南山茶	Camellia pitardii Cohen-Stuart var. compressa（Hung T. Chang et X. K. Wen）T. L. Ming
		茶	Camellia sinensis（Linn.）Kuntze
		翅柃	Eurya alata Kobuski
商陆科	Phytolaccaceae	垂序商陆	Phytolacca americana Linnaeus
芍药科	Paeoniaceae	芍药	Paeonia lactiflora Pallas
十字花科	Brassicaceae	芥菜	Brassica juncea（Linn.）Czern. et Coss. var. juncea
		欧洲油菜	Brassica napus Linn.
		白花甘蓝	Brassica oleracea Linnaeus var. albiflora Kuntze
		甘蓝	Brassica oleracea Linnaeus var. capitata Linnaeus
		白菜	Brassica rapa var. glabra Regel
		荠	Capsella bursa-pastoris（Linn.）Medikus
		露珠碎米荠	Cardamine circaeoides J. D. Hooker et Thomson

续表

十字花科	Brassicaceae	碎米荠	Cardamine hirsuta Linnaeus
		白花碎米荠	Cardamine leucantha（Tausch）O. E. Schulz
		水田碎米荠	Cardamine lyrata Bunge
		弯曲碎米荠	Cardamine flexuosa Withering
		萝卜	Raphanus sativus Linnaeus
		堇叶芥	Neomartinella violifolia（H. Leveille）Pilger
		永顺堇叶芥	Neomartinella yungshunensis（W. T. Wang）Al-Shehbaz
		无瓣蔊菜	Rorippa dubia（Persoon）H. Hara
		蔊菜	Rorippa indica（Linn.）Hiern
石蒜科	Amaryllidaceae	薤头	Allium chinense G. Don
		葱	Allium fistulosum Linnaeus
		薤白	Allium macrostemon Bunge
		韭	Allium tuberosum Rottler ex Sprengel
		忽地笑	Lycoris aurea（L'Heritier）Herbert
		石蒜	Lycoris radiata（L'Heritier）Herbert
		葱莲	Zephyranthes candida（Lindley）Herbert
		韭莲	Zephyranthes carinata Herbert
石竹科	Caryophyllaceae	无心菜	Arenaria serpyllifolia Linnaeus
		簇生泉卷耳	Cerastium fontanum Baumgarten subsp. vulgare（Hartman）Greuter et Burdet
		球序卷耳	Cerastium glomeratum Thuillier
		石竹	Dianthus chinensis Linnaeus
		鹅肠菜	Myosoton aquaticum（Linn.）Moench
		漆姑草	Sagina japonica（Swartz）Ohwi
		女娄菜	Silene aprica Turczaninow ex Fischer et C. A. Meyer

			续表
石竹科	Caryophyllaceae	狗筋蔓	Silene baccifera（Linn.）Roth
		鹤草	Silene fortunei Visiani
		雀舌草	Stellaria alsine Grimm var. alsine
		中国繁缕	Stellaria chinensis Regel
		繁缕	Stellaria media（Linn.）Cyr. var. media
		峨眉繁缕	Stellaria omeiensis C. Y. Wu et Y. W. Tsui ex P. Ke
		箐姑草	Stellaria vestita Kurz
柿科	Ebenaceae	乌柿	Diospyros cathayensis Steward
		柿	Diospyros kaki Thunberg
		君迁子	Diospyros lotus Linnaeus
鼠李科	Rhamnaceae	枳椇	Hovenia acerba Lindley
		毛果枳椇	Hovenia trichocarpa Chun et Tsiang
		马甲子	Paliurus ramosissimus（Lour.）Poir.
		猫乳	Rhamnella franguloides（Maximowicz）Weberbauer
		长叶冻绿	Rhamnus crenata Siebold et Zuccarini
		枣	Ziziphus jujuba Miller
薯蓣科	Dioscoreaceae	黄独	Dioscorea bulbifera Linnaeus
		薯蓣	Dioscorea polystachya Turczaninow
粟米草科	Molluginaceae	粟米草	Mollugo stricta Linnaeus
檀香科	Santalaceae	檀梨	Pyrularia edulis（Wallich）A. Candolle
		百蕊草	Thesium chinense Turcz. var. chinense
天门冬科	Asparagaceae	竹根七	Disporopsis fuscopicta Hance
		玉簪	Hosta plantaginea（Lamarck）Ascherson
		紫萼	Hosta ventricosa（Salisbury）Stearn

续表

天门冬科	Asparagaceae	山麦冬	Liriope spicata（Thunberg）Loureiro
		麦冬	Ophiopogon japonicus（Linnaeus f.）Ker Gawler
		多花黄精	Polygonatum cyrtonema Hua
		长梗黄精	Polygonatum filipes Merrill ex C. Jeffrey et McEwan
		玉竹	Polygonatum odoratum（Miller）Druce
		湖北黄精	Polygonatum zanlanscianense Pampanini
		吉祥草	Reineckea carnea（Andrews）Kunth
		万年青	Rohdea japonica（Thunberg）Roth
天南星科	Araceae	花蘑芋	Amorphophallus konjac K. Koch
		滇南芋	Colocasia antiquorum Schott
		芋	Colocasia esculenta（Linn.）Schott
		浮萍	Lemna minor Linnaeus
		滴水珠	Pinellia cordata N. E. Brown
		虎掌	Pinellia pedatisecta Schott
		半夏	Pinellia ternata（Thunberg）Tenore ex Breitenbach
		紫萍	Spirodela polyrhiza（Linn.）Schleiden
		无根萍	Wolffia globosa（Roxburgh）Hartog et Plas
通泉草科	Mazaceae	弹刀子菜	Mazus stachydifolius（Turczaninow）Maximowicz
		通泉草	Mazus pumilus（N. L. Burman）Steenis
透骨草科	Phrymaceae	透骨草	Phryma leptostachya Linnaeus subsp Asiatica（H. Hara）Kitamura
土人参科	Talinaceae	土人参	Talinum paniculatum（Jacquin）Gaertner

续表

卫矛科	Celastraceae	苦皮藤	Celastrus angulatus Maximowicz
		灰叶南蛇藤	Celastrus glaucophyllus Rehder et E. H. Wilson
无患子科	Sapindaceae	复羽叶栾树	Koelreuteria bipinnata Franchet
五福花科	Adoxaceae	接骨草	Sambucus javanica Blume
		荚蒾	Viburnum dilatatum Thunberg in Murray Syst.
		日本珊瑚树	Viburnum odoratissimum var. awabuki（K. Koch）Zabel ex Rümpler Ill.
五加科	Araliaceae	楤木	Aralia elata（Miquel）Seemann
		白簕	Eleutherococcus trifoliatus（Linn.）S. Y. Hu
		常春藤	Hedera nepalensis K. Koch var. sinensis（Tobler）Rehder
		红马蹄草	Hydrocotyle nepalensis Hooker
		天胡荽	Hydrocotyle sibthorpioides Lamarck
		刺楸	Kalopanax septemlobus（Thunberg）Koidzumi
		通脱木	Tetrapanax papyrifer（Hooker）K. Koch
五味子科	Schisandraceae	南五味子	Kadsura longipedunculata Finet et Gagnepain
		铁箍散	Schisandra propinqua（Wall.）Baill. subsp. sinensis（Oliv.）R. M. K. Saunders
仙人掌科	Cactaceae	仙人掌	Opuntia dillenii（Ker Gawler）Haworth
苋科	Amaranthaceae	牛膝	Achyranthes bidentata Blume
		柳叶牛膝	Achyranthes longifolia（Makino）Makino
		喜旱莲子草	Alternanthera philoxeroides（C. Martius）Grisebach
		绿穗苋	Amaranthus hybridus Linnaeus
		刺苋	Amaranthus spinosus Linnaeus
		青葙	Celosia argentea Linnaeus
		鸡冠花	Celosia cristata Linnaeus

续表

苋科	Amaranthaceae	藜	Chenopodium album Linnaeus
		土荆芥	Dysphania ambrosioides（Linn.）Mosyakin et Clemants
		地肤	Kochia scoparia（Linn.）Schrader
旋花科	Convolvulaceae	打碗花	Calystegia hederacea Wallich
		南方菟丝子	Cuscuta australis R. Brown
		番薯	Ipomoea batatas（Linn.）Lamarck
		牵牛	Ipomoea nil（Linn.）Roth
		北鱼黄草	Merremia sibirica（Linn.）H. Hallier
荨麻科	Urticaceae	序叶苎麻	Boehmeria clidemioides Miquel var. diffusa（Weddell）Handel-Mazzetti
		密球苎麻	Boehmeria densiglomerata W. T. Wang
		苎麻	Boehmeria nivea（Linn.）Gaudich. var. nivea
		小赤麻	Boehmeria spicata（Thunberg）Thunberg
		水麻	Debregeasia orientalis C. J. Chen
		糯米团	Gonostegia hirta（Blume）Miquel
		毛花点草	Nanocnide lobata Weddell
		紫麻	Oreocnide frutescens（Thunb.）Miq. subsp. frutescens
		雾水葛	Pouzolzia zeylanica（Linn.）Bennett
		荨麻	Urtica fissa E. Pritzel
鸭跖草科	Commelinaceae	鸭跖草	Commelina communis Linnaeus
杨柳科	Salicaceae	垂柳	Salix babylonica Linn. var. babylonica
杨梅科	Myricaceae	杨梅	Myrica rubra Siebold et Zuccarini
野牡丹科	Melastomataceae	锦香草	Phyllagathis cavaleriei（H. Leveille et Vaniot）Guillaumin

续表

叶下珠科	Phyllanthaceae	重阳木	Bischofia polycarpa（H. Leveille）Airy Shaw
		算盘子	Glochidion puberum（Linn.）Hutchinson
		里白算盘子	Glochidion triandrum（Blanco）C. B. Robinson
罂粟科	Papaveraceae	北越紫堇	Corydalis balansae Prain
		夏天无	Corydalis decumbens（Thunberg）Persoon
		紫堇	Corydalis edulis Maximowicz
		虞美人	Papaver rhoeas Linnaeus
鸢尾科	Iridaceae	蝴蝶花	Iris japonica Thunberg
芸香科	Rutaceae	酸橙	Citrus ×aurantium Linnaeus
		柚	Citrus maxima（Burman）Merrill
		柑橘	Citrus reticulata Blanco
		枳	Citrus trifoliata Linnaeus
		飞龙掌血	Toddalia asiatica（Linn.）Lamarck
		花椒	Zanthoxylum bungeanum Maximowicz
泽泻科	Alismataceae	野慈姑	Sagittaria trifolia subsp. Trifolia
樟科	Lauraceae	猴樟	Cinnamomum bodinieri H. Leveille
		绒毛钓樟	Lindera floribunda（C. K. Allen）H. P. Tsui
		山胡椒	Lindera glauca（Siebold et Zuccarini）Blume
		山橿	Lindera reflexa Hemsl.
		绒毛山胡椒	Lindera nacusua（D. Don）Merr
		山苍子	Litsea cubeba（Lour.）Pers.
		檫木	Sassafras tzumu（Hemsley）Hemsley
沼金花科	Nartheciaceae	粉条儿菜	Aletris spicata（Thunberg）Franchet
紫草科	Boraginaceae	柔弱斑种草	Bothriospermum zeylanicum（J. Jacquin）Druce
		琉璃草	Cynoglossum furcatum Wallich

续表

		小花琉璃草	Cynoglossum lanceolatum Forsskal
紫草科	Boraginaceae	紫草	Lithospermum erythrorhizon Siebold et Zuccarini
		梓木草	Lithospermum zollingeri A. de Candolle
		短蕊车前紫草	Sinojohnstonia moupinensis（Franchet）W. T. Wang
		盾果草	Thyrocarpus sampsonii Hance
		狭叶附地菜	Trigonotis compressa I. M. Johnston
紫茉莉科	Nyctaginaceae	紫茉莉	Mirabilis jalapa Linnaeus
棕榈科	Arecaceae	棕榈	Trachycarpus fortunei（Hooker）H. Wendland
芝麻科	Pedaliaceae	芝麻	Sesamum indicum Linnaeus

二、裸子植物（5科、5属、6种）

银杏科	Ginkgoaceae	银杏	Ginkgo biloba Linnaeus
松科	Pinaceae	马尾松	Pinus massoniana Lambert
杉科	Taxodiaceae	杉木	Cunninghamia lanceolata（Lambert）Hooker
柏科	Cupressaceae	侧柏	Platycladus orientalis（Linnaeus）Franco
		柏木	Cupressus funebris Endlicher
红豆杉科	Taxaceae	南方红豆杉	Taxus wallichiana var. mairei（Lemée & H. Léveillé）L. K. Fu & Nan Li

三、蕨类植物（13科、22属、30种）

凤尾蕨科	Pteridaceae	井栏边草	Pteris multifida Poiret
		凤尾蕨	Pteris cretica L. var. nervosa（Thunb.）Ching et S. H. Wu
		半边旗	Pteris semipinnata Linnaeus Sp.
		蜈蚣草	Eremochloa ciliaris（Linnaeus）Merrill
		蕨	Pteridium aquilinum（L.）Kuhn var. latiusculum（Desv.）Underw. ex Heller

续表

科		种	学名
海金沙科	Lygodiaceae	海金沙	Lygodium japonicum（Thunb.）Sw.
金星蕨科	Thelypteridaceae	渐尖毛蕨	Cyclosorus acuminatus（Houttuyn）Nakai
		中日金星蕨	Parathelypteris nipponica（Franchet & Savatier）Ching
		金星蕨	Parathelypteris glanduligera（Kunze）Ching Acta Phytotax.
		延羽卵果蕨	Phegopteris decursive-pinnata（H. C. Hall）Fée
		批针新月蕨	Pronephrium penangianum Ching.
卷柏科	Selaginellaceae	翠云草	Selaginella uncinata（Desvaux ex Poiret）Spring
		伏地卷柏	Selaginella nipponica Franchet & Savatier Enum.
里白科		芒萁	Dicranopteris pedata（Houttuyn）Nakaike Enum. Pterid.
鳞毛蕨科	Dryopteridaceae	中华复叶耳蕨	Arachniodes chinensis（Rosenstock）Ching
		贯众	Cyrtomium fortunei J. Smith
		太平鳞毛蕨	Dryopteris pacifica（Nakai）Tagawa
		阔鳞鳞毛蕨	Dryopteris championii（Bentham）C. Christensen ex Ching Sinensia.
		黑足鳞毛蕨	Dryopteris fuscipes C. Christensen Index Filic.
		对马耳蕨	Polystichum tsus-simense（Hooker）J. Smith Hist.
鳞始蕨科	Lindsaeaceae	乌蕨	Odontosoria chinensis（Linnaeus）J. Smith
木贼科		节节草	Equisetum ramosissimum Desfontaines
石松科		灯笼草	Clinopodium polycephalum（Vaniot）C. Y. Wu & Hsuan ex P. S. Hsu
碗蕨科	Dennstaedtiaceae	碗蕨	Dennstaedtia scabra（Wallich ex Hooker）T.
		假粗毛鳞盖蕨	Microlepia pseudostrigosa Makino
		边缘鳞盖蕨	Microlepia marginata（Panzer）C. Christensen
乌毛蕨科	Blechnaceae	狗脊蕨	Woodwardia japonica（Linnaeus f.）Smith Mém. Acad. Roy.
		顶芽狗脊蕨	Woodwaria unigemmata（Makino）Nakai
中国蕨科	Sinopteridaceae	野雉尾金粉蕨	Onychium japonicum（Thunberg）Kunze
紫萁科	Osmundaceae	紫萁	Osmunda japonica Thunberg Nova Acta Regiae Soc.

动物物种多样性名录

一、鱼类（14种）：

鲫鱼、鲤鱼、草鱼、青鱼、马口鱼、赤眼鳟、棒花鱼、麦穗鱼、鳙鱼、鲢鱼、中华花鳅、泥鳅、大鳞泥鳅、黄鳝。

二、两栖类（15种）：

黑眶蟾蜍、中华大蟾蜍、三港雨蛙、小腺蛙、泽陆蛙、棘胸蛙、棘腹蛙、花臭蛙、华南湍蛙、镇海林蛙、中国林蛙、黑斑侧褶蛙、斑腿树蛙、大树蛙、饰纹姬蛙。

三、爬行类（24种）：

脆蛇蜥、北草蜥、蓝尾石龙子、中国石龙子、多疣壁虎、白头蝰、尖吻蝮、原矛头蝮、银环蛇、赤链蛇、黄链蛇、翠青蛇、钝尾两头蛇、黑眉锦蛇、玉斑锦蛇、王锦蛇、中国水蛇、乌梢蛇、平鳞钝头蛇、丽纹腹链蛇、绞花林蛇、虎斑颈槽蛇。

四、鸟类（100种）：

夜鹭、牛背鹭、池鹭、白鹭、阿穆尔隼、凤头蜂鹰、黑冠鹃隼、普通鵟、赤腹鹰、红腹锦鸡、白颈长尾雉、灰胸竹鸡、雉鸡、山斑鸠、珠颈斑鸠、斑头鸺鹠、灰林鸮、领角鸮、冠鱼狗、普通翠鸟、戴胜、三宝鸟、大拟啄木鸟、斑姬啄木鸟、黄嘴栗啄木鸟、灰头绿啄木鸟、大杜鹃、四声杜鹃、鹰鹃、家燕、金腰燕、山鹡鸰、灰鹡鸰、白鹡鸰、黄鹡鸰、树鹨、粉红山椒鸟、灰喉山椒鸟、领雀嘴鹎、白头鹎、黄臀鹎、绿翅短脚鹎、栗背短脚鹎、红尾伯劳、棕背伯劳、虎纹伯劳、红嘴蓝鹊、喜鹊、大嘴乌鸦、发冠卷尾、褐河乌、红胁蓝尾鸲、棕腹仙鹟、鹊鸲、蓝额红尾鸲、北红尾鸲、红尾水鸲、灰背燕尾、小燕尾、白额燕尾、白顶溪鸲、紫啸鸫、乌鸫、斑胸钩嘴鹛、棕颈钩嘴鹛、红头穗鹛、黑领噪鹛、白颊噪鹛、画眉、红嘴相思鸟、灰眶雀鹛、灰头鸦雀、棕头鸦雀、强脚树莺、黄眉柳莺、极北柳莺、淡脚柳莺、北灰鹟、白眉姬鹟、红喉姬鹟、黑喉石䳭、大山雀、绿背山雀、黄腹山雀、红头长尾山雀、山麻雀、白腰文鸟、树麻雀、燕雀、金翅雀、灰头灰雀、黑尾蜡嘴雀、黑头蜡嘴雀、黄喉鹀、灰头鹀、黄眉鹀、小鹀、三道眉草鹀、田鹀、黄胸鹀。

五、哺乳类（27种）：

白腹巨鼠、褐家鼠、黑家鼠、黄胸鼠、小家鼠、赤腹松鼠、隐纹花松鼠、红白鼯鼠、银星竹鼠、中华竹鼠、毛冠鹿、小麂、野猪、花面狸、小灵猫、豹猫、黄鼬、鼬獾、猪獾、华南兔、亚洲宽耳蝠、西南鼠耳蝠、东亚伏翼、大菊头蝠、皮氏菊头蝠、中华菊头蝠、中菊。

参考文献

一、中文著作及译著

[1] 崔明昆. 民族生态学理论方法与个案研究[M]. 北京：知识产权出版社，2014.

[2] 蔡典雄，等. 中国生态扶贫战略研究（修订版）[M]. 唐小田，李玮，译. 北京：科学出版社，2016.

[3] 国家林业局国有林场和林木种苗工作站. 中国油茶品种志[M]. 北京：中国林业出版社，2016.

[4] 国务院贫困地区经济开发领导小组办公室. 国外贫困研究文献译丛（1-3册）[M]. 北京：改革出版社，1993.

[5] 李文华. 中国重要农业文化遗产保护与发展战略研究[M]. 北京：科学出版社，2016.

[6] 刘小珉. 贫困的复杂图景与反贫困的多元路径[M]. 北京：社会科学文献出版社，2017.

[7] 龙先琼. 近代湘西开发史研究：以区域史为视角[M]. 北京：民族出版社，2014.

[8] 冷志明，丁建军. 连片特困区跨省协作的新探索："龙凤协作示范区"的实践与启示[M]. 长沙：湖南人民出版社，2016.

[9] 罗康隆. 生态人类学理论探索[M]. 长沙：湖南人民出版社，2017.

[10] 罗康隆，吴合显. 草原游牧的生态文化研究[M]. 北京：中国社会科学出版社，2017.

[11] 罗康智，罗康隆. 传统文化中的生计策略：以侗族为例案[M]. 北京：民族出版社，2009.

[12] 罗康隆. 文化适应与文化制衡[M]. 北京：民族出版社，2007.

[13] 罗康隆，黄贻修. 发展与代价：中国少数民族发展问题研究[M]. 北京：民族出版社，2006.

[14] 马文·哈里斯. 文化唯物主义[M]. 张海洋，王曼萍，译. 北京：华夏出版社，1989.

[15] 马歇尔·萨林斯. 甜蜜的悲哀：西方宇宙观的本土人类学探讨[M]. 王铭铭，

胡宗泽，译. 北京：生活·读书·新知三联书店，2000.

[16]秦红增. 乡土变迁与重塑：文化农民与民族地区和谐乡村建设研究[M]. 北京：商务印书馆，2012.

[17]秋道智弥，等. 生态与历史：人类学的视角[M]. 昆明：云南大学出版社，2007.

[18]尚道文. 武陵山片区生态文明建设研究[M]. 长沙：湖南人民出版社，2017.

[19]速水佑次郎，弗农·拉坦. 农业发展：国际前景[M]. 吴伟东，等，译. 北京：商务印书馆，2014.

[20]速水佑次郎，神门善久. 发展经济学：从贫困到富裕（第三版）[M]. 李周，译，蔡昉，张车伟，校. 北京：社会科学文献出版社，2009.

[21]杨庭硕，罗康隆，潘盛之. 民族文化与生境[M]. 贵阳：贵州人民出版社，1992.

[22]王思明，李明主. 中国重要农业文化遗产名录第二卷（上下册）[M]. 北京：中国农业科学技术出版社，2016.

[23]王兆峰，蒋才芳. 发展中的农村贫困问题[M]. 长沙：湖南人民出版社，2016.

[24]杨庭硕，田红. 本土生态知识引论[M]. 北京：民族出版社，2010.

[25]杨庭硕. 生态扶贫导论[M]. 长沙：湖南人民出版社，2017.

[26]杨庭硕，等. 生态人类学导论[M]. 北京：民族出版社，2006.

[27]杨庭硕，吕永锋. 人类的根基：生态人类学视野中的水土资源[M]. 昆明：云南大学出版社，2004.

[28]游俊，龙先琼. 潜网中的企求：湘西贫困与反贫困的理性透视[M]. 贵阳：贵州民族出版社，2001.

[29]游俊，冷志明，丁建军. 连片特困区蓝皮书：中国连片特困区发展报告——连片特困区扶贫开发政策与精准扶贫实践（2016—2017）[M]. 北京：社会科学文献出版社，2017.

[30]游俊，冷志明，丁建军. 连片特困区蓝皮书：中国连片特困区发展报告——连片特困区城镇化进程、路径与趋势（2014—2015）[M]. 北京：社会科学文献出版社，2015.

[31]游俊，冷志明，丁建军. 连片特困区蓝皮书：中国连片特困区发展报告——武陵山片区多维减贫与自我发展能力构建（2013）[M]. 北京：社会科学文献出版社，2013.

[32]游俊，冷志明，丁建军. 中国连片特困区研究（2013—2016）[M]. 北京：社会科学文献出版社，2017.

[33] 游俊，冷志明，丁建军. 连片特困区蓝皮书：中国连片特困区发展报告——产业扶贫的生计响应、益贫机制与可持续脱贫（2018—2019）[M]. 北京：社会科学文献出版社，2019.

[34] 游俊. 土司文化研究丛书（共11册）[M]. 北京：民族出版社，2014.

[35] 闫坤，刘轶芳. 中国特色的反贫困理论与实践研究[M]. 北京：中国社会科学出版社，2016.

[36] 姚小华. 油茶资源与科学利用研究[M]. 北京：科学出版社，2012.

[37] 史徒华（Julian H. Steward）. 文化变迁的理论[M]. 张恭启，译. 台湾台北：吴氏基金会新桥名著文库，1984.

[38] 朱利安·斯图尔德（Julian Haynes Steward）. 文化变迁论[M]. 谭卫华，罗康隆，译，杨庭硕，校译. 贵阳：贵州人民出版社，2013.

[39] 庄瑞林. 中国油茶[M]. 北京：中国林业出版社，1988.

[40] 陈永忠. 天赐之华：一部油茶树文化的本土传奇[M]. 广州：世界图书出版公司，2014.

[41] 中华人民共和国林业部造林司合作林处. 油茶[M]. 北京：中国林业出版社，1958.

[42] 李根蟠，卢勋. 中国南方少数民族原始农业形态[M]. 北京：农业出版社，1987.

[43] 李根蟠. 中国古代农业[M]. 北京：商务印书馆，1998.

[44] 张全明. 中华五千年生态文化（上下册）[M]. 武汉：华中师范大学出版社，1999.

[45] 夏明方. 历史的生态学解释：世界与中国（新史学《第六卷》）[M]. 北京：中华书局，2012.

[46] 李文华，赖世登. 中国农林复合经营[M]. 北京：科学出版社，1994.

[47] 王沪宁. 当代中国村落家族文化：对中国社会现代化的一项探索[M]. 上海：上海人民出版社，1999.

[48] 卡尔·波兰尼（Karl Polanyi）. 巨变：当代政治与经济的起源[M]. 黄树民，译. 北京：社会科学文献出版社，2016.

[49] 克莱德·伍兹. 文化变迁[M]. 施惟达，胡华生，译. 昆明：云南教育出版社，1989.

[50] 西奥多·W. 舒尔茨（Theodore W. Schultz）. 改造传统农业[M]. 梁小民，译. 北京：商务印书馆，2016.

[51] 西奥多·W. 舒尔茨（Theodore W. Schultz）. 经济增长与农业[M]. 郭熙保，

译. 北京：中国人民大学出版社，2015.

[52] 陈庆德，杜星梅. 经济民族学[M]. 北京：社会科学文献出版社，2019.

[53] 陈庆德. 资源配置与制度变迁：人类学视野中的多民族经济共生形态[M]. 昆明：云南大学出版社，2001.

[54] 富兰克林·H. 金（F. H. King）. 四千年农夫[M]. 程存旺，石嫣，译. 北京：东方出版社，2016.

[55] 张小军. 让历史有"实践"：历史人类学思想之旅[M]. 北京：清华大学出版社，2019.

[56] 张小军. 让"经济"有灵魂：文化经济学思想之旅[M]. 北京：清华大学出版社，2014.

[57] 李明，王思明. 农业文化遗产学[M]. 南京：南京大学出版社，2015.

[58] 湖南省政协文史学习委员会. 湖南农业文化遗产[M]. 北京：中国文史出版社，2017.

[59] 李亦园. 人类的视野[M]. 上海：上海文艺出版社，1996.

[60] 迈克尔·波伦（Michael Pollan）. 植物的欲望[M]. 王毅，译. 上海：上海人民出版社，2003.

[61] 尹绍亭. 远去的山火：人类学视野中的刀耕火种[M]. 昆明：云南人民出版社，2008年.

[62] 让·鲍德里亚（Jean Baudrillard）. 物体系[M]. 林志明，译. 上海：上海人民出版社，2019.

[63] 让·鲍德里亚（Jean Baudrillard）. 消费社会[M]. 刘成富，全志钢，译. 南京：南京大学出版社，2014.

[64] 陈学明. 谁是罪魁祸首：追寻生态危机的根源[M]. 北京：人民出版社，2012.

[65] 米歇尔·福柯（Michel Foucault）. 词与物：人文科学考古学[M]. 莫伟民，译. 上海：上海三联书店，2001.

[66] 尤瓦尔·赫拉利（Yuval Noah Harari）. 人类简史：从动物到上帝[M]. 林俊宏，译. 北京：中信出版集团，2017.

[67] 尤瓦尔·赫拉利（Yuval Noah Harari）. 今日简史：人类命运大议题[M]. 林俊宏，译. 北京：中信出版集团，2018.

[68] 尤瓦尔·赫拉利（Yuval Noah Harari）. 未来简史[M]. 林俊宏，译. 北京：中信出版集团，2017.

[69] 郭湛. 人活动的效率[M]. 北京：人民出版社，1995.

[70]夏明方. 民国时期自然灾害与乡村社会[M]. 北京：中华书局，2000.

[71]阿尔弗雷德·克罗斯比（Alfred W. Crosby）. 生态帝国主义：欧洲的生物扩张（900—1900）[M]. 张谡过，译. 北京：商务印书馆，2017.

[72]艾尔弗雷德·W. 克罗斯比. 生态扩张主义：欧洲900—1900的生态扩张[M]. 许友民，许学征，译. 林继焘，审校. 沈阳：辽宁教育出版社，2001.

[73]罗康隆，吴寒蝉. 侗族生计的生态人类学研究[M]. 北京：中国社会科学出版社，2017.

[74]吴其濬. 植物名实图考长编（全三册）[M]. 北京：中华书局，2018.

[75]唐启宇. 中国作物栽培史稿[M]. 北京：农业出版社，1986.

[76]基辛（R. Keesing）. 当代文化人类学（上下册）[M]. 于嘉云，张恭启，译. 台北：巨流图书公司，1981.

[77]李济. 中国民族的形成[M]. 上海：上海人民出版社，2017.

[78]施坚雅（G. William Skinner）. 中国农村的市场和社会结构[M]. 史建云，徐秀丽，译. 虞和平，校. 北京：中国社会科学出版社，1998.

[79]杜赞奇（Prasenjit Duara）. 文化、权利与国家：1900—1942年的华北农村[M]. 王福明，译. 南京：江苏人民出版社，2010.

[80]杜赞奇（Prasenjit Duara）. 从民族国家拯救历史：民族主义话语与中国现代史研究[M]. 王宪明，译. 南京：江苏人民出版社，2009.

[81]杜赞奇（Prasenjit Duara）. 全球现代性的危机：亚洲传统和可持续的未来[M]. 黄彦杰，译. 北京：商务印书馆，2017.

[82]贾思勰. 齐民要术（上下册）[M]. 石声汉，译注. 北京：中华书局，2015（2018重印）.

[83]宋应星. 天工开物[M]. 北京：中国画报出版社，2013（2018重印）.

[84]杨庆堃（C. K. Yang）. 中国社会中的宗教[M]. 范丽珠，译. 成都：四川人民出版社，2016.

[85]埃米尔·涂尔干（Émile Durkheim）. 社会分工论[M]. 渠东，译. 北京：三联书店，2000.

[86]阿比吉特·班纳吉（Abhijit V. Banerjee），（法）埃斯特·迪弗洛（Esther Duflo）. 贫穷的本质：我们为什么摆脱不了贫穷[M]. 景芳，译. 北京：中信出版社，2013.

[87]约翰·肯尼斯·加尔布雷斯（John Kenneth Galbraith）. 贫穷的本质[M]. 倪云松，译. 北京：东方出版社，2014.

[88]黄龙光. 上善若水：中国西南少数民族水文化生态人类学研究[M]. 北京：商务印书馆，2017.

[89]高升荣. 明清时期关中地区水资源环境变迁与乡村社会[M]. 北京：商务印书馆，2017.

[90]宋蜀华. 中国民族学理论探索与实践[M]. 北京：中央民族大学出版社，1999.

[91]戴庆中. 文化视野中的贫困与发展：贫困地区发展的非经济因素研究研究[M]. 贵阳：贵州人民出版社，2001.

[92]美洲开发银行. 影响发展的非经济因素[M]. 江时学，王鹏，赵重阳，译. 北京：世界知识出版社，2007.

[93]张猛，顾昕，张继宗. 人的创世纪：文化人类学的源流[M]. 成都：四川人民出版社，1987.

[94]王小强，白南风. 富饶的贫困：中国落后地区的经济考察[M]. 成都：四川人民出版社，1986.

[95]程志强. 破解"富饶的贫困"悖论：煤炭资源开发与欠发达地区发展研究[M]. 北京：商务印书馆，2009.

[96]李周. 中国反贫困与可持续发展[M]. 北京：科学出版社，2007.

[97]国家林业和草原局. 油茶林下经济作物种植技术规程[M]. 北京：中国标准出版社，2019.

[98] S.E. 约恩森. 生态系统生态学[M]. 曹建军，等，译. 北京：科学出版社，2017.

二、中文期刊及译文类

[1] 崔明昆，崔海洋. 近三年来中国生态人类学研究综述[J]. 中央民族大学学报（哲学社会科学版），2013（4）.

[2] 崔明昆. 文化生态学的理论方法与研究[J]. 云南师范大学学报（哲学社会科学版），2012（5）.

[3] 陈甲，刘德钦，王昌海. 生态扶贫研究综述[J]. 林业经济，2017（8）.

[4] 陈永忠，杨小胡，彭邵锋，等. 我国油茶良种选育研究现状及发展策略[J]. 林业科技开发，2005（4）.

[5] 郭家冀. 生态文化论[J]. 云南社会科学，2005（6）.

[6] 李丽，吴雪辉，寇巧花. 茶油的研究现状及应用前景[J]. 中国油脂，2010（3）.

[7] 鲁明新,田红.当代武陵山区油茶产业衰落的社会成因探析[J].原生态民族文化学刊,2017(3).

[8] 罗康智.复合种养模式对石漠化灾变区生态恢复的启迪——以贵州省麻山地区为例[J].贵州社会科学,2017(6).

[9] 李晓梅.六部委出台《生态扶贫工作方案》力争到2020年带动约1500万贫困人口增收[J].国土绿化,2018(2).

[10] 冷志明,丁建军,殷强.生态扶贫研究[J].吉首大学学报(社会科学版),2018(4).

[11] 雷明.绿色发展下生态扶贫[J].中国农业大学学报(社会科学版),2017(5).

[12] 刘慧等.中国西部地区生态扶贫策略研究[J].中国人口·资源与环境,2013(10).

[13] 罗康隆.生态人类学述略[J].吉首大学学报(社会科学版),2004(3).

[14] 罗意.政治生态学:当代欧美生态人类学研究范式的转向[J].云南社会科学,2017(1).

[15] 李霞.文化人类学的一门分支学科:生态人类学[J].民族研究,2000(5).

[16] 李霞.生态人类学的产生和发展[J].国外社会科学,2000(6).

[17] 龙先琼.略论历史上的湘西开发[J].民族研究,2001(5).

[18] 麻春霞.经验与反思:民族学视野下的湘西地区民族政策——以油茶种植的政策扶持变迁为例[J].原生态民族文化学刊,2011(4).

[19] 秦声远,戎俊,张文驹,等.油茶栽培历史与长江流域油茶遗传资源[J].生物多样性,2018(4).

[20] 彭兆荣.物的民族志述评[J].世界民族,2010(1).

[21] 彭兆荣.吃与不吃:食物体系与文化体系[J].民俗研究,2010(2).

[22] 靳志华.人类学视野下物的文化意义表达[J].西南边疆民族研究,2014(1).

[23] R. McC.内亭著,张雪慧译.文化生态学与生态人类学[J].民族译丛,1985(3).

[24] 任国英.生态人类学的主要理论及其发展[J].黑龙江民族丛刊,2004(5).

[25] 首部《全国油茶产业发展规划》发布[J].粮食科技与经济,2009(6).

[26] 孙刚,房岩,韩德复.复合种养水田生态系统的综合效益[J].农业与技术,2006(5).

[27] 宋蜀华.人类学研究与中国民族生态环境和传统文化的关系[J].中央民族大学学报,1996(4).

[28] 史玉成.生态扶贫:精准扶贫与生态保护的结合路径[J].甘肃社会科学,

后 记

本书是在我的博士学位论文基础上修改而成的。自 2017 年 9 月攻读吉首大学民族学专业生态扶贫方向博士学位以来，我就一直在思考学位论文研究什么问题。2018 年 4 月的一个下午，在杨庭硕先生讲授的专业课程"生态文化与乡村产业发展"的课堂讨论会上，杨先生提议 2017 级民族学（生态扶贫方向）博士研究生如有兴趣可参与罗康隆教授主持的国家社科基金重大课题："西南少数民族传统生态文化的文献采辑、研究与利用"（批准号：16ZDA157，结项证书号：2022&J142）。杨先生建议我们选择武陵山区或者西南地区有代表性的一种植物或动物为研究对象，以生态民族学的"文化生态共同体"理论为指导，从历史、生态、文化三个维度进行"物的生态民族学研究"。

经过文献收集整理、初步调查后，我决定尝试以"油茶"为研究对象，在一次课堂讨论中请教杨先生是否可行，先生即刻答复，可以展开研究。2018 年 10 月至 2019 年 8 月受吉首大学人文学院（原历史与文化学院）指派参与"湖南永顺油茶林复合系统"申报第五批中国重要农业文化遗产项目申报书的撰写和陪同国家农业农村部、湖南省农业农村厅领导和专家现场指导考察。该农业系统于 2020 年 1 月获批立项保护，是我国首个获得立项保护的木本油料农业文化遗产。该农业文化遗产项目获批立项保护，更加坚定了我从生态民族学角度对农业文化遗产展开跨学科研究的信心，但其中的艰辛也只有经历过才知道。

该论文的完成得到了诸多师友的指导和家人的支持、鞭策，在此表示衷心感谢！

首先，感谢导师罗康隆教授，老师提出博士学位论文既要有扎实的田野调查，更为重要的是全面、准确、系统把握前人研究成果、观点并在论文中进行分析对话，进而得出自己的结论，这就是学术贡献。我认为这是一种学术综合创新的方法，虽然在行文中因各种原因未能很好运用，但一定在今后的学术工作中更好地消化和遵循。

其次，感谢杨庭硕先生的精心指导，杨先生虽然年过八旬，视力极差，但依然不辞辛劳、不畏艰苦，在课堂教学、论文写作、田野调查中都给予认真细致的指导和大力支持。这些是我继续坚定生态民族学研究的"指明灯"。

再次，感谢张曦教授、贾仲益教授、游俊教授、龙先琼教授、暨爱民教授、瞿州莲教授、刘世彪教授、冷志明教授、张登巧教授、蒋欢宜教授、周忠华教授、易必武副教授、吴合显博士等师友在我博士研究生学习、答辩期间给予的关心和帮助，此份情感将永藏心中、终生不忘。本书的出版，得益于西南交通大学出版社郭发仔先生的大力支持，也凝聚了责任编辑邵莘越女士的艰辛付出。在此，对他们认真、细致的工作特致谢忱！

最后，我将为"油茶"这颗"生态文化"的种子深深埋在我国南方山区的土壤中而持续努力，因为诚如习近平总书记分别于 2019 年 3 月 8 日参加全国人大十三届二次全会河南代表团审议结束时亲切会见熊维政代表和 2019 年 9 月 17 日上午考察河南省光山县司马光油茶园时所言："茶油是个好东西，我在福建时就推广过，要大力发展好油茶产业。""种油茶绿色环保，一亩百斤油，这是促进经济发展、农民增收、生态良好的一条好路子。路子找到了，就要大胆去做。"